"十二五"职业教育国家规划立项教材配套教学用书

自然科学基础知识
（第二版）

Ziran Kexue Jichu Zhishi

毕毓俊　万晓宇　主　编

卫　靖　高　欣　副主编

高等教育出版社·北京

内容提要

本书为"十二五"职业教育学前教育专业国家规划立项教材配套教学用书,是《自然科学基础知识》的第二版。

本书是一本跨学科的综合性教材,综合了物理、化学、生物学科的基本知识。全书共分 10 个单元,包括走进自然科学,运动和力,电与磁的初步知识,物质与能量,天文知识初步,有关碱、酸、盐和常见元素的知识,有趣的有机化学,有趣的生物,小玩具制作和小魔术及幼儿园科学教育活动设计。教材注重联系日常生活实际,每节内容多是从生活中常见的问题入手,介绍其中涉及的基本知识并解释问题。每节内容包括:提出问题(现象)、基本知识、解释问题(现象)、趣味探索和练习与思考。此外,还选用了大量的小玩具制作、小实验和幼儿园科学教育活动案例,每单元后都设置了拓展阅读,主要介绍和该单元内容相关的自然科学方面的小故事。通过本教材的学习,学生可基本具备《幼儿园教育指导纲要(试行)》提出的科学领域的教育教学能力。

本书适合中等职业学校学前教育专业的学生使用,也可作为幼儿园教师及从事幼教工作的人员、家长参考阅读。

本书配套学习卡资源,登录 Abook 网站 http://abook.hep.com.cn/sve 获取相关资源。详细说明见本书"郑重声明"页。

图书在版编目(CIP)数据

自然科学基础知识／毕毓俊,万晓宇主编. --2 版
. --北京:高等教育出版社,2021.11(2023.5重印)
ISBN 978-7-04-056920-9

Ⅰ.①自… Ⅱ.①毕… ②万… Ⅲ.①自然科学-中等专业学校-教材 Ⅳ.①N43

中国版本图书馆 CIP 数据核字(2021)第 175406 号

策划编辑	于 腾	责任编辑	于 腾	封面设计	李小璐	版式设计	童 丹
责任校对	胡美萍	责任印制	朱 琦				

出版发行	高等教育出版社	网　　址	http://www.hep.edu.cn	
社　　址	北京市西城区德外大街 4 号		http://www.hep.com.cn	
邮政编码	100120	网上订购	http://www.hepmall.com.cn	
印　　刷	三河市骏杰印刷有限公司		http://www.hepmall.com	
开　　本	889mm×1194mm 1/16		http://www.hepmall.cn	
印　　张	20	版　　次	2005 年 6 月第 1 版	
字　　数	410 千字		2021 年 11 月第 2 版	
购书热线	010-58581118	印　　次	2023 年 5 月第 2 次印刷	
咨询电话	400-810-0598	定　　价	46.80 元	

本书如有缺页、倒页、脱页等质量问题,请到所购图书销售部门联系调换

第二版前言

本书为"十二五"职业教育学前教育专业国家规划立项教材配套教学用书,是《自然科学基础知识》(毕毓俊主编)的第二版。第一版教材自出版以来,受到全国学前教育专业师生的普遍欢迎和好评。经过多年的教学实践,本教材在学前教育专业学生的教育和培养中发挥了重要作用。随着学前教育科学的不断发展,职业教育理念及教学手段的不断更新与提高,为促进学前教育专业学生培养科学素养,在听取了大量一线教师与学生的意见和建议的基础上,编写组对教材进行了修订。第二版教材主要有以下特点。

1. 提高教材的时代感。第二版教材紧密联系现代科技发展,在拓展阅读中更新了大量的现代科技阅读材料,替换了第十单元"幼儿园科学教育活动设计"中的教学案例,使教材的时代感凸显。

2. 修改和补充了若干内容。第二版教材体例框架未做大的改动,新增了第一单元"走进自然科学";增加了万有引力定律、光的本性等内容;删减了与本专业关联度较低的内容,如"日光灯的工作原理""变压器"等小节。修订后的教材体系更加完整,教材内容更加贴近学前教育专业的需要。

3. 打造立体化教材。第二版教材中插入了部分二维码,读者可以扫描书中二维码查看配套的教学资源,如观看实验动画,进行模拟实验,以方便教学。

本教材综合高中物理、化学、生物的基本常识性知识,结合学前教育专业的实际需要编写而成。教材淡化了复杂的计算和推理,加强了动手制作和探究的内容,贴合学前教育专业对幼儿园科学教育的要求。教材的编写注重联系生活实际,每节内容多是从生活中常见的问题入手,有介绍自然科学基本知识、解释自然科学问题与现象、趣味探索自然科学知识等环节,形成了以问题为中心、幼教特色鲜明的专业基础课教材。同时教材设置了"小玩具制作和小魔术"单元,可以满足实验教学的需要;引入了幼儿园科学教育活动设计的内容,使学生能够利用所学知识科学、合理地设计幼儿园科学教育活动,以提高学生在幼儿园科学教育活动中的教学能力。总之,本教材在内容设置、案例实验等方面具有鲜明的学前教育专业特色,是一本符合学前教育专业需要的自然科学基础课教材。

通过本教材的学习,可以奠定学生自然科学知识的基础,培养学生的自然科学素养,提高学生自然科学实验与小玩具制作的技能,提升学生幼儿园科学教育能力,积累幼儿园科学教育的实践经验,从而为将来进入幼儿园进行科学启蒙教育做好充分的准备。

本教材共十个单元,建议学时数为72学时,各单元的学时数安排参见下表。

学时分配表（供参考）

单元	内容	学时
第一单元	走进自然科学	3
第二单元	运动和力	12
第三单元	电与磁的初步知识	11
第四单元	物质与能量	5
第五单元	天文知识初步	7
第六单元	有关酸、碱、盐和常见元素的知识	6
第七单元	有趣的有机化学	8
第八单元	有趣的生物	10
第九单元	小玩具制作和小魔术	5
第十单元	幼儿园科学教育活动设计	5

　　本教材由辽宁省基础教育教研培训中心的 毕毓俊 和河北省石家庄市学前教育中等专业学校的万晓宇担任主编，唐山市职教中心的卫靖和石家庄市学前教育中等专业学校的高欣担任副主编。本教材第一单元由万晓宇编写，第二单元至第五单元由万晓宇和卫靖编写，第六单元和第七单元由卫靖和高欣编写，第八单元由高欣编写，第九单元和第十单元由万晓宇和高欣编写。本教材修订期间，宁波市职成教教研室张建君老师对书稿的修订提出了宝贵的建议。

　　本教材配套练习册提供了每单元的知识归纳、教法学法建议、补充知识、练习与思考的答案和补充练习等内容，可以深化教材所学的知识，也能为将来学生继续深造打下基础。

　　本教材虽经多次修改，但作为学前教育专业教材，可以借鉴的同类教材少之又少，再加上编者水平有限，教材难免存在问题与不足，希望广大师生和读者在使用中提出宝贵意见，以便修改，使其更加完善。

编　者
2021 年 4 月

第一版前言

本书的编写基础是中等职业学校幼儿教育专业教材《自然科学基础知识》(第2版),是在十几年的教学实践中产生的跨学科的新型综合教材。在教学内容、教学模式、教材体系结构及教学方法、手段等方面具有较大创新,并能较好地体现现代职业教育观念,是三年制幼儿教育专业学生需要学习的重要内容。

本书按中等职业学校和普通高中物、化、生学科的新的课程标准要求,在内容上基本包括了三门学科的基础知识,教材的编写注意密切联系生产和生活实际,每节内容都是从幼儿常提出的问题入手,介绍有关知识,然后解答或解释问题。教材选用大量的小制作和小实验,每单元后面都安排了和该单元有关的自然科学方面或科学家的故事,及STS(科学·技术·社会)文章。值得注意的是,小制作,小实验和讲故事不是阅读材料和辅助内容,而是跟其他内容一样,是要安排一定学时的重要教学内容。

通过本教材的学习,有利于培养学生将来在幼儿园的科学教育领域具备"提供丰富的可操作的材料,为每个幼儿都能运用多种感官,多种方式进行探索提供的条件"的能力;具备"从生活或媒体中幼儿熟悉的科技成果入手,引导幼儿感受科学技术对生活的影响,培养他们对科学的兴趣和对科学家的崇敬"的能力;具备"在幼儿生活经验的基础上,帮助幼儿了解自然、环境与人类生活的关系。从身边的小事入手,培养初步的环保意识和行为"的能力。

本教材为了更好地联系幼儿园的教学实际,新增加了"幼儿科学教育活动设计"一个单元。这样全书由原来的八个单元,改为九个单元。共需128课时。建议各单元的课时数安排如下:

第一单元	运动和力	20课时
第二单元	电与磁的初步知识	21课时
第三单元	物质结构　能量守恒	9课时
第四单元	天文知识初步	7课时
第五单元	有关碱、酸、盐和常见元素的知识	9课时
第六单元	有趣的有机化学	15课时
第七单元	小玩具制作和小魔术	20课时
第八单元	有趣的生物	21课时
第九单元	幼儿科学教育活动设计	6课时

本书由辽宁省基础教育教研培训中心中学高级教师毕毓俊任主编,辽宁省基础教育教研培训中心中学高级教师孙翊翔、张建新、毕毓俊,丹东市教师进修学院中学高级教师王洋,丹东

市第二职业中专中学高级教师赵玉芳,大连市女子职业中专中学高级教师田志华,沈阳市 120 中学中学高级教师齐坤海、山西省大同市幼儿师范学校高级讲师滕文清参加编写。本书由教育部职业教育与成人教育可推荐的专家刘传生、王承贵先生审定。

　　书中选编的有关 STS 的一些文章,多选自中国大百科全书出版社出版的《推动世界的力量》(袁正光主编,1991 年 12 月第 1 版)一书,在此向中国大百科全书出版社和该书的作者表示感谢。

　　本教材虽然根据教学第一线的反馈信息修改多次,但由于是一门创新的新型教材,再加上编者水平有限,教材中必然还会存在一些问题,希望广大师生和读者在使用中提出宝贵意见,以便修改,使其更加完善。

编　者
2004 年 12 月

目 录 ////

走进自然科学

一、什么是自然科学

（一）提出问题

我们生活在大自然之中,大到沧海桑田、宇宙变迁,小到种子发芽、食物霉变,都蕴涵着自然科学知识,可以说自然科学和我们的生产生活是紧密相连的,已经融入衣食住行等各个领域,我们已经离不开自然科学的帮助和指引了。自然科学是如此重要,那么你知道什么是自然科学吗?

（二）基本知识

1. 什么是自然科学

自然科学是研究自然界的各门科学的总称,其研究对象为大自然中有机的或无机的事物和现象,包括物理学、化学、生物、天文学、地理学等。自然科学研究的对象是整个自然界,即自然界物质的类型、状态、属性及运动形式。研究的目的在于揭示自然界的各种现象及自然现象发生过程的实质,发现这些现象和过程的规律性,并在社会实践中有目的地利用自然规律来改造自然和服务社会。

具体来讲,首先,自然科学是一种知识体系,它反映了客观世界的本质联系及其运动规律,它具有客观性、真理性和系统性。其次,自然科学是一种研究方法,要用实验观察来证实;是理性的方法,要用归纳逻辑、演绎逻辑来推理。科学方法是实证的、理性的。最后,科学是一种社会建制,是组织科学活动的社会建制,像科学院、研究所、大学、学会等。在这套社会建制里面有一些共同遵守的规范。

2. 自然科学的发展

自然科学的发展,经历了古代、近代、现代三个阶段。自然科学作为人类征服自然的一种手段,是从古就有的,但是,作为一种真正的科学,还是从近代开始的。近代自然科学技术开始于资本主义萌芽时期——16世纪,而全面发展却是在19世纪。

（1）古代自然科学的萌芽。

① 古代中国的科学技术。春秋战国时期是中国古代科学技术的第一个发展繁荣时代,也

是自然科学发展的源头。在这个时期,各门类自然科学从哲学中分化出来,形成独立的学科。在当时,我国的天文历法、气象、音律、几何数学等学科,均占据世界领先地位,声、光、力等物理学科也发展到了一定的水平,这些自然科学的成就带动了中国古代自然科学的发展。中国古代科学技术十分辉煌,但主要在技术领域。中国的四大发明对世界文明产生巨大影响。古代中国科技文明的主要支柱有天文学、数学、医药学、农学四大学科和陶瓷、丝织、建筑三大技术,及世界闻名的造纸、印刷术、火药、指南针四大发明。古代中国的科学技术成就在相当长的历史时期中居于世界领先地位,但是自16世纪即中国明代中期起,我国科学技术总体发展衰落,绝大多数学科在西方近代科技传入以后,逐一为其所取代。而且随着时间的推移,我国与世界先进的科技水平的差距越来越大。

②　古代西方的科学技术。古代西方科学技术的发展起源于古巴比伦和古埃及,后来古希腊和古罗马成了西方科学技术发展史上的先驱,直至现在仍对世界科学技术有重大影响。古代西方善于运用理性探讨自然界的本质和规律,这其中尤以古希腊为最。在古希腊,科学方法得到了初步确立及运用,例如数学方法、观察方法。亚里士多德为了整理已有的经验知识,建立了逻辑学,从而为以后很多的科学研究奠定了基础,亚里士多德的权威和影响是无与伦比的。在他去世后一直过了两千年,世界才出现大致能和他相比肩的科学家。他开创了物理学、气象学、行星天文学、生物学等许多现代自然科学的雏形。更重要的是,在西方科学发展的历史中,他构建的科学思想、科学方法不仅影响了他同时代的人们,而且深刻地影响着以后的科学发展进程。

（2）近代自然科学的发展。近代自然科学是以天文学领域的革命为开端的,1543年,哥白尼的《天体运行论》发表,以太阳中心说推翻了千年来中世纪被宗教神学奉为神明的托勒密的地球中心说,因而被称为近代科学史上的第一次科学革命。同年,比利时医生维萨里发表了《人体构造》一书,为人体血液循环学说的发现开辟了道路。这两个事件冲破了神学所说的信条,使自然科学从神学中解放出来,成为划时代的标志而载入史册。1609年至1619年开普勒发现了行星运动的三大定律;1632年,伽利略发现了自由落体定律;1687年,牛顿发表《自然哲学的数学原理》,系统论述了牛顿力学三定律(惯性定律、加速度定律、作用力反作用力定律)和万有引力定律,创立了经典力学;牛顿成功地解释了当时认识的几乎所有的机械运动,开创了经典物理学分析方法。这些定律构成一个统一的体系,把天上的和地上的物体运动概括在一个科学理论之中,这是人类认识史上对自然规律的第一次理论性的概括和综合。在生物学领域,细胞学说、生物进化论,孟德尔的遗传规律相继被发现。在化学领域,原子——分子论被科学界定;拉瓦锡推翻了燃素说,并成为发现质量守恒定律的第一人;1869年,俄国化学家门捷列夫发表了元素周期律的图表和《元素属性和原子量的关系》的文章。在文中,门捷列夫预言了11种未知元素的存在,并在以后被一一证实。1820年7月,丹麦教授奥斯特通过实验发现了电流的磁效应,1831年,法拉第发现了电磁感应现象,又总结出电磁感应定律。后来,英国物理学家麦克斯韦,于1865年根据库仑定律、安培力公式、电磁感应定律等经验规律,提出了真空中的电磁场方程。之后,麦克斯韦又推导出电磁场的波动方程,还从波动方程中推论出电磁波的传播速度刚好等于光速,并预言光也是一种电磁波。这就把电、磁、光的理论统一起来了,这是继牛顿力学以后又一次对自然规律的理论性概括和综合。

（3）现代自然科学的进程。19世纪末,德国物理学家伦琴发现了一种能穿透金属板使底片感光的X射线。不久,贝可勒尔发现了放射性现象。居里夫妇受贝可勒尔启发,发现了钋、镭的放射性,并在艰苦的条件下提炼出辐射强度比铀强200万倍的镭元素。1897年,汤姆孙发现了电子,打破了原子不可分的传统观念,电子和元素放射性的发现,打开了原子的大门,使人们的认识得以深入到原子的内部,这就为量子论的创立奠定了基础。X射线、电子、天然放射性、DNA双螺旋结构等的发现,使人类对物质结构的认识由宏观领域进入微观领域。有机化学、分子生物学与基因工程、生物技术、微电子与通信技术飞速发展,标志着科学发展进入了现代时期。与此同时,在对电磁效应和时空关系的研究中相对论产生了。相对论将力学和电磁学理论及时间、空间和物质的运动联系了起来。这是继牛顿力学、麦克斯韦电磁学以后的又一次物理学史上的大综合。量子论和相对论是现代物理学的两大支柱,是促成20世纪科学飞跃发展的理论基础。

（三）解释问题

现在,众所周知,自然科学是研究自然界的各门科学的总称,它的发展经历了漫长的历史过程。自然科学的研究对象是整个自然界,大到整个宇宙,小到微观世界的粒子,可以说无所不包。自然科学对人们是非常重要的,作为科学启蒙教育的第一任教师,只有掌握一定的自然科学知识,才能顺利开展幼儿园的科学教育。

✖ 练习与思考

1. 中国古代有哪四大发明?为什么到明代中期中国的自然科学落后了?
2. 在近代自然科学为争取独立而同神学的斗争中,有哪两个突出的事件?
3. 举例说明自然科学对我们生活的影响。

二、 自然科学的研究方法

（一）提出问题

本书的内容包括物理、化学、生物学科的基础知识,在有限的篇幅中,还要学习如何在幼儿园科学教育活动中运用这些知识,如果不能掌握科学的方法是很难学好自然科学基础知识的,那么学好自然科学基础知识需要什么方法呢?

(二)基本知识

《3—6岁儿童学习与发展指南》指出,幼儿科学学习的核心是激发探究欲望,培养兴趣。成人要善于发现和保护幼儿的好奇心,充分利用自然和实际生活机会,引导幼儿通过观察、比较、操作、实验等方法,学会发现问题、分析问题和解决问题;帮助幼儿不断积累经验,并将其运用于新的学习活动,形成受益终身的学习态度和能力。幼儿教师只有掌握自然科学研究的一般过程和方法,才能在幼儿园正确地实施科学教育。

1. 自然科学研究的一般过程

自然科学研究的过程是一个不断提出问题和解决问题的过程,是探索与发现人类还没有掌握的知识和规律。从某种角度来说,自然科学家就像侦探一样,把各种线索拼凑起来以弄清事情的来龙去脉。收集线索的途径之一就是开展科学实验。实验能够检验科学家的想法,其通常有以下基本过程。

(1)提出问题。实验是从提出一个科学问题开始的。科学问题是指能够通过收集数据而回答的问题。例如,"纯水和盐水哪一个结冰更快?"就是一个科学问题,因为你可以通过实验收集信息并给予解答。

(2)提出假设。第二步是构想一个假设。假设是对实验结果的预测。和所有的预测一样,假设是建立在观察和以往的知识经验上的。但与许多预测不同的是,假设必须能够被检验。严格的假设应该采用"如果……,那么……"的句式。例如,"如果把盐加入纯水中,那么这水会需要更长的时间才能结冰"就是一个假设。这样的假设其实就是对你要进行的实验的一个粗略概括。

(3)设计实验。接下来需要设计一个实验来检验你的假设。在实验计划中应该写明详细的实验步骤,以及在实验中要进行哪些观察和测量。设计实验时涉及两个很重要的步骤,就是控制变量和给出可操作性定义。

① 控制变量。在一个设计良好的实验中,除了要观察的变量以外,其余变量都应始终保持相同。变量是指实验中可以变化的因子。其中人为改变的因子称作自变量,又称调节变量。在这个实验中,往水里加盐的量就是调节变量。而其他的因子,比如水的量、起始的温度,都应保持不变。

② 操作性定义。设计实验的另一个重要方面就是要有清楚的操作性定义。操作性定义是指一个说清楚某个变量该如何进行测量,或者某个术语该如何定义的陈述。例如本实验中,如何确定水是否结冰呢? 你可以在实验开始前向每个容器中插入一根搅拌棒。对于"结冰"的操作性定义就是搅拌棒不能再移动的时候。

（4）分析数据。实验中得到的观察和测量结果叫作数据。实验结束时要对数据进行分析，看看是否存在什么规律或趋势。如果能把数据整理成图表，常常能更清楚地看出它们的规律。然后要思考这些数据说明了什么，它们能不能支持你的假设，它们是否指出了你实验中存在的缺陷，是否需要收集更多的数据等。

（5）得出结论。结论就是对实验研究发现的分析总结。在下结论的时候，你要确定收集的数据是否支持原先的假设。通常需要重复好几次实验才能得出最后的结论，而得出的结论往往又会使你发现新的问题，并设计新的实验来寻求答案。

通过观察和实验得到的是感性认识，而人们要认识世界、改造世界就不能停留在感性认识上，必须深入地掌握客观事物的本质及其运动规律。科学认识的任务就是要在大量感性材料的基础上，通过人们的思维去把握客观世界的本质，也就是要经过一系列的科学、抽象、理性思维活动，使感性的、经验的材料上升为理性的认识。

2. 自然科学的研究方法

自然科学作为一种高级复杂的知识形态和认识形式，是人类在已有知识的基础上，利用正确的思维方法、研究手段和一定的实践活动而获得的，它是人类智慧和创造性劳动的结晶。正确的科学方法可以使研究者根据科学发展的客观规律，确定正确的研究方向；可以为研究者提供研究的具体方法；可以为科学的新发现、新发明提供启示和借鉴。

（1）科学实验法。科学实验、生产实践和社会实践并称为人类的三大实践活动。实践不仅是理论的源泉，而且也是检验理论正确与否的科学标准，科学实验就是自然科学理论的源泉和检验标准。特别是在现代自然科学研究中，任何新的发现、新的发明、新的理论的提出都必须以能够重现的实验结果为依据，否则就不能被他人所接受，其学术理论则会被认为是荒谬的。可以说，科学实验是自然科学发展中极为重要的活动和研究方法。

科学实验有两种含义：一是指探索性实验，即探索自然规律与创造发明或发现新东西的实验，这类实验往往是前人或他人从未做过或还未完成的研究工作所进行的实验；二是指人们为了学习、掌握或教授他人已有科学技术知识所进行的实验，如学校中安排的实验课中的实验等。实际上这两类实验是没有严格界限的，因为有时重复他人的实验，也可能会发现新问题，从而通过解决新问题而实现科技创新。

发明大王爱迪生，在研制电灯的过程中，他连续 13 个月进行了 2 000 多次实验，试用了 1 600 多种材料，才发现了白金做灯丝比较合适。但因白金昂贵，不宜普及，于是他又实验了 6 000 多种材料，最后才发现炭化了的竹丝做灯丝效果最好。这说明，科学实验是探索自然界奥秘和创造发明的必由之路。科学实验是自然科学的生命，是推动自然科学发展的强有力手段，自然界的奥秘是由科学实验不断揭示的，这一过程将永远不会完结。

（2）数学方法。数学方法又称数学建模法，第一步要将研究对象抽象为物理模型，这是因为数学方法是一种定量分析方法，而自然科学中的量绝大多数都是物理量，因此数学模型实质表达的是各物理量之间的相互关系,而且这种关系则需要表达成数学方程式或计算公式,而验证过程通常为研究对象中各种物理量的测定过程。因此,数学建模过程的第一步又常称为物理建模,换言之,就是说没有物理建模就难以进行数学建模;但是,若只有物理建模,难以形成理论性的方程式或计算公式,就难以达到定量分析研究的目的。数学方法是科学抽象的一种思维方法,其根本特点在于撇开研究对象的其他一切特性,只抽取出各种量、量的变化及各量之间的关系,也就是在符合客观的前提下,使科学概念或原理符号化、公式化,利用数学语言对符号进行逻辑推导、运算、演算和量的分析,以形成对研究对象的数学解释和预测,从而从量的方面揭示研究对象的规律性。这种特殊的抽象方法,称为数学方法。

（3）系统科学方法。系统科学是关于系统及其演化规律的科学。这门学科自 20 世纪上半叶才产生,但由于其具有广泛的应用价值,发展十分迅速,现已成为一个包括众多分支的科学领域。自然科学的一切事物和过程都可以看作组织性程度不同的系统,从而使系统科学的原理具有一般性和较高的普遍性。利用系统科学的原理,研究各种系统的结构、功能及其进化的规律,称为系统科学方法,它已在自然科学的研究中得到广泛应用。

作为幼儿教师的我们应该了解自然科学研究的一般过程和方法,在工作中自觉遵循实事求是、勇于创新的原则,善于提出问题、解决问题,敢于批判性思考,为幼儿的科学启蒙教育奠定思想和方法基础。

（三）解释问题

我们在学习自然科学基础知识时,用到的一般方法和思维方式与科学家研究问题的方法是相似的,所以我们的学习过程就是在模拟科学家的研究过程。学龄前儿童充满好奇心,对外界的事物会尝试用各种办法探索,我们应该学会保护幼儿的好奇心,帮助幼儿完成自己的探究过程,这其中都有自然科学研究方法的身影。

✖ 练习与思考

1. 以身边的科学问题为研究对象,写出研究过程并探究问题的结果。
2. 以自己的科学探究经历为例,说明科学探究中的研究方法。
3. 利用学习的科学研究方法,写一篇幼儿园科学教育活动教案。

三、怎样学习自然科学知识

（一）提出问题

我们学习的《自然科学基础知识》是中等职业学校学前教育专业的教材,和普通高中的教材有较大的区别,同时学习方法和要求也有较大差异。那么,你知道我们应该怎样学习自然科学知识吗?

（二）基本知识

自然科学研究范围极为广泛,大到整个宇宙小到粒子,涉及社会生活的方方面面。自然科学是现代科学技术的基础,推动着社会生产力的发展,对社会繁荣与发展影响深远。自然科学的研究方法蕴含着人类智慧与世界观,对促进学前教育专业学生形成辩证唯物主义的世界观具有十分重要的意义。所以,我们必须学好自然科学知识。学好自然科学知识,需关注以下五个方面。

1. 要了解学前教育专业自然科学知识的特点

对于学前教育专业的学生来说,学习自然科学知识的目的,是为在幼儿园实施科学教育奠定知识基础。而幼儿园科学教育是启蒙教育,主要目的是激发幼儿的探究兴趣,形成初步的科学探究能力,获得丰富的感性经验,发展逻辑思维能力。教师要善于发现和保护幼儿的好奇心,充分利用自然和实际生活机会,引导幼儿通过观察、比较、操作、实验等方法,学习发现问题、分析问题和解决问题;帮助幼儿不断积累经验,并运用于新的学习活动,形成受益终身的学习态度和能力。幼儿园科学教育要求中职学前教育专业的学生对各类的科学文化知识都要有一定储备,知识面不一定深但一定要广,幼儿教师的科学素质具有鲜明的职业特征。具有良好的科学素质的幼儿教师不仅能有效地设计和组织科学教育活动,合理安排教学环节,而且能保护幼儿的好奇心,启蒙幼儿的科学意识,为培养未来具备较高科学素质的人才奠定坚实的基础。

因此学前教育专业自然科学知识有以下四个特点:第一,自然科学知识的内容是广泛的,涉及高中物理、化学、生物学科中幼儿教师最需要的知识;第二,自然科学知识的难度不高,教材降低了对学生计算和推理的要求,大多以定性了解为主;第三,自然科学知识和生活的联系非常紧密,教材中的提出问题、趣味探索、解释问题等内容大都与生活中的科学现象有关;第四,自然科学知识非常重视学生动手能力的培养,教材中的小实验、小制作、小游戏、小魔术等内容,可以提高学生的实验操作能力、玩教具制作能力和游戏设计能力。学前教育专业自然科学知识具有鲜明的职业特点,只有掌握必要的自然科学知识,形成符合幼儿园科学教育所需要的自然科学实验操作能力,才能有效地设计和组织幼儿园科学教育活动。

2. 要会运用自然科学知识解释自然现象

生活中的科学现象是丰富多彩的,遇到问题要多问几个为什么,例如种子为什么会发芽?飞机为什么会飞? 太阳为什么不掉下来等。这些问题中包含着丰富的自然科学知识,有相当多的现象可以通过实验来探究。如果我们具备这个意识,留意生活中的科学现象,就一定能拉近科学和生活的距离,对自然科学知识产生浓厚的兴趣,进而喜欢上科学课。另外,还要充分利用身边的日常物品做实验。由于日常物品取材容易、贴近生活,保证了我们有足够参与实验教学的机会。学习中应就地取材、修旧利废、因陋就简,创造条件完成各种实验探究。这样可以使我们加深对知识的理解和应用,激发学习热情。在小实验中掌握科学实验的方法,对科学课的学习方法和研究方法也有了初步的了解,有利于我们的进一步发展。在学习中经常利用日常物品研究和制作一些实验器材,对今后在工作中制作玩教具也是大有启发的。

3. 要注意自然科学基础知识与其他学科之间的联系

幼儿园的课程大都需要综合的知识与技能,这就要求我们在校期间加强学科之间的横向联系,比如自然科学基础知识和语文、历史、地理、美术、音乐等课程的联系,培养自己的综合技能。如科学故事演讲,要在演讲过程中加深对科学知识的学习和思考,重现科学探究的艰难历程;制作科学玩教具,要根据幼儿的认知特点,采用适宜幼儿的活动材料,利用已学的科学原理,制作出幼儿感兴趣的、易于操作的玩教具,从而对幼儿进行科学启蒙教育;在音乐课上要了解发声源于物体振动,不同音色源于乐器的结构;在美术课上要知道颜料的色彩和光照之间的关系,了解色彩合成的原理;在舞蹈课上要知道人体的动作也是遵守能量守恒与能量耗散的规律;在体育课上要知道牛顿运动定律的应用,利用受力分析和运动规律提高自己的运动技能……只有注重各学科之间的联系,并学会运用科学知识,才会真正理解科学知识的内涵。

4. 要注重科学课经验的积累

在校期间我们要重视教法课的试讲,通过互评、自评不断修改自己的教学设计;利用信息网络,寻找优秀课例,观摩优秀教师的示范课,博采众长为我所用;利用学校的科学活动室,熟悉幼儿园科学活动教材,练习使用科学探究材料。在实习和见习期间,要及时了解幼儿园里的科学教育情况,比如:科学探究室都有哪些设施,幼儿园科学活动使用哪些教材,幼儿园有没有自己的园本教材,探究材料都有哪些,老师怎样组织科学活动,等等;同时要准备自己的科学活动,组织一节完整的科学活动,及时总结经验教训,虚心向带班的教师请教,借鉴和学习老教师的经验和技能。教师的职业成长很大程度上依赖经验积累,所以我们要利用一切可以学习的机会取人之长,不断完善自我,加快自己的职业成长速度,尽早成为一名合格的幼儿教师。

5. 要关注科学技术的发展

当今世界科学技术发展日新月异,新技术竞相涌现,新产品层出不穷,以知识和信息为主的全球化的科技革命不断更新着人们的生活和工作方式。近几年来,在线教育、微课、慕课等教学技术不断冲击着我们的传统课堂,所以与其被动接受,不如主动学习。虽然当今科学技术已经高度发展,但是其基本原理大都可以在我们的教材中找到。我们应该及时关注科技发展的最新形势,了解一些必要的科技现象,并且要知道其基本原理,尽可能用生活中常见的物品让孩子们体验和探究。比如用气球模拟火箭发射,用大风车模拟发电,搭积木了解物质结构,观察蔬菜了解转基因技术,观察衣物面料了解化学科技,观察食品包装盒认识添加剂,等等。只有这样才能跟上科技改革和教育发展的新形势。

（三）解释问题

综上所述,学习自然科学知识的关键在于如何运用自然科学知识来组织幼儿园科学活动。所以我们不仅要学好自然科学基础知识,还要在生活与教学中运用这些知识,并注意自然科学基础知识与其他学科之间的联系,不断积累科学活动经验,关注科学技术的发展,让自己成为一名有科学精神与态度,有科学知识与方法的科学教育工作者。

练习与思考

1. 结合自己的学习体验谈谈如何学好自然科学。
2. 尝试解释其他课程中有关科学的问题。
3. 请搜集幼儿园科学活动的教材和探究材料,与大家讨论它们的优缺点。

拓 展 阅 读

（一）爱因斯坦的三个小板凳

面对那么多成就卓越的人,也许你会自惭形秽地说:"我这么笨,怎么可能成才呢?""我太平凡了,根本不是成为伟人的料!"下面我就给你讲述一个老师、校长都认为他很笨的人的成才故事。

这个人就是阿尔伯特·爱因斯坦。这个当年被校长认为"干什么都不会有作为"的笨学生,经过艰苦的努力,成为现代物理学的创始人和奠基人、现代最杰出的物理学家。

1879 年 3 月 14 日,一个小生命降生在德国的一个叫乌尔姆的小城。父母为他起了一个很有希望的名字:阿尔伯特·爱因斯坦。看着他那可爱的模样,父母对他寄托了全部的希冀。然而,没过多久,父母就开始失望了:人家的孩子都开始学说话了,已经三岁的爱因斯坦才咿呀学语。后来,爱因斯坦的妹妹,比他小两岁的玛伽已经能和邻居交谈了,爱因斯坦说起话来却还是支支吾吾,前言不搭后语……

看着举止迟钝的爱因斯坦,父母开始忧虑。他们担心他的智能是否会不及常人。直到 10 岁时,父母才把他送去上学。可是,在学校里,爱因斯坦受到了老师和同学的嘲笑,大家都称他为"笨家伙"。学校要求学生上下课都按军事口令进行,由于爱因斯坦的反应迟钝,经常被老师呵斥、罚站。有的老师甚至指着他的鼻子骂:"这鬼东西真笨,什么课程也跟不上!"

一次工艺课上,老师从学生的作品中挑出一张做得很不像样的木凳对大家说:"我想,世界上也许不会有比这更糟糕的凳子了!"在哄堂大笑中,爱因斯坦红着脸站起来说:"我想,这种凳子是有的!"说着,他从课桌里拿出两个更不像样的凳子,说:"这是我前两次做的,交给您的是第三次做的,虽然还不行,却比这两个强得多!"一口气讲了这么多话,爱因斯坦自己也感到吃惊。老师更是目瞪口呆,坐在那里不知说什么好。

在讥讽和侮辱中,爱因斯坦慢慢地长大了,升入了慕尼黑的卢伊特波尔德中学。在中学里,他喜爱上了数学课,却对其他课程不甚感兴趣。孤独的他开始在书籍中寻找寄托,寻找精神力量。就这样,爱因斯坦在书中结识了阿基米德、牛顿、笛卡儿、歌德、莫扎特……书籍和知识为他开拓了一个更广阔的空间。

可见,一个人不聪明并不可怕,可怕的是自己先泄自己的气。只要你肯为你的目标付出艰辛的劳动,并配合正确的方法,就一定会获得成功。许多在事业上有成就的人,在童年时代、少年时代并不一定能显出锋芒毕露的优势,相反,他们却可能很平凡,甚至显出迟钝、愚笨的样子,常常要被周围的人嘲笑、讥讽。如果因为自己笨就灰心丧气,不再努力,那不是将自己潜在的才华、能力都扼杀在摇篮中了吗?

其实,每一个人都有不同的才能,每一个人在生命的长河中都会找到自己的优势。如果你觉得自己笨,那是因为你还没有寻找到你自己的优势。正如爱因斯坦对别的事物迟钝,却对物理和数学特别喜爱一样,当你找到自己的优势时,你定会放射出与众不同的异彩。

引自网络

（二）敢于质疑的伽利略

1564 年 2 月 15 日,伽利略出生于意大利的比萨城。伽利略 11 岁时,进入佛罗伦萨附近的法洛姆博罗莎经院学校,接受古典教育。孩提时代的伽利略,好奇心极强,喜欢与人辩论,从不满足别人告诉他的道理,而要自己去探索、去想象。他喜欢制造机械玩具,像各式各样的小车、风车、小船等。

在学习过程中,伽利略表现出了独特的引人注目的个性,对任何事物都爱质疑问难。他不但指责学校的教学方法,而且还怀疑教学内容。尤其是对哲学家们所崇奉的那些"绝对真理",他更想探明它们究竟包含什么意义,甚至对古希腊伟大的哲学家亚里士多德的主张也提出了质疑。

当时,亚里士多德的物理学占支配地位,是毋庸置疑的。亚里士多德认为:不同重量的物体,从高处下降的速度与重量成正比,重的一定较轻的先落地。这个结论到伽利略时差不多近 2 000 年了,还未有人公开怀疑过。物体下落的速度和物体的重量是否有关系?伽利略经过再三的观察、研究、实验后,提出如果将两个不同重量的物体同时从同一高度放下,两者将会同时落地。于是伽利略大胆地向亚里士多德的观点进行了挑战。他的创见遭到了比萨大学许多教授们的强烈反对。对于亚里士多德的信徒们的挑战,性格倔强的伽利略毫不畏惧,为了判明科学的真伪,他欣然地接受了这个挑战,决定当众实验,让事实来说话。

公开的"表演"地点在比萨斜塔。1590 年的一天清晨,比萨大学的教授们穿着紫色丝绒长袍,整队走到塔前,洋洋得意地准备看伽利略出丑;学生们和镇上的市民们,也熙熙攘攘地聚集在比萨斜塔下面,想看个究竟。伽利略和他的助手不慌不忙,神色自如,在众人一阵阵嘘声中,登上了比萨斜塔。伽利略一只手拿一个 10 磅(1 磅 ≈ 0.45 kg)的铅球,另一只手拿着一个 1 磅的铅球。他大声说道:"下面的人看清楚,铅球下来了!"说完,两手同时松开,使两只铅球同时从塔上落下。围观的群众先是一阵嘲弄的哄笑,但是奇迹出现了,由塔上同时自然下落的两只铅球,同时穿过空中,轻的和重的同时落在地上。众人吃惊地窃窃私语:"这难道是真的吗?"顽固的亚里士多德的信徒们仍不愿相信他们的崇拜者——亚里士多德会犯错误,愚蠢地认为伽利略在铅球里施了魔术。为了使所有人信服,伽利略又重复了一次实验,结果相同。伽利略以事实证明"物体下落的速度与物体的重量无关",从而击败了亚里士多德的信徒们。

正是这次闻名史册的比萨斜塔实验,第一次动摇了亚里士多德的物理学说的错误,打破了亚里士多德的神话。后来,伽利略又通过计算,得出了自由落体定律。

引自网络

运 动 和 力

一、运动的描述

（一）提出问题

同学们乘坐火车去旅行,会惊奇地发现近处的树木往后高速倒退,这是怎么回事?

（二）基本知识

1. 参照物

我们在初中已经学过,一个物体相对于别的物体的位置改变叫作机械运动,简称运动。机械运动是最普遍的自然现象,宇宙中的一切物体,小到原子内部的质子、中子和电子,大到遥远的恒星和星系,都在不停地运动着。因为地球是运动着的(公转和自转),所以地球上所有的物体都是运动着的。

根据上述说法,物体不就没有静止的了? 平时我们说某物体静止不动是怎么回事? 这是因为为了便于描述运动,在物理学中先假定某物体是不动的,如描述火车运动时,假定地面是不动的;描述地球运动时,假定太阳是不动的。

在描述运动时,这个假定不动的物体叫作参照物。指定了参照物,大家都清楚所描述的运动是相对于参照物说的。如以地面为参照物,那么地面上的高山和房屋就是静止的。应该指出的是,同一运动,由于选择的参照物不同,观察的结果常常是不同的。一般研究地面上的物体运动,时常取地面作参照物。

2. 质点和质点的位移

如果在描述物体运动时,在某些情况下为使问题简化,可以不考虑物体的大小和形状,这时可以把物体看作一个有质量的点,叫作质点。在什么情况下可以把物体当作质点,这要视具体情况而定。例如,描述远洋货轮在海洋中的位置时,由于轮船的大小跟它的航程相比是很小的,就可以把它看作一个质点。描述人造地球卫星绕地球的运动时,也可以把人造地球卫星看作是一个质点。

质点在运动过程中,它的位置随时间而不断变化,怎样表示质点的位置变化呢? 物理学中用一个叫作位移的物理量来表示质点的位置变化。设质点原来在 A 点,经过一段时间沿轨迹

ACB 运动到 B 点,从初始位置 A 指向末位置 B 作有向线段 $\vec{AB}$,用它就可以描述质点的位置变化,我们把它叫作质点的位移(图 2-1)。

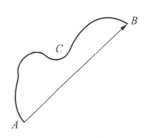

图 2-1　质点的位移

3. 矢量和标量

上述有向线段 $\vec{AB}$ 的长度是位移的大小,$\vec{AB}$ 的方向是位移的方向。像位移这样既有大小又有方向的物理量叫作矢量。位移跟路程是不同的,路程只表示物体经过的轨迹长度,而不管运动的方向。因此,两个运动物体(质点)的路程相同,并不一定位移也相同;相反的,两个运动物体的位移相同,它们的路程也不一定相同。路程只有大小,没有方向,像路程这样只有大小没有方向的物理量叫作标量。

4. 平均速度和瞬时速度

描述物体的运动,不仅需要指出它的位移,而且要指出它运动的快慢。在快慢不同的直线运动中,物体的位移与完成这段位移所需的时间的比值是不同的,比值越大物体运动得越快。物体在一条直线上运动,如果在任何相等的时间里位移都相等,这种运动就叫作匀速直线运动,简称为匀速运动。在匀速运动中,物体运动的位移跟完成这段位移所需的时间的比值叫作匀速直线运动的速度。做匀速运动的物体,如果在时间 t 内的位移是 s,它的速度 v 就是 $v=\dfrac{s}{t}$。

速度也是矢量,它的方向与位移的方向相同。速度的单位一般为 m/s(或 km/h),读作米每秒(或千米每小时)。速度的大小叫速率。速率是标量,只有大小,没有方向。

我们日常所见到的物体的运动,大部分是速度不断变化的,匀速直线运动很少。例如,公共汽车从车站出发时速度越来越快,到站时速度又越来越慢,在中间过程时快时慢,这种运动叫作变速运动。在变速运动中运动物体的位移和所用时间的比值,叫作这段时间内的平均速度。做变速直线运动的物体,如果在时间 t 内位移是 s,它的平均速度 $\bar{v}$ 就可以用下式来表示: $\bar{v}=\dfrac{s}{t}$。

运动物体在某一时刻或通过某一位置时的实际速度,就叫作运动物体在这一时刻或通过这一位置时的瞬时速度。例如百米赛跑运动员冲线时刻的速度就是瞬时速度,汽车中的速度计就是一种自行测量汽车瞬时速度大小的仪表。

(三)解释问题

学了上述知识,就不难解释开头提出的现象了。

我们坐在火车上,两眼平视窗外,看近处的树,由于火车高速向前运动,以火车和本人为参照物,就会感到树木向后高速倒退。

✖ 练习与思考

1. 我们所说的"旭日东升"是以什么为参照物的？

2. 在无云的夜晚,看到月亮好像停在天上不动;而在有浮云的晚上,却感到月亮好像很快地移动,为什么会有这种不同的感觉？

3. 同学们讨论一下,位移和路程有什么区别？在什么情况下位移的大小跟路程相等？在什么情况下,位移的大小和路程不等？哪个大？一同学沿跑道跑了 400 m 又回到原处,他跑的路程是多少？位移是多少？

4. 判断下面各速度是平均速度还是瞬时速度:

（1）炮弹以 850 m/s 的速度从炮口射出,在空中以 835 m/s 的速度飞行,最后以 830 m/s 的速度击中目标;

（2）北京到天津的城际高铁运营速度为 300 km/h,当列车进站时,进站速度为 39 km/h。

5. 骑自行车的人沿着坡路下行,在第 1 s 内的位移是 2 m,在第 2 s 内的位移是 4 m,在第 3 s 内的位移是 6 m,在第 4 s 内的位移是 8 m。求最初 2 s 内、最后 2 s 内以及全部运动时间内的平均速度。

二、匀速运动的规律

（一）提出问题

骑自行车的人沿着斜坡下行,为什么不但不蹬脚踏板,反而不断地刹车呢？

（二）基本知识

1. 加速度

在描述变速运动时,还需描述物体的速度变化情况,包括速度的大小和方向。正像用位置的变化——位移跟时间的比值可以表示物体运动的快慢一样,用速度的变化跟时间的比值可以表示物体速度变化的快慢。这个比值越大,表示速度的变化越快。物体速度的改变量跟所经历时间的比值,叫作运动物体的加速度。如果物体在一条直线上运动,用 v_0 表示物体在某段运动开始时的速度（初速度）,用 v_t 表示物体经过时间 t 后的速度（末速度）,用 a 表示加速度,那么:

$$a = \frac{v_t - v_0}{t}$$

加速度的单位由速度单位和时间单位确定。在国际单位制中,速度的单位是 m/s,时间的单位是 s,加速度的单位就是 m/s^2,读作米每二次方秒。加速度也是矢量。

如果物体在一条直线上运动,在相等的时间内,速度的变化相等,这种运动就叫作匀变速直线运动,简称匀变速运动。匀变速运动的加速度是一个恒量。在匀变速运动中,如果 $v_t > v_0$,这时加速度 a 是正的,即加速度的方向跟初速度的方向相同,我们称之为匀加速直线运动;相反若 $v_t < v_0$,这时 a 值为负,即加速度的方向跟初速度方向相反,我们称之为匀减速直线运动。

由公式 $a = \dfrac{v_t - v_0}{t}$ 可推导出

$$v_t = v_0 + at \tag{1}$$

如果位移用 s 表示,其位移公式是

$$s = v_0 t + \frac{1}{2}at^2 \tag{2}$$

匀变速直线运动的速度公式(1)和位移公式(2)是匀变速直线运动规律的数学表达式;只要知道物体的初速度,就可以根据它的加速度和运动时间,求出它在任何时刻的速度和位移。

2. 自由落体运动

物体只在重力作用下在真空中从静止开始下落的运动叫作自由落体运动。在同一地点,从同一高度在真空中同时自由下落的物体同时到达地面。这是因为这些物体的自由落体运动是初速度为零的匀加速直线运动,而且加速度又相同。这个加速度叫作重力加速度,用 g 表示。它的方向总是竖直向下的,它的大小可以用实验的方法来测定。g 的大小一般取 $9.8\ m/s^2$。

根据自由落体运动规律,树叶、羽毛等轻小物体与石块在同一地点从同一高度同时自由下落,应同时落地。但实际是轻小物体比石块落下的速度慢,这是为什么? 这是因为物体在真空中自由下落的运动才是自由落体运动。这里应强调"真空"二字。通常我们看到树叶、羽毛等轻小物体比石块落下的速度慢,这是因为空气阻力对它们的影响比对石块的影响大的缘故。1971 年美国宇航员斯科特在月球上让一把锤子和一根羽毛从同一高度同时落下,由于月球上没有空气,结果它们同时落到月球表面上。这个事实又一次证实了这个规律。

在有空气的空间里,如果空气的阻力比较小,可以忽略不计,物体从静止开始下落的运动也可以看作自由落体运动。

(三) 解释问题

学了上述知识,就不难解答开头提出的问题了。因为人骑着自行车沿着斜坡下行,在重力作用下做的是加速运动,其速度会越来越大。骑车人通过不断的刹车产生阻力使其速度减小,避免发生危险。

（四）趣味探索

小实验

1. 自由落体实验

拿一个长约 1.5 m，一端封闭，另一端有开关的玻璃筒（牛顿管）。把形状和轻重都不相同的一些物体，如金属片、小羽毛、小软木塞、小玻璃球等，放到这个玻璃筒里。当玻璃筒里的空气没有被抽出去时，快速地把玻璃筒倒立过来，会看到这些物体下落的快慢不同；当玻璃筒里的空气被抽出去以后，再把玻璃筒快速地倒立过来，就会看到这些物体下落的快慢相同了（图2-2）。

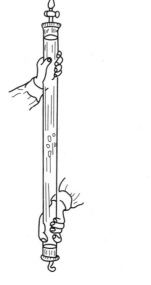

2. 测反应时间

战士、司机、飞行员、运动员都需要反应灵敏。当发现某种情况时，能及时采取相应行动，战胜对手或避免危险。人从发现情况到采取相应行动经过的时间叫反应时间。你想知道自己的反应时间吗？这里向你介绍一种测定方法：请一位同学用两个手指捏住木尺顶端，你抬起一只手，在木尺下部作握住木尺的准备，但手的任何部位都不要碰到木尺（图2-3）。当看到那位同学放开手时，你立即握住木尺。测出木尺降落的高度，根据自由落体运动的知识，可以算出你的反应时间。

图 2-2 自由落体实验   图 2-3 测反应时间

✂ 练习与思考

1. 三个同学讨论问题，甲同学说：物体的加速度大，说明物体的速度一定很大；乙同学说：物体的加速度大，说明物体的速度变化一定很大；丙同学说：物体的加速度大，说明物体的速度变化一定很快。哪个同学说得对？哪个同学说得不对？为什么？

2. 算算看，一个小学生在滑梯上端从静止开始下滑，滑梯长 3 m，用了 2 s 滑到末端，求他在滑行中的加速度和到达末端时的速度。

3. 一物体在一高楼的顶端从静止开始自由下落，经历了 3 s 落到地面。若空气阻力可忽略不计，求该楼的高度为多少米？

三、牛顿第一定律

（一）提出问题

你大概看过这样的杂技表演吧：几个盛有水的玻璃杯上放着一块板，板上放着几个鸡蛋（图 2-4），演员用棒对准板一击。这时你会吓一大跳，以为鸡蛋要随着板落在地上摔得粉碎。可是结果并不是这样，板被打落了，鸡蛋却落入盛水的杯内。这是怎么回事呢？

你知道汽车紧急制动时，车上的乘客会出现什么现象吗？为什么？当车突然开动时呢？

（二）基本知识

17 世纪，英国物理学家牛顿汲取了前人的成果，并且在自己亲身观察和实验的基础上进一步得出下述结论：

一切物体总保持匀速直线运动状态或静止状态，直到有外力迫使它改变这种状态为止。这就是牛顿第一定律。

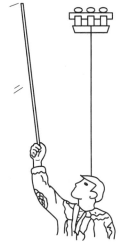

图 2-4　击板

它的意思是说，如果物体没有受到外力的作用，那么它的运动状态就不会改变：原来是静止的将继续静止，原来是运动的，还将以原来的速度，沿原来的方向继续运动下去。

它反映了物体如果不受外力作用时的运动规律。它还告诉我们，物体具有保持原来的匀速直线运动或静止状态的性质，这种性质叫作惯性。因此牛顿第一定律又叫惯性定律。

我们知道，世界上没有一个物体可以孤立地存在而不和其他物体发生关系。所以"物体没有受到外力的作用"这句话是假想的。因此，对于这句话的正确理解应该是：物体受到其他外力的作用，但这些作用恰好相互平衡。例如放在水平桌子上的乒乓球，它所受到的地球吸引力和桌面给它的支持力恰好平衡，所以乒乓球静止不动。如果我们把桌子的一边抬高一些，两个作用就不平衡，这时乒乓球就会沿着桌面向低的方向滚下去。

惯性对于世界的存在是不可缺少的。我们可以设想一下，假如没有惯性了，也就是说，物体失去了保持其原来运动状态的性质，那么，当物体失去外力作用的时候，它就不再会依靠惯性继续运动，而是立刻停下来。这样一来，一切球类运动都将无法进行，因为球一旦离开手脚或者球拍的作用的时候，就会马上停下来，而无法飞出去。枪弹、炮弹也将无法打出去，因为它们从枪膛或者炮膛飞出来以后，就已经失去了火药爆炸时所产生的气体对它们的作用。此外，钟摆也不会来回摆动了,表的游丝盘也不会运动了,钟表都将失去效用。总之,依靠惯性而运动的一切现象都将停止。

物体的惯性大小和什么有关呢?我们知道,要使一辆满载货物的汽车和没有载货的空车开动起来,所用的力是不一样的。而一旦开动起来以后,再要使它们停下来,阻碍它们运动所用的力也是不一样的,对满载的汽车所用的力要比对空载的汽车大得多。在力学中把物体中含物质多少叫作质量。一般可以说,质量是物体惯性的量度,即质量越大,惯性越大;质量越小,惯性也越小。实践中有许多这样的例子。有一种气功表演,一个演员躺在地上,身上压一块大石板,另一个演员用大铁锤猛力向石板砸去,石板断了,而石板下的演员一点也没受伤,秘密就在于石板质量大、惯性大。铁锤砸在石板上的力很大,作用时间又很短,石板还没有向下运动就断了,所以,石板下的演员很安全。工厂里机床的床身用铸铁制作得很笨重,为的是增大它们的惯性,从而使它们容易保持静止状态而不致发生强烈振动。

物体的惯性有时对人们有利,可以加以利用。例如,衣服上沾上了灰尘,用手拍打衣服,灰尘就掉了。这是因为衣服受到拍打,随手一起运动,而灰尘由于惯性保持原来的静止状态,就脱离了衣服。宇宙飞船和人造卫星在宇宙空间,由于不再受到大气的阻力,因而不必开动发动机,完全可以依靠惯性来飞行。然而,惯性也给人们带来了许多危害。例如,有人飞快地骑自行车,遇到紧急情况突然一捏前闸,连人带车向前翻了过去,造成重伤。幼儿园小朋友奔跑时,一不注意脚碰到障碍物上,下身停止了运动,上身由于惯性继续向前运动,就跌倒了,造成跌伤。这些都是惯性带来的害处。

（三）解释问题

前面我们提到的杂技演员击板,为什么鸡蛋不随着板落在地上摔碎呢?

鸡蛋和玻璃杯原来都是静止的。当它们中间的板被击走的时候,由于惯性,它们还保持这种静止状态,来不及跟板一起运动,因此就停留在原来位置。但是鸡蛋失去了支持,于是就掉进装有水的玻璃杯里。

汽车紧急制动时,车上的乘客会向前倾倒,有的会碰伤,如图 2-5 所示。这是因为乘客身体的上部由于惯性还要向前运动,而乘客的脚已随车停止运动,所以造成向前倾倒现象。反之,当车突然开动时,汽车上乘客要向后倾倒,甚至会摔倒在车上,造成事故。这其中的原因,你能说明吧。

图 2-5　汽车紧急制动时

（四）趣味探索

小实验

1. 抽纸条

如图2-6所示,在桌边上放一张纸条,纸条上放一只墨水瓶,如果不碰墨水瓶,能否把墨水瓶和纸条分开呢? 也许有的同学会慢慢地把纸条从墨水瓶下面抽出来,但他肯定会失败的。正确的做法应该是从瓶底下猛地把纸条抽出来,由于惯性,墨水瓶仍停在原位置不动。一定不能犹豫,只有很敏捷地抽纸条,你才能成功。

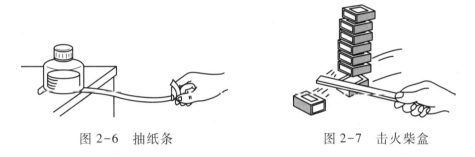

图2-6　抽纸条　　　　　　　　　　图2-7　击火柴盒

2. 击火柴盒

如图2-7所示,把几只装满干泥沙的火柴盒叠在一起,放在水平桌面上。用木尺对准其中的一个火柴盒用力水平一击,该火柴盒被击中飞出去。上面的火柴盒由于惯性还保持原来的静止状态,由于失去了支持,于是落在正下方,因此其余火柴盒仍叠放在一起。

3. 小车上木块的运动

把一个小木块直立在平板小车上,当突然拉动小车时,木块向后倾倒,如图2-8(a)所示。但在图(b)中,以速度v运动的小车遇到障碍物突然停下来时,木块向前倾倒。你亲自做做看,想想在实际生活中遇到过类似现象吗?

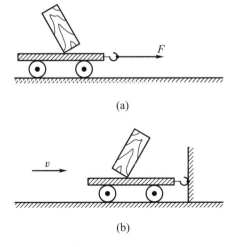

图2-8　木块的不同运动

✗ 练习与思考

1. 你有这样的经验吧,赛跑冲到终点后,不是马上停住而是还要向前小跑一段距离。你知道这是什么原因吗?

2. 小鸭子从河里上岸以后,总要猛烈地抖动它的羽毛;猪、狗、小鸡在淋了雨水以后,也会使劲地抖动身体;小朋友洗完手后习惯把手甩几下。这些都是为什么?

3. 有人认为,既然地球从西向东自转,那么当人跳起来落回地面时,地面一定转过了一段距离,不会落在原地,而是落在原地的西边。是这样吗?你不妨试试,使劲向上跳,结果如何?你能解释吗?

4. 为了交通安全,有关部门规定了城市里各种车辆的最高行驶速度。已知两个最高行驶速度分别为 40 km/h 和 50 km/h,一个是小汽车的,一个是大卡车的。请你判别一下哪个应是小汽车的最高行驶速度?哪个应是大卡车的最高行驶速度?说出你的理由。

5. 你同意下面的说法吗?

(1) 只有静止或做匀速直线运动的物体才具有惯性;

(2) 一切物体在没有受到外力作用时,总保持匀速直线运动或静止状态,叫作惯性;

(3) 做变速运动的物体没有惯性;

(4) 受到外力作用的物体没有惯性,不受外力作用的物体才有惯性;

(5) 物体的运动需要力来维持;

(6) 运动和静止的物体都有惯性。

四、重 力

(一) 提出问题

大家都知道,手里拿着苹果,一松手苹果就掉到地上;人用力向上跳,不论使多大的劲,跳得多高,最后还是落了下来;水从高处流向低处。这些都是什么原因?

(二) 基本知识

1. 力

我们在初中学过,人推车时,人对车子施加了力;拖拉机拉犁的时候,拖拉机对犁施加了力;磁铁吸引铁钉的时候,磁铁对铁钉施加了力。可见,力是物体对物体的作用。

一个物体受到力的作用,一定有另一个物体对它施加这种作用。力和物体是分不开的,力不能离开物体而独立存在。我们有时为了方便,只说物体受到了力,而没有指明相互作用的另一个物体,但另一个物体一定是存在的。

力是有大小的,力的大小可以用弹簧秤测量。在国际单位制中力的单位是牛顿,简称牛(N)。

力不但有大小,而且有方向。物体受到的重力是向下的,物体在液体中受到的浮力是向上的。拖拉机对犁的拉力是向前的,地对犁的阻力是向后的。

力还有作用点。你提水桶,如果提偏了,桶就倾斜,水就会流出来。关门的时候,为了省力,用力点常常在离门轴远的地方。

为了直观地说明力的作用,常用一根带箭头的线段来表示力。线段是按一定比例画出的,它的长短表示力的大小,它的指向表示力的方向,箭头或箭尾表示力的作用点,箭头所沿的直线叫作力的作用线。这种表示力的方法,叫作力的图示。

2. 重力

地球上所有的物体都受到地球的引力作用。我们把物体由于地球的吸引而受到的力,叫作重力。重力的方向总是竖直向下的。

一般情况下我们说物体的重力不等于地球对物体的吸引力,同一物体在地球上各个地方所受到的重力,一般是不同的,这是为什么? 有兴趣的同学学完本单元的知识后,可以进一步探讨这个问题。

重力的大小可以用弹簧秤称出(图 2-9)。物体静止时对弹簧秤的拉力 F[图(a)]或压力 F[图(b)]等于物体受到的重力。一个重 10 N 的物体,即物体所受到的重力为 10 N,它对弹簧秤的拉力或压力也为 10 N。如果不用弹簧秤,而是把物体挂在绳上或放在水平支持物上,在静止的情况下,物体对竖直悬绳的拉力或对水平支持物的压力,也等于物体受到的重力。

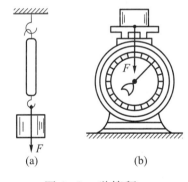

图 2-9　弹簧秤

物体的各个部分都受到重力的作用,其总效果相当于地球对物体的重力作用集中于一点,这一点就是重力的作用点,叫作物体的重心。

质量均匀、形状规则的物体,它的重心 O 就在几何中心上。例如,均匀球体的重心在球心上,直尺的重心在尺的中心点上,环的重心在环心上(图 2-10)。从图上可以看出,物体的重心有的在物体内部(如球、直尺),有的在物体外部(如环)。

不均匀物体的重心的位置,除跟物体的形状有关外,还跟物体内质量的分布有关。载重汽车的重心随着装货多少而变化,起重机的重心随着提升重物的质量和高度而变化。

用简单的实验方法可以求出形状不规则或者质量不均匀的薄板状物体的重心。如图 2-11所示,在薄板上靠近边缘的地方任意钻两个小孔 A 和 D,再用两根细线分别穿过小孔。先用穿

过 *A* 孔的线将薄板悬挂起来,等到薄板静止后,用铅笔沿着悬线的竖直方向在板上画一条直线 *AB*;放下 *A* 孔的线,然后再把 *D* 上的线同样地挂起来,画出第二条线 *DE*;*AB* 和 *DE* 相交于点 *C*,*C* 点就是这块薄板的重心。如果你把手指放在这点上平托这块薄板,它便能保持平稳。我们把这种方法叫作悬挂法。

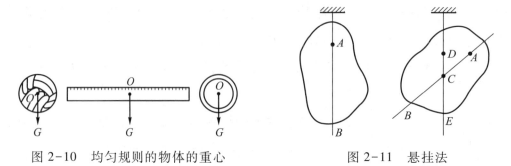

图 2-10   均匀规则的物体的重心   图 2-11   悬挂法

(三)解释问题

学了力和重力的知识,我们知道,苹果离开手后、人跳起离开地面后,都只受重力的作用,高处的流水也主要受重力的作用。重力的方向是竖直向下的,因此在重力作用下苹果离开手后会落到地面,无论人跳得多高还是要落回地面,水要从高处流向低处。

(四)趣味探索

小实验

"找"重心

如图 2-12 所示,将一根一端粗一端细的圆木棍水平地横放在两食指上,让两食指同时相向慢慢移动,并保持圆木棍的水平位置,两食指相碰处即是此木棍的重心。请做这个小实验,并思考用什么方法可验证此处确实是圆木棍的重心。

小游戏

"打"出重心

找一根约 20 cm 的小棒,在它的两端各装上一个木球或橡皮球,球的重力大小可以相同,也可以不同,但都不要太重。做游戏时,取两个一样高的凳子,并排地放着,如图 2-13 所示。凳子间的距离比棒略短一些,将棒的两端放在两个凳上,中间悬空,然后用另一根棒从下面向上打击小棒。小棒被打击后就向上飞出,它在空中飞行时,多数是转动的。但是,有时候打到棒上某点时,小棒却是平行地向上飞出,一点也不转动,这时被打中的那一点就是小棒的重心。为了便于记下被击那点的位置,"打"重心之前,可在那根用来敲打的棒上涂上一层红墨水或者墨汁,这样小棒就会留下一个痕迹,以便确定重心的位置。重心被"打"出以后,你可以用一个手指来托这一点。如果小棒处于平衡状态,那么就证明"打"出来的这一点,的确是小棒(含小球)的重心。"打"的时候,要有耐心并注意安全。

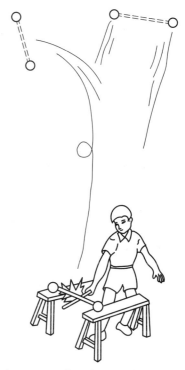

图 2-12　"找"重心　　　　　　　　图 2-13　"打"出重心

✎ 练习与思考

1. 没有接触的两个物体,可以有相互作用力吗? 请举例说明。

2. 一位同学在分析一些物体受力时说:"扔出的皮球还受到一个向前的冲力;自行车刹车后,还受到一个向前的惯性力,不然,车子为什么还会向前滑动?"他说得对吗? 为什么?

3. 判断以下几种说法是否正确:

(1) 一个物体,只有静止时才受到重力的作用;

(2) 一个物体,不论静止还是运动,也不论怎样运动,受到的重力都一样;

(3) 一个物体,向下运动时受到的重力最大,静止时受到的重力较小,向上运动时受到的重力最小;

(4) 一个悬挂在绳子下端的静止的物体,它受的重力和它拉紧绳子的力,是同一个力;

(5) 物体本身就有重力,所以重力没有别的物体对它作用。

4. 一个足球在下述情况下是否都受到重力作用? 重力的方向是否相同?

(1) 足球静止在地面上;

（2）足球在地面上滚动；

（3）足球被踢时；

（4）足球被踢向空中；

（5）足球从空中落下的过程中。

5. 下面哪句话是正确的？

（1）物体的重心一定在物体上；

（2）把一块砖头平放、侧放、立放时，其重心在砖头上的位置也要随之改变；

（3）物体越重，其重心越低；

（4）物体的重心由物体的质量分布和形状决定，当其中一个改变时，其重心位置也要随之改变。

6. 用细绳系着一个带尖端的重锤做成"重锤线"，利用它来判断柱子、墙上的电线、房间的衣柜和电冰箱是否竖直，你知道怎样来判断吗？

五、 弹力和摩擦力

（一）提出问题

现代的车辆，如大卡车、小汽车、自行车和拖拉机等，都有橡胶轮胎，而且轮胎上还刻有各种花纹。为什么要刻上花纹呢？

（二）基本知识

1. 弹力

物体在力的作用下会发生形状的改变。例如，树枝受力会弯曲，弹簧受力会伸长或缩短。物体形状的改变叫作形变。类似弹簧这样的物体发生了形变，在一定限度内，仍能恢复原来的形状，这种能恢复原状的形变，叫作弹性形变。这个限度叫作弹性限度。超过了弹性限度，发生形变的物体就不能再恢复原状。

用手拉弹簧，使弹簧伸长，手就感受到弹簧对手的拉力；用手压弹簧，使弹簧缩短，手就感受到弹簧对手的推力。可见，发生弹性形变的物体因为要恢复其原来的形状，会对跟它接触的物体产生力的作用。这种力叫作弹力。弹力产生在直接接触而发生形状的物体之间。弹力的方向总是和接触面垂直，指向受力物体的。

不仅弹簧、细树枝等物体能够发生形变，任何物体都能够发生形变，不能发生形变的物体是不存在的。有些形变比较明显，用肉眼可以看见；有些形变极其微小，要用仪器才能观察得到。

我们知道,弹力的大小跟物体的形变大小有关。在弹性限度内,形变越大,弹力也越大。例如,射箭时,弓拉得越满,形变越大,弹力也越大,箭射得越远。实验表明,弹簧发生形变时,在弹性限度内,弹力的大小跟弹簧伸长(或缩短)的长度成正比。这个规律是英国科学家胡克发现的,叫作胡克定律。超过了弹性限度,弹力就不再和形变大小成正比,而且物体也不能再恢复原状了。弹簧秤就是根据胡克定律制成的。每个弹簧秤都有一定的称量限度,所以不能超过称量限度,以免它不能恢复原状。

2. 摩擦力

用手沿水平方向推一张桌子,不论桌子是否运动,我们都会感到地面对桌子有一种阻碍运动的力。人们把互相接触的物体在接触面上发生阻碍相对运动或相对运动趋势的力,叫作摩擦力。

摩擦力可以分为静摩擦力、滑动摩擦力和滚动摩擦力。摩擦力的方向是在接触面上,与其相对运动或相对运动趋势的方向相反。

(1)静摩擦力。我们用不大的力来推桌子,虽然桌子应该沿着力的方向运动,有相对地面运动趋势,但桌子并没有动,这是因为桌腿跟地面之间发生了摩擦。这种阻碍物体相对运动趋势的力,叫作静摩擦力。

逐渐增大对桌子的推力,如果推力还不够大,桌子仍旧保持不动,这表示静摩擦力随着推力的增大而增大。但是,当推力增大到某一数值时,桌子就开始滑动,这表明静摩擦力有一个最大值。静摩擦力的最大值叫作最大静摩擦力。

(2)滑动摩擦力。当我们沿平面抛出一个冰块,尽管出手时速度很大,冰块滑行很快,但滑行一段路程后总要停下来。这是由于一个物体沿另一个物体接触面滑动时,在接触面上就产生了阻碍物体运动的力,这个力叫作滑动摩擦力。滑动的桌腿跟地面间的摩擦力,钢笔和纸面间的摩擦力,雪橇滑板和冰面间的摩擦力等,都是滑动摩擦力的例子。在相同条件(接触面和压力)下,滑动摩擦力要比最大静摩擦力略小些。

(3)滚动摩擦力。我们经常见到的火车的轮子在铁轨上滚动,汽车轮子、自行车轮子以及圆木、铁桶、篮球等在地面上滚动,这种作用在滚动物体上的摩擦力,叫作滚动摩擦力。搬运锅炉时,在它下面放着不少粗铁棍,以便推动。有些笨重的家具下面安装了小的轮子,以便移动。在相同条件(接触面和压力)下,滚动摩擦力比滑动摩擦力小得多。

摩擦力有时是有益的。人走路要利用鞋底与地面间的静摩擦力。为了增大摩擦力,鞋的底面常制有凹凸不平的花纹,有的还钉上钉子(图 2-14)。皮带运输机(图 2-15)是靠货物和传送皮带间的静摩擦力,把货物送往别处的。皮带传动(图 2-16)是靠皮带和皮带轮间的静摩擦力,来传递动力的。在皮带传动中,为了防止打滑,要把皮带适当张紧些。

在机器内部有很多转动和滑动部分,运转起来都要产生摩擦力。这种摩擦力既会使机器消耗动力,又会加快机件磨损。在这些情况下,摩擦力是有害的,因此经常用润滑剂或滚动轴

图 2-14　鞋底面的
凹凸花纹

图 2-15　皮带运输机

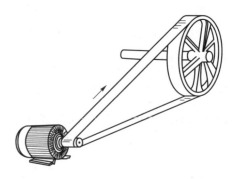

图 2-16　皮带传动

承（图 2-17）来减小摩擦力。自行车的前后轮都是装在滚动轴承上的。利用压缩气体在摩擦面间形成一层气垫，使摩擦面脱离接触，可以使摩擦力变得更小。气垫船（图 2-18）就是利用气垫来减小摩擦力的。

图 2-17　滚动轴承

图 2-18　气垫船

（三）解释问题

为什么车辆轮胎上要有花纹呢？原来车辆前进时，主要依靠轮子和路面之间的摩擦力（道理将在本单元"牛顿第三定律"中讲到）。如果车辆轮子和路面之间的摩擦力太小，哪怕轮子转动再快，车子仍旧会停在原地打转。为了增大摩擦力，所以将汽车、自行车轮胎上做成各种凹凸不平的花纹。冰雪天在马路上撒上些灰渣、汽车轮上缠上铁链等，也都是为了增大摩擦力，有利于行驶安全。

有趣的是，各种不同的车辆，其车胎上的花纹也不一样，这也是有它的道理的。例如，公共汽车轮胎上的花纹是锯齿形的，这样还可以减小车辆的噪声，经得起摩擦；拖拉机轮胎上的花纹是斜牙形的，这样使轮胎不容易沾上泥土和泥浆，便于在田野上更好地行驶。

你知道自行车的轮胎花纹是什么样的吗？找几辆自行车看看，研究一下它们的轮胎花纹为什么是这样的。

（四）趣味探索

小实验

1. 玻璃瓶的形变

如图 2-19 所示，在横截面为椭圆或近似椭圆的玻璃瓶内装满温度与体温差不多的清水，再滴上几滴红墨水以便观察。在软木塞上钻一个小孔，使细玻璃管刚好能穿过而不漏气。用软木塞塞住瓶口（注意瓶内不能有气泡），这时瓶内装满了红色的水并有一部分水上升到细玻璃管中。在玻璃管后面贴一条白纸，以便于观察。如果用手在椭圆的短轴方向挤压瓶壁，由于瓶子产生压缩形变，容积缩小，将看到玻璃管中的水柱上升；去掉压力则水面恢复到原来的位置。如果沿椭圆的长轴方向挤压瓶壁，将会发生什么现象？你做做看。

图 2-19 玻璃瓶的
微小形变

2. 纸片拽书

在书中夹一张表面粗糙的纸片（尽量夹在书的装订边一侧），用手拿着纸片，纸片依靠与书间的静摩擦力可以将厚厚的一本书提起来。此实验你如果做得不理想的话，不妨再做一次类似实验：在书中央夹一张表面粗糙的纸片，将书放在水平光滑的桌面上，用手慢慢地拉纸片，可以看到书沿着拉力方向由静止开始向前运动。做一下这个小实验，并说明两种情况下摩擦力的方向。

3. 拿瓶子

将两只空玻璃瓶里灌满砂粒，最好是铁砂。在其中一只瓶上涂上肥皂水，让另一只瓶子比较干燥。请几名同学分别拿这两只瓶子，结果会怎样？为什么？做时注意，将另一只手伸开，放在瓶子和桌面之间，避免拿起来的瓶子掉下来摔碎。

小制作

摩擦消除器

取两个装满河沙的油漆筒，叠放在一起，两者之间的摩擦力是十分显著的。如果在下面一个油漆筒边缘的凹槽内放一些玻璃球，让玻璃球沿油漆筒边缘组成一个圆圈，再将另一个油漆筒放在上面（图 2-20）。用手握住上面的油漆筒旋转，你一下子就会感到摩擦力仿佛消失了，上面这个油漆筒变得灵活自如了。

当然，摩擦力不可能完全消失，这只是把滑动摩擦力变成滚动摩擦力。在

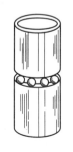

图 2-20 摩擦
消除器

一般情况下滚动摩擦力只有滑动摩擦力的 $\frac{1}{20} \sim \frac{1}{30}$，玻璃球放在两油漆筒之间的凹槽内，相当于在它们之间安装了一个滚动轴承，所以摩擦力大大减小了。若能在玻璃球上涂上一点机油，摩擦力还可再减小些。相信你能设计并制作一个更理想的摩擦消除器。

小游戏

1. 会溜冰的玻璃杯

将一块玻璃平放在桌面上，淋上少许冷水，使它在玻璃板上形成一层薄薄的没有破损的水面。然后，将小玻璃杯泡在沸水中，待玻璃杯完全热后把它迅速取出来倒扣在玻璃的水面上。这时你会发现玻璃杯在玻璃板上轻快地滑动起来，简直像在滑冰一样（图 2-21）。

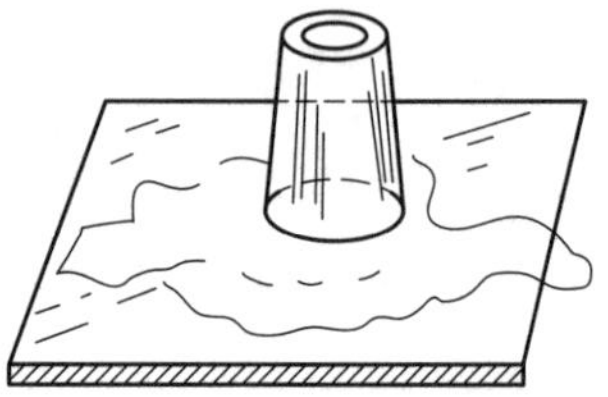

2. 奥秘在哪里呢？

当受热的玻璃杯倒扣在玻璃板的水面上时，杯中的空气便受热

图 2-21　会溜冰的玻璃杯

膨胀，并产生了较大的压强。这一团高压空气作用在水面上，把水挤到杯口外圈（继续密封住杯中的气体），杯口和玻璃间便形成一个气垫把杯子微微托起。这样，杯口和玻璃之间的摩擦便被杯口和空气的摩擦所代替。由于这种摩擦力非常小，稍许推动，杯子就在玻璃板上轻快地滑动起来。

练习与思考

1. 在水平桌面上的两个球，靠在一起但并不互相挤压，它们之间有相互作用的弹力吗？为什么？

2. 苹果从树上落到地面，是_____力的作用；箭能从拉弯的弓弦中射出去，是弓对它的_____力的作用；皮带运输机能运送货物，是靠皮带对货物的_____力来完成的。

3. 下列各种摩擦各属于哪一种摩擦？

（1）小朋友从滑梯上下滑时，小朋友与滑板之间的摩擦；

（2）在地面上滚动的足球，球与地面之间的摩擦；

（3）擦黑板时，黑板擦与黑板之间的摩擦，手与黑板擦之间的摩擦；

（4）用卷笔刀削铅笔时，铅笔与转孔面之间的摩擦。

4. 在下列各种情况中，是否存在静摩擦力？

（1）用力平推放在地面上的柜子，但没有推动，柜脚与地面之间；

（2）静止放在水平地面上的木箱与地面之间；

（3）拔河运动中，运动员握紧绳子的手与绳子之间。

5. 在人群拥挤的地方，穿滑雪衫的人比穿灯芯绒衣服的人容易走动，这是为什么？

六、 力的合成和分解

（一）提出问题

同学们都有这样的经验:晒衣服的绳子如果拉紧绷直,即使挂上很少的衣服也容易把绳子压断。你们知道这是什么原因吗?

（二）基本知识

1. 力的合成

两个小朋友能提起的一桶水,一个大人就能提起。一辆拖车可以由几匹马一起拉,也可以由一部拖拉机来拉。这说明一个力常常可以跟几个力共同作用达到相同的效果。

如果　个力作用在物体上,它产生的效果跟几个力共同作用的效果相同,这个力就叫作那几个力的合力,而那几个力就叫作这个力的分力。求几个已知力的合力叫作力的合成,求一个已知力的分力叫作力的分解。

我们先研究沿同一条直线作用在同一个物体上的两个力的合成。

如果这两个分力方向相同,例如有甲乙两位同学,同学甲用 $F_1 = 200\ \text{N}$ 的力向东拉车,同学乙用 $F_2 = 100\ \text{N}$ 的力向东推车,那么合力 $F - 300\ \text{N}$,方向也向东,即合力的大小等于两个分力的大小之和,合力的方向与两个分力的方向相同[图 2-22(a)]。

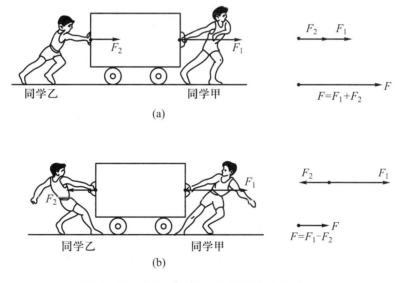

图 2-22　在一条直线上的两个力的合力

如果这两个分力方向相反,例如,同学甲仍用 $F_1 = 200\ \text{N}$ 的力向东拉车,而同学乙却用 $F_2 = 100\ \text{N}$ 的力向西拉车,那么合力 $F = 100\ \text{N}$,方向与同学甲拉的方向相同,也向东,即合力的大小等于两个分力的大小之差,合力的方向与分力中数值大的那个分力的方向相同[图2-22(b)]。

如果两个分力不作用在一条直线上,而互成一定角度时,合力的大小和方向怎样确定呢?

我们可以像图2-23(a)那样,用两条线绳把重物 G 悬挂起来。也可以像图2-23(b)那样,用一条线绳把重物 G 悬挂起来。显然,两条线绳对重物的拉力 F_1、F_2,与一条线绳对重物的拉力 F 的作用效果相同,所以 F_1、F_2 是 F 的分力,F 是 F_1、F_2 的合力。那么,合力 F 的大小和方向跟分力 F_1、F_2 的大小和方向之间有什么关系呢?

用一点 O 代表重物 G,从 O 点分别画出代表分力 F_1、F_2 和合力 F 的线段 OA、OB 和 OC,作 F_1、F_2 和 F 的端点的连线 AC 和 BC。我们发现,四边形 $OACB$ 是一个平行四边形,代表合力 F 的有向线段 OC 就是平行四边形的对角线[图2-23(c)]。改变 F_1 和 F_2 的方向和大小,发现合力 F 总是以分力为邻边的平行四边形的对角线。

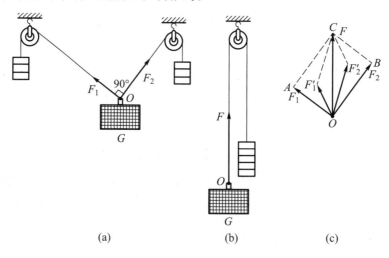

图2-23 互成角度的两个力的合力

由此可见,求两个互成角度的力的合力,可以用表示这两个力的有向线段为邻边作平行四边形,它的对角线就表示合力的大小和方向。这叫作力的平行四边形法则。

如果物体某一点同时受到好几个力的作用,我们可以先求出任意两个力的合力,再求出这个合力和第三个力的合力……直到末了一个为止。最后得到的合力就是同时作用在物体上的几个力的合力。

2. 力的分解

在图2-24中,滑梯上的小朋友受到竖直向下的重力作用,但他并没有竖直下落,而是紧贴着斜面往下滑动。原来根据此时重力所产生的效果,可以把重力分解成两个分力:一个和斜面平行的分力 F_1,在它的作用下,小朋友沿滑梯方向向下滑动;另一个和斜面垂直的分力 F_2,对滑梯产生压力。从这个例子我们可以看出,力的分解同样遵守平行四边形法则。把已知力作为平行四边形的对角线,平行四边形的两个邻边的有向线段就是这个已知力的两个分力。

我们知道,有相同对角线的平行四边形可以有无数个(图2-25),也就是说,同一个力可以分解为无数对大小、方向不同的分力。要想得到确定的答案,就需要知道两个分力的方向(每个分力与这个力的夹角)或者一个分力的方向和大小。

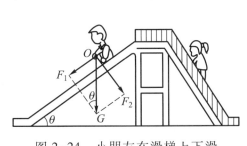

图 2-24　小朋友在滑梯上下滑

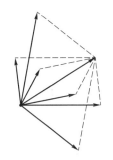

图 2-25　力的分解

如果一个力大小不变,它的分力大小与其夹角之间有什么关系呢?

实验表明:分力大小随其夹角变化而改变。夹角变小分力也变小;夹角变大分力也变大。

(三) 解释问题

现在你该明白晒衣服的绳子不要拉得太紧的道理了吧,原来,在拉紧的绳子上晒衣服时,悬挂点会有一定的下垂,这时衣服对绳子的作用力 F_T 沿着绳子方向分解为 F_{T1} 和 F_{T2} 两个分力,这两个分力分别拉紧衣服两边的绳子(图 2-26),它们的大小就等于绳子所受的拉力。合力 F_T 的大小和方向是不变的,它与衣服的重力相等,所以两个分力的大小将随着夹角 θ 的增大而变大,绳子拉得越紧,悬挂衣服的点就下垂得越小,夹角 θ 也就越大,从而使绳子受到更大的拉力而容易被拉断。

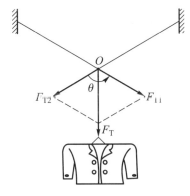

图 2-26　挂衣服的绳子
受力示意图

这个道理很有实用意义,例如工厂里吊运货物时,吊钩上绳索间的夹角不能过大,以免被拉紧而造成事故。

(四) 趣味探索

小实验

1. 研究分力大小与其夹角的关系

如图 2-27 所示,找两个透明(半透明的也可以)的塑料瓶子,在瓶口上系一根细棉线,把两个瓶子连起来。用一条硬纸板或木条把瓶子撑开,使这根线拉长张紧,线的中间不下垂。再在这根线的中间,竖直系一段同样的棉线,将整个装置悬挂起来。然后向瓶里注水,逐渐增加重力,结果横的棉线断了,而悬挂的竖直棉线却没有损坏。

继续做实验,这次瓶里装的水和上次一样多,只是连接两个瓶子的棉线长一些,使线拉得松一些,这时将发现横线并没有被拉断。

比较两次实验两段横线的夹角,就会发现,第一次实验时的夹角很大,第二次实验时的夹角比较小。用平行四边形法则作图(图 2-28),就可以知道:当竖直线两边的棉线夹角越大时,每根棉线所受的拉力也越大,超过棉线所能承受的拉力,棉线就被拉断了。

图 2-27   分力大小与夹角关系的小实验

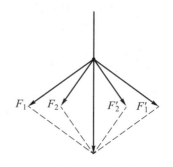

图 2-28   夹角越大线受力越大

2. 一指断铁丝

如图 2-29 所示,将一根长约 20 cm 的细铁丝系在两个小木块上,木块上放一个人字形的木架,木架的两根木条长约 12 cm,中间用铰链连接,其夹角等于 150°,这时只要用一只手指在人字形木条的铰链处往下一按,铁丝就断了。想一想铰链夹角大一些好还是小一些好?为什么?

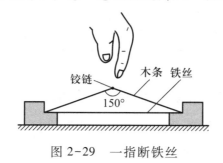

图 2-29   一指断铁丝

小游戏

力气小的同学拉动力气大的同学

一名力气小的同学和几名力气大的同学组成一个游戏小组,力气小的同学跟任何一个力气大的同学做拔河比赛,都拉不动大同学。这些大同学可以纹丝不动地立在那里,就像在地下生了根一样。现在几名大同学,每两人一组,用力拉紧一条绳子,大家站成一圈,把力气小的同学围在中间。只要大同学不动,小同学就不能跑出圈去;但是如果大同学被拉动,就不许再回原地,小同学可以从他们之间的空隙处跑出去。

哨响后,游戏开始,小同学用力沿着与绳垂直的方向推绳的中点,紧紧拉着绳子的大同学就被绳子拉动了,小同学再去推其他绳子,拉着其他绳子的大同学也被拉动了,于是小同学就从大同学之间的空隙处跑了出去。

玩一玩这个有趣的游戏。研究一下,这些力气大的同学为什么会被力气小的同学拉动。

✖ 练习与思考

1. 两个力的合力在什么情况下最大？在什么情况下最小？设有两个力，一个是 20 N，一个是 8 N，它们的合力的最大值是多少？最小值是多少？

2. 一位同学认为行驶中的汽车沿水平方向所受的力有牵引力、阻力和这两个力的合力。这种看法对吗？为什么？

3. 在图 2-30 中，已知合力 F 及一个分力或两个分力的方向，用作图法求未知的分力。

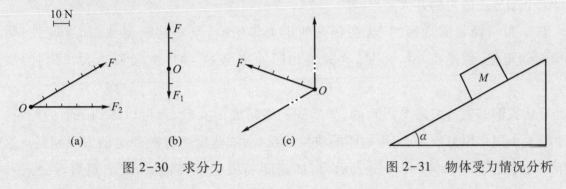

图 2-30　求分力　　　　　　图 2-31　物体受力情况分析

4. 物体静止于斜面上，如图 2-31 所示。当斜面倾角 α 增加时，物体仍保持静止。在 α 角增加过程中，下面说法正确的是(　　　)。

A. 物体与斜面之间的静摩擦力增加

B. 重力垂直于斜面的分力增加

C. 重力平行于斜面的分力增加

5. 把竖直向下的大小为 180 N 的力分解为两个分力，使其中一个分力在水平方向上并等于 240 N，求另一个分力。

七、 牛顿第二定律

（一）提出问题

我们小时候都有这样的体会：从陡的滑梯上下滑的时候，速度会增加得很快，甚至令人害怕。但是从不陡的滑梯上下滑的时候，速度增加得慢，一点害怕的感觉也没有。你知道这是什么道理吗？

（二）基本知识

我们根据前面学习的牛顿第一定律可以知道，维持物体的运动状态不变，并不需要力，改变运动状态才需要力,也就是说,力是使物体产生加速度的原因。那么,物体产生的加速度跟它受到的力有什么关系呢? 加速度的大小还跟哪些因素有关呢? 我们可从生活中的实例得到启发。

推车时,如果用力小,车起动得慢,即速度改变得慢,加速度小;如果用大力去推它,它起动得快,即速度改变得快,加速度大。车辆制动过程中,用小力缓缓刹车,得到的跟运动方向相反的加速度小,要用较长的时间才能停下来;用大力急刹车,得到的跟运动方向相反的加速度大,很快就会停下来。可见,对同一物体来说,受到的外力越大,产生的加速度也越大,加速度的方向跟引起这个加速度的力的方向是相同的。

一辆空车和一辆装满货物的车,在相同的推力作用下,空车起动得快,加速度大;装满货物的车起动得慢,加速度小。可见,在外力相同的情况下,物体的质量越大,得到的加速度越小。

以上是从我们的生活中感受得到的,如果我们做精确的实验,就可以得到下面的结论:物体加速度的大小跟作用力成正比,跟物体的质量成反比,加速度的方向和力的方向相同。这就是牛顿第二定律。用 F、a 和 m 分别表示力、加速度和质量,牛顿第二定律用数学公式可表示为:

$$a = \frac{F}{m} \quad \text{或} \quad F = ma$$

在国际单位制中,质量 m 的单位是千克(kg),加速度 a 的单位是米/秒²(m/s²),确定力的单位为牛(N)。

对于这个定律,同学们应注意下列几点。

(1) 只有在质量不变的条件下加速度的大小才和作用力成正比;同样地,在作用力不变的条件下,才能够说物体的加速度和它的质量成反比。

(2) 加速度和力都是矢量,它们的方向总是相同的。

(3) 如果物体同时受到几个力的作用,式中的 F 就是这几个力的合力。如果物体受到的几个力的合力 F 等于零,则 $a = 0$,这时物体保持静止或匀速直线运动状态。这一点符合牛顿第一定律。

有了牛顿第二定律,我们就可以解释物体为什么会做这样或那样的运动了。如果物体受到一个恒定的外力的作用,而且外力的方向跟速度的方向相同,这时就产生一个跟速度方向一致的加速度,因而物体做匀加速直线运动。如果物体受到一个恒定的外力的作用,但外力的方向跟速度方向相反,这时就产生一个跟速度方向相反的加速度,因而物体做匀减速直线运动。如果物体所受的外力的方向跟速度的方向成某一个角度,这时产生的加速度也跟速度的方向成某一个角度,于是速度的方向发生改变,物体便做曲线运动。

牛顿第二定律的应用是很广泛的。当要求物体能够灵活迅速地改变运动状态的时候,人们总是尽量减少物体的质量或者增大对物体的作用力。例如歼击机的质量比运输机、轰炸机小得多,在战斗前还要抛掉副油箱(图 2-32),以进一步减少质量,就是为了提高歼击机的灵活性,在空战中能出其不意地冲向敌机。

副油箱

图 2-32　轰炸机抛油箱

反过来,当要求物体的运动状态尽可能稳定的时候,人们又总是尽量增大物体的质量。电动抽水站的电动机和水泵,都固定在很重的机座上,就是要增大它们的质量,使加速度小到可忽略的程度,从而减少它们的振动或避免因意外的碰撞而移动。

还有,为了避免碰撞造成的危害,人们常常设法减小碰撞时的加速度,使碰撞力减小。几乎所有怕撞坏的物品,像电视机、玻璃器皿等,在包装的时候都用泡沫塑料或者其他松软物体做衬垫,就是这个道理。我们跳远、跳高,为了安全,总是往松软的沙坑里或垫子上跳,是为了尽可能延长落地前那一段减速的时间,进行所谓的"软着陆",即减小加速度,减小碰撞力,防止损坏身体。

(三) 解释问题

现在,可以解释开头提出的问题了。原来,在陡的滑梯上,我们的重力沿斜面向下的分力大,加速度也就大,因此下滑的速度增加很快;当滑梯不陡时,我们的重力沿斜面向下的分力小,速度会增加得很慢。因此,在很陡的滑梯上下滑的时候,为了安全,双手要搭在滑梯两边的扶手上,以便增加些摩擦力,使人沿斜面向下的合力小些,加速度也随之小些,从而使速度增加得慢些,这样就不会感到害怕了。

(四) 趣味探索

小实验

哪种情况棉线易断?

找一个透明干净的塑料瓶子,在瓶口上系一根细棉线,往瓶子里倒入适当的干砂粒(最好是铁砂),手拽棉线一端将瓶子慢慢提起时刚好把棉线拉断。倒出瓶里少量的砂粒,再用同样的细棉线将瓶子系好。当慢慢地提起瓶子时,棉线不断,可是当用力猛地提起瓶子时,棉线却断了。

这是为什么呢? 比较两次提瓶子的快慢,就会得出:第一次慢慢提起,加速度小,用力不大,棉线能承受住拉力;第二次猛地提起,使瓶子在很短的时间内速度改变很大,即产生很大的加速度,就需要很大的拉力,拉力超过棉线能承受的限度,棉线就断了。这也是起重机吊起重物时不宜过快的原因。

✖ 练习与思考

1. 如果摩擦阻力忽略不计,玻璃球沿斜槽向下滚动,是什么运动? 它滚动到平面后又将做什么运动? 为什么?

2. 一个运动的物体受到一个和运动方向相同的力的作用,如果这个力越来越小,它的加速度将怎样变化? 速度又怎样变化?

3. 你同意下面的说法吗? 为什么?

(1) 物体受到的合力越大,加速度越大;

(2) 物体受到的合力越大,速度越大;

(3) 物体的加速度越大,速度越大;

(4) 物体在外力作用下做匀加速直线运动,当合力逐渐减小时,物体的速度逐渐减小。

4. 一个物体受到 10 N 的力作用时,产生的加速度是 4 m/s²。要使它产生 6 m/s² 的加速度,需要施加多大的力?

5. 一辆小汽车的质量为 $1.4×10^3$ kg,所载乘客的质量是 $1.0×10^2$ kg。用同样大小的牵引力,如果不载人时使小汽车产生的加速度是 1.8 m/s²,载人时产生的加速度是多大(不考虑阻力)?

八、牛顿第三定律

(一) 提出问题

大家都知道火箭,但是,火箭为什么会飞行的道理,你知道吗?

(二) 基本知识

两只手掌用力对拍一下,左手掌会有疼痛感觉,同时右手掌也会有疼痛的感觉。手提水桶时,手给水桶一个向上的拉力,同时也感到水桶给手一个向下的拉力。当你在停在水面的小船上推另一条小船时,你会看到两条船同时向相反方向运动(图 2-33)。两位滑冰的同学站在冰场上,同学甲推同学乙一下,同学乙滑动起来,同时同学甲向相反方向也滑动起来(图 2-34)。在图 2-35 中,A 车上系一根绳子,B 车上的小朋友拽这根绳子,这时你会发现两车同时相向运动。

这些例子告诉我们,两个物体之间的作用总是相互的,甲物体受到乙物体的作用力时,乙物体也必然受到甲物体的作用力。通常把其中任意一个力叫作作用力,另一个力叫作反作用力。

作用力和反作用力之间存在什么关系呢? 这可以用简单的实验来说明。

如图 2-36 所示,把两个弹簧秤 A 和 B 连在一起,放在光滑的水平桌面上,把弹簧秤 A 的左端固定,用手拉弹簧秤 B 的右端,可以看到两个弹簧秤的指针同时移动。这时,弹簧秤 B 以向右的力 F 拉弹簧秤 A,弹簧秤 A 的读数指出力 F 的大小;同时,弹簧秤 A 以向左的力 F' 拉弹簧秤 B,弹簧秤 B 的读数指出力 F' 的大小。可以看到,两个弹簧秤的读数是相等的。改变手拉弹簧秤的力,两个弹簧秤的读数也随着改变,但两个读数总是相等的。这个实验表明,作用力和反作用力大小相等,方向相反。

图 2-33　水面上两小船反向运动

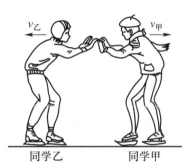

图 2-34　滑冰场上两同学对推

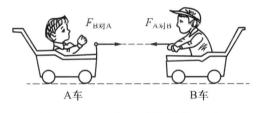

图 2-35　A 车通过绳子拉 B 车

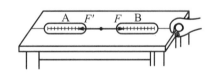

图 2-36　A、B 弹簧秤示数始终相同

所有的实验都表明,两个物体之间的作用力和反作用力总是大小相等,方向相反,作用在一条直线上。这就是牛顿第三定律。

为了正确地理解牛顿第三定律,同学们应注意以下几点:

(1) 作用力和反作用力永远同时出现,同时消失;

(2) 作用力和反作用力的大小永远相等;

(3) 作用力和反作用力是分别作用在两个物体上的,它们不会平衡。能够平衡的两个力一定是作用在同一物体上的;

(4) 作用力和反作用力总是属于同一性质的力。也就是说,如果作用力是摩擦力,反作用力也一定是摩擦力;作用力是弹力,反作用力也一定是弹力。

牛顿第三定律在生活、生产和科学技术中应用很广泛。例如,人走路时,脚(鞋)与地面间有静摩擦力作用,脚给地面一个向后的作用力,地面同时给人一个大小相等的向前的反作用力,正是这个反作用力,才使人改变了静止状态得以向前行走(图 2-37)。如果路很滑,人得不到向前的反作用力,人就不能行走。一些神话小说,描写本领高强的人可以腾云驾雾,在空中行走,这只是神话中的幻想而已,实际上,人在空中得不到反作用力是不能行走的,这已被宇航员的行动所证实。不仅人在路上行走要靠地面的反作用力,在水里划船也是这样,要想让船前进,必须用桨向后划水,这时桨给水一个向后的作用力,水给桨一个向前的反作用力,船就前进了。轮船的螺旋桨旋转时,螺旋桨向后推水,水同时给螺旋桨一个向前的反作用力,推动轮船前进。

图 2-37　人走路时受的静摩擦力

(三)解释问题

火箭到底是怎样飞行的呢?有人认为是它喷出的气体推动了空气,空气对它的推力使它前进的。可是,在没有空气的宇宙空间里,火箭仍然前进,而且比在空气里运动得更快。可见,火箭运动的真正原因,并不是空气对它的推力作用。原因是火箭靠它内部的燃料猛烈燃烧所产生的气体,很快从火箭尾部喷出去,这些气体对火箭产生了反作用力,火箭靠着这股强大的反作用力就飞上天去了。因此,火箭还可以在没有空气的宇宙空间里航行。

(四)趣味探索

小实验

研究汽车前进的程序实验

汽车为什么能向前行驶呢?有的人认为只要车轮转动,汽车就能前进。对不对呢?让我们一起做完下列程序小实验再回答吧。

(1)用细绳将一辆玩具汽车(装有发条的汽车或电动汽车均可),从中部吊起[图 2-38 (a)],然后使车轮转动起来,观察此时车身能否前进?

(2)把一块薄木板移到车轮下面,让它与正在转动的车轮接触,这时车子的运动情形怎样?为什么?(汽车前进,因为受到了木板给的向前的作用力)

(3)将木板改装成玻璃板,为使板面更光滑,在板面上涂上润滑油或抹肥皂水,并有意将板面靠车头的一端略微抬高一些重新实验,观察此时的车子将怎样运动?从中能得到什么结论?(车轮在板面上打滑,车身前进很小,从中可以看出使车子前进的是摩擦力)

(4)将一块长的薄木板(长 80~100 cm,板宽比小汽车宽些)用几支圆柱形铅笔垫起来放在桌子上,把已经转动起来的玩具小汽车放在木板上,并用手抓住或挡住小汽车[图 2-38 (b)],这时能观察到什么现象?说明了什么?(木板向后运动,说明木板也受到了车子给的向

后的作用力）

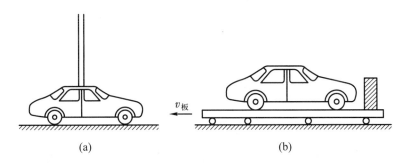

图 2-38　研究汽车前进的程序实验

（5）放开小汽车，这时又能观察到什么现象？说明了什么问题？（木板向后运动的同时，汽车向前运动，说明由于汽车对木板的作用力而引起木板同时对汽车的反作用力，这一对力分别使木板和小车向相反方向运动）

现在你该明白了汽车行驶的道理吧。

小制作

1. 自制小火箭

找来一块长、宽均约 7 cm 的薄铝箔（可以是包装香烟或巧克力的铝箔，但不宜用铝箔和白纸粘成的复合纸），抹平后借助铅笔卷起，一边卷一边涂胶水，最后卷成管形，粘好接缝处。抽出一段铅笔，将铝箔管空的一端捏细一段（约长 1.5 cm），达到牢固密封的程度，作为箭头。用小刀刮下 6~8 根火柴头部的药粉，从铝箔管中抽出铅笔，将药粉慢慢倒入铝箔管中。将拉直的曲别针（或缝被针、大头针等）插进铝箔管开口的尾部，压紧铝箔后将针拔出，使之成为喷管。这样，一个简易的小火箭模型就做成了。

找来两段细铁丝，弯成两个"冂"形框架，并把它们固定在泡沫塑料或木板上。把火箭模型放到支架上（图 2-39），同时擦燃两三根火柴（或在一段铁丝的一端缠上棉花，在棉花上倒入少许的食用油或灯油，点燃棉花），加热箭身前中部内装药粉的部位。当药粉被点燃时，模型内的气体急剧膨胀，随着燃烧的烟雾从喷管里快速喷出，火箭模型便迅速向前飞去。你做做看。

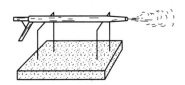

图 2-39　自制小火箭

2. 喷水式发动机

（1）在无盖的马口铁空罐侧面近底部部分，用大铁钉斜着打上两排间隔均匀的孔洞（每个孔洞直径比圆珠笔直径略小一点），孔打穿后，用铁钉尽量往同一个方向用力扳一下，使每个开口的毛边不和罐壁垂直，而构成一个较大的角度。

（2）在铁罐的开口边缘对称地打两个小洞，每个洞各系一根细绳，绳头要打上死结；另外两个绳头则穿过一只三眼纽扣边缘的那两个孔眼，也打上结头，用一根钉子（钉头比孔眼大，钉杆比纽孔眼细),插进纽扣的中间孔眼,然后把钉尖部分弯曲成钩,接上一根绳子悬挂起来,这就制成了简单的喷水式发动机。

(3)打开水龙头,往铁罐里放水。当铁罐里的水放满后,再把水龙头关小一点,以使水不致从罐口溢出。由于孔洞都有一定的角度,水都斜着往一个方向喷射出来,又由于水对铁罐有反作用力,铁罐就向相反的方向旋转起来[图2-40(a)]。在草坪里洒水的喷水器,也是利用这个原理制作的。

(4)为了深入理解铁罐的旋转是反作用力的结果,可把一根废圆珠笔芯截成四段,每段长15 mm。把每段圆珠笔芯放在火焰上,一边烘烤,一边轻轻地弯成直角形,离开火焰后照样拿着,约半分钟左右,圆珠笔芯就会冷却成直角形,不再恢复原状了。把弯好的圆珠笔芯嘴插进小孔里,要牢固。分四种情况:喷嘴的口子朝上;口子朝下;口子两两相对;口子都在水平顺时针或逆时针方向上。再按上面(3)的方法进行操作,可以看到,前三种情况下的铁罐都不能旋转,第四种情况下的铁罐向相反方向旋转[图2-40(b)]。

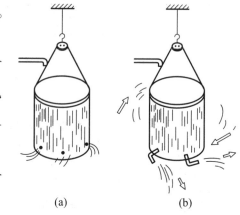

图2-40 喷水式发动机模型

练习与思考

1. 有一位小朋友,抓住一根绳子把自己吊起来,如图2-41所示。有人说:"小朋友之所以静止,是由于绳子向上拉小朋友的力跟小朋友向下拉绳子的力大小相等、方向相反的缘故。"这话对吗?为什么?应该怎么说?

2. 每逢春节,小朋友都喜欢观看烟花。图2-42是一种烟火放花时的示意图,在点燃它的引火线后,用手提着线,就见它一边"哧哧"地喷火,一边旋转。分析它转动起来的原因。

图2-41 在空中小朋友的
         受力情况

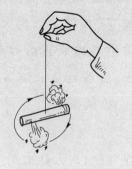

图2-42 放烟花

图2-43 大人拉小朋友的力大吗

3. 如图2-43所示,有一位大人用手拉着一个小朋友的手向前跑。有人说:"大人拉孩子的力大于小朋友拉大人的力。"这话对吗?为什么?

4. 用牛顿第三定律判断下列说法是否正确:

（1）人走路时,只有地对脚的反作用力大于脚蹬地的作用力时,人才能往前走;

（2）以卵击石,石头没损伤而鸡蛋破碎了,是因为鸡蛋对石头的作用力小于石头对鸡蛋的作用力;

（3）用锤子钉钉子,因为锤头的质量大于钉子的质量,所以锤头对钉子的作用力大于钉子对锤头的作用力。

九、动　量

（一）提出问题

在运输玻璃器皿等易碎物品时,包装箱里总是要放些纸屑或发泡塑料等材料,你知道其中的道理吗? 跳高、跳远时,要在沙坑里铺上细沙,这又是为什么呢?

（二）基本知识

1. 冲量

我们先研究下面一个问题:一辆质量 m 的汽车,原来静止,在牵引力 F 的作用下,经过时间 t 后,汽车的速度将是多大呢? 运用牛顿第二定律,汽车在力的作用下得到的加速度为 $a = F/m$,经过时间 t 后,获得的速度为 $v = at = Ft/m$。由此得到

$$Ft = mv$$

从上式可以看出,要使原来静止的汽车获得某一速度,可以有两种方法:可以用较大的牵引力作用较短的时间,也可以用较小的牵引力作用较长的时间。这就是说,对一定质量的物体,力所产生的改变物体速度的效果,是由 Ft 这个物理量决定的。在物理学中,力和力的作用时间的乘积叫作力的冲量。

关于力的冲量,我们应明确以下两点:

（1）冲量是矢量,它的方向由力的方向决定,如果在作用时间内力的方向不变,冲量的方向就是力的方向;

（2）冲量的单位由力和时间的单位决定,在国际单位制中,冲量的单位是牛·秒,符号是N·s。

2. 动量

从公式 $Ft = mv$ 还可以看出,原来静止的质量不同的物体,在相同的冲量的作用下它们得到的速度不同。质量大的物体得到的速度小,质量小的物体得到的速度大,但是它们的质量和速

度的乘积 mv 却是相同的。在物理学中,质量和速度的乘积 mv 叫作动量。动量的符号用 p 表示,即

$$p = mv$$

关于动量,我们应明确以下两点:

(1)动量是矢量,动量的方向就是速度的方向,动量的大小等于物体的质量和速度的乘积;

(2)在国际单位制中,动量的单位是千克·米/秒,这个单位实际与冲量的单位相同,即

$$1 \text{ N} = 1 \text{ kg} \cdot \text{m/s}^2 \quad 1 \text{ N} \cdot \text{s} = 1 \text{ kg} \cdot \text{m/s}$$

在物理学中,动量是一个很重要的物理量。动量和速度虽然彼此有关,但含义不同。速度是运动学的物理量,它只反映物体运动的快慢;而动量是动力学中的物理量,它指出了使物体得到某一速度时所需力的大小及力的作用时间的长短(冲量)。

3. 动量定理

如果物体所受合外力不为零,根据牛顿第二定律,物体一定做变速运动,物体的动量必然发生变化。那么,物体动量的变化与物体受到的冲量之间有什么关系呢?

设物体的质量为 m,初速度为 v_0,对应的初动量为 $p_0 = mv_0$,在合力 F 的作用下,经过时间 t,末动量为 $p = mv$。物体获得的加速度为 $a = (v - v_0)/t$,由牛顿第二定律 $F = ma = (mv - mv_0)/t$ 可得

$$Ft = mv - mv_0$$

即

$$Ft = p - p_0$$

上式表示,物体所受合力的冲量等于物体动量的变化。这个结论叫作动量定理。至于前面得到的公式 $Ft = mv$,其实是动量定理在初动量为零时的情况。

根据动量定理可以知道,如果一个物体动量的变化是一定的,那么它受力作用的时间越短,这个力就越大,反之亦然。利用这个道理可以解释为什么玻璃杯掉到水泥地面上立即摔碎,而掉到松软的物体上面不易摔碎。玻璃杯碰到物体以前,以一定的速度运动着,动量为 mv;碰到物体后,停止运动,动量变为零。在这个碰撞过程中,玻璃杯动量变化的大小为一定值 mv,这个值等于玻璃杯受到的作用力的冲量。掉在水泥地上,玻璃杯从运动到停止经历的时间短,受到地面的作用力大,因此会立即破碎。而掉在松软的物体上面,玻璃杯从运动到停止经历的时间长,受到的作用力小,因此不易破碎。

(三)解释问题

物理学家在研究击打和碰撞问题时,引入了动量的概念,研究了与动量有关的规律,确立了动量守恒定律。应用有关动量的知识,前面提到的那类问题就容易解决了。在动量一定的情况下,为了减小力的作用,就要延长力的作用时间,这种方式叫作缓冲。在玻璃器皿的包装

中放入纸屑或泡沫塑料,在搬运过程中可以减小器皿之间的相互作用;在跳远的沙坑中铺上细沙,运动员要跳到沙坑里,以延长作用时间,保证身体的安全。生活中,像这样利用缓冲来减少力的作用的例子随处可见。轮渡的码头上装有橡胶轮胎,轮船停靠码头时靠到橡胶轮胎上,轮胎发生形变起到缓冲装置的作用,减小轮船依靠时受到的力。

（四）趣味探索

小实验

1. 哪只鸡蛋会被打破

在地板上放一块泡沫塑料垫,取两只煮熟的鸡蛋,两手各拿一只。尽可能把鸡蛋举得高高的,然后放开手,让鸡蛋分别落到地板和泡沫塑料垫上,看看哪只鸡蛋会被打破。

2. 模拟缓冲装置

先用细线在高处悬挂一重物(如挂在天花板上),把重物举到一定的高度后突然松手释放,则重物将会把细线拉断。然后,在细线上端拴一段橡皮筋,重新悬挂重物,并将重物在同样的高度重新释放,重物则不会拉断细线。试运用动量定理解释这个现象。

✕ 练习与思考

1. 在篮球比赛中运动员接迎面传来的篮球时,手接触到球以后,两臂总是要随球后引至胸前再把球接住,为什么?

2. 用 4 N 的力推动一个物体,力的作用时间是 0.5 s,力的冲量是多大?

3. 使质量为 4×10^3 kg 的汽车从静止达到 10 m/s 的速度,需要多大的冲量?

4. 质量是 25 kg 的小孩,其步行速度为 0.5 m/s;质量是 0.02 kg 的子弹,以 800 m/s 速度飞行。问小孩和子弹的动量哪个大?

5. 10 kg 的物体以 10 m/s 的速度做直线运动,在受到一个恒力作用 4 s 后,速度变为 2 m/s。则物体在受力前的动量是_____;在受力后的动量是_____;物体受到的冲量为_____;恒力的大小为_____,方向是_____。

十、抛 体 运 动

（一）提出问题

在体育活动中,怎样才能把铅球投掷得更远?不少同学认为,只要力气大,投掷速度大不就可以了吗。其实这只答对了条件的一部分,另一部分条件是什么?

(二)基本知识

1. 运动的合成与分解

研究比较复杂的运动时,常把这个运动看作两个或几个比较简单的运动组成的,使问题变得容易研究。我们把那两个或几个简单的运动叫这个运动的分运动,将这个较复杂的运动叫作那几个分运动的合运动。已知分运动求合运动,叫做运动的合成;反之,已知合运动求分运动叫作运动的分解。

由于运动物体的位移同力一样是矢量,所以已知分运动在一段时间内发生的位移,应用平行四边形法则就可以求出合运动的位移。同样,由于速度和加速度都是矢量,已知分运动在某一时刻的速度和加速度,应用平行四边形法则就可以求出合运动在那一时刻的速度和加速度。反过来,已知合运动的情况,应用平行四边形法则,也可以求出分运动的情况。

2. 抛体运动

以一定的初速度把物体抛出,物体的运动叫作抛体运动。所谓"抛",表明必须给物体一个初速度,在不考虑空气阻力的情况下,抛体在空气中只受到重力作用,所以抛体运动是匀变速运动。扔出去的石头、抛出去的皮球、投掷的手榴弹、射出的子弹都在做抛体运动。

下面我们研究的两种抛体运动,每种都可以看作是由两个简单的直线运动组成的。

(1)平抛运动。以一定的初速度沿水平方向把物体抛出,物体的运动叫作平抛运动。水平投掷的小石子、水平水管喷射出来的水点和从水平桌面上弹出去的小球,都做的是平抛运动。

实验表明,平抛运动可以分解为水平方向和竖直方向上的两个分运动。在水平方向上(也就是在初速度方向)物体不受力,物体由于惯性而做匀速直线运动,速度等于平抛物体的初速度;在竖直方向上,物体受到重力的作用,并且初速度为零,物体作自由落体运动。

(2)斜抛运动。用一定的初速度向斜上方把物体抛出,物体的运动叫作斜抛运动。投出的标枪、大炮发射的炮弹、救火龙头里喷出来的水点,都做的是斜抛运动。同研究平抛运动的方法一样,可以把斜抛运动分解为水平方向和竖直方向上的两个分运动。在水平方向上物体不受力,物体由于惯性而做匀速直线运动;在竖直方向上物体先作竖直上抛运动,再做自由落体运动。

在斜抛运动中,从物体被抛出的地点到落地点的水平距离,叫作射程。物体到达的最大高度,叫作射高。

用图2-44所示的装置来做实验,可以看到,在喷水嘴方向不变(即抛射角不变)时,随着容器中水面的降低,喷出的水流速度减小,它的射程也减小,射高也随着降低。

如果在喷水过程中保持容器内水面的高度不变,喷出的水流速度也就不变。如图2-45所示,改变喷水嘴的方向,可以看到,在抛射角小的时候,射程随着抛射角的增大而增大,当抛射角达到45°时,射程最大;继续增大抛射角,射程反而减小。但是,水流的射高一直是随着抛射角的增大而增大的。

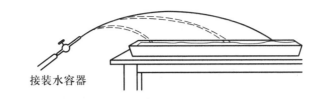

图 2-44　射程跟初速度的关系

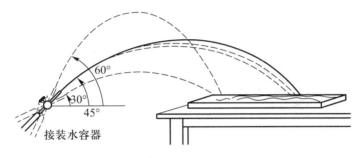

图 2-45　射程跟抛射角的关系

上面的讨论中我们没有考虑空气的阻力。实际上,抛体运动总要受到空气阻力的影响。在初速度比较小时,空气阻力可以不计;但是初速度很大时,空气阻力的影响是很明显的。

（三）解释问题

学了上面的知识,你会想出怎样才能把铅球投掷得更远的办法吧。因此,在组织小朋友做投掷游戏时(如抛皮球),要告诉小朋友这些诀窍:第一,要善于使用巧劲,尽量增大投掷的初速度;第二,如图 2-46 所示,要注意选择投掷角度,投射角度和抛出点高度 h 以及抛出速度 v 都有关系,经过计算和体育实践,投射角度介于 $38°\sim40°$ 投掷距离最远。

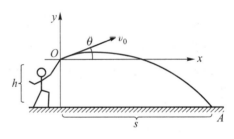

图 2-46　投掷铅球的技巧

（四）趣味探索

小实验

平抛运动

如图 2-47 所示,把一枚贰分的硬币放在桌子的边缘,并使它的一小半处于桌缘的外边,然后让另一枚伍分的硬币紧挨着它放着。用手指弹伍分硬币(力量适中),使它水平飞离桌面做平抛运动,并且使它被弹动的同时,轻擦贰分硬币,于是可以认为贰分硬币也同时做自由落体运动。注意观察这两枚硬币是否同时落到地面(可以听声音)。

图 2-47　平抛运动的
小实验

小制作

飞弹击松鼠

按图2-48所示进行制作。在横架横梁上装上两个有圆环的木螺钉,取一块硬纸板(剪一松鼠形),并在板上部系上1.5 m左右长的细线,提起或松开细线可使松鼠升起或降下。在倾斜木板上固定弹簧枪,用短铅笔头作子弹。

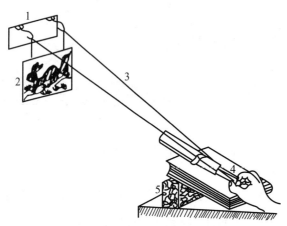

1—横架;2—剪成松鼠形的硬纸;3—细线;4—弹簧枪;5—弹簧枪底座。

图2-48 飞弹击松鼠

操作方法:将细线拉起,其自由端和子弹一起压入枪膛内,击发子弹和松鼠同时运动,松鼠一定被击中。改变细线升起或降低松鼠图的位置,也可以改变弹簧枪底座的倾角,再进行上面的操作,松鼠一定也会被击中。如果将细线固定,即松鼠不动,只释放子弹,你将会看到:铅笔子弹击不中松鼠。

✎ 练习与思考

1. 用一般的玩具枪水平瞄准射击,能否射中所瞄准的目标?你亲自试验一下,说明应当怎样瞄准才可能射中目标。

2. 如图2-49所示,两位同学各画一个图,图中都用箭头标明了水平抛出的物体在它的运动轨迹上 A、B、C 三点的加速度方向。你认为哪个图画得正确,为什么?

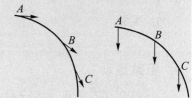

图2-49 判断平抛运动
的加速度方向

3. 一同学从某一高度将一石子水平抛出,一战士同时将一发子弹从同一高度水平射出,石子和枪弹哪一个在空中运行的时间长些(空气阻力不计)?

4. 在楼顶离地面高度相同的两点,向水平方向同时抛出两球,其速度分别为 10 m/s 和 15 m/s,两球同时落到地面上,且第一个球落在离楼的水平距离 30 m 处,求:

（1）球运动的时间；

（2）球抛出的高度；

（3）第二个球距落地点的水平距离。

十一、圆周运动

（一）提出问题

如果你骑过自行车,就一定知道:当自行车在直路上行驶的时候,人要把车子摆正;当自行车急速转弯的时候,不仅要改变车把的方向,而且人和车身都要适当地向弯道里侧倾斜。为什么要这样做呢?

（二）基本知识

1. 匀速圆周运动

物体沿着圆周的运动,是一种常见的曲线运动。例如,转动的车轮的运动、走动的表针各点的运动、儿童游乐场中转椅的运动(图 2-50)、月球绕地球的运动及物体拐弯的运动,都属于圆周运动。

最简单的圆周运动就是匀速圆周运动。做圆周运动的物体,如果在任意相等的时间里通过的圆弧长度都相等,这种运动就叫作匀速圆周运动。

匀速圆周运动的快慢,可以用线速度来描述。根据匀速圆周运动的定义,物体运动的时间 t 增大几倍,它通过的弧长 s 也增大几倍。物体通过的弧长 s 跟通过这段弧长所用的时间 t 成正比,这个比值称为匀速圆周运动的线速度的大小,用符号 v 表示,所以有

$$v = \frac{s}{t}$$

在匀速圆周运动中,物体在各个位置的线速度的大小都相同,并由上式来确定。而线速度的方向是时刻改变的,在圆周上某一位置的线速度的方向就在圆周该点的切线方向上(图 2-51)。

2. 向心力

如图 2-52 所示,在绳子一头拴一个小球,用手拽住另一头,把小球甩起来,使小球在空中作匀速圆周运动。这时候你一定会感到手在用力拉绳子,于通过绳子对小球有一个拉力,这个拉力的方向虽然不断变化,但总是沿着绳指向圆心的,所以叫作向心力 F。向心力的方向始终是指向圆心的,产生的加速度的方向也必然指向圆心,我们把这个加速度叫做向心加速度。

 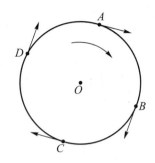

图 2-50 儿童游乐场中的转椅　　　图 2-51 圆周运动线速度的方向

可以证明,做匀速圆周运动的物体,向心加速度的大小为

$$a = \frac{v^2}{r}$$

上式中 r 是圆周的半径,v 是线速度,如果线速度的单位是 m/s,圆周半径的单位是 m,那么向心加速度的单位就是 m/s^2。

根据牛顿第二定律 $F = ma$,可以求出物体做匀速圆周运动时,产生向心力的大小为

$$F = m\frac{v^2}{r}$$

式中力的单位用 N,质量的单位用 kg,线速度的单位用 m/s,圆周半径的单位用 m。

上述匀速圆周运动的向心力和向心加速度的公式也适用于一般的圆周运动。

向心力是根据力的效果来命名的。任何一种力或几种力的合力,只要作用效果能使物体产生向心加速度,这个合力就是向心力。

 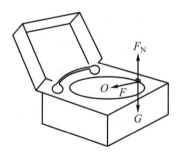

图 2-52 圆周运动的向心力　　　图 2-53 转动唱片上橡
　　　　　　　　　　　　　　　　　　皮的向心力

在转动的唱片上放一块橡皮,橡皮会随圆盘做匀速圆周运动(图 2-53),它所需的向心力是由唱片对它的静摩擦力所提供的。

火车拐弯时的运动,也是一种圆周运动。因此,火车在拐弯的时候,必须产生向心力才能把火车"拉"住。如果单纯依靠铁轨对火车车轮的反作用力"拉"火车,火车就会沿着轨道的切

线方向飞驰出去,造成严重的翻车事故。那么,怎样才能获得这个向心力呢?仔细观察一下转弯处的铁轨,你会发现在这里的两条铁轨并不是一样高的,外侧的铁轨要比里侧的铁轨高出一些(图2-54)。原来火车在这样的轨道上行驶的时候,车身就会向里倾斜,这样一来,铁轨对车厢的支撑力与车厢的重力就不在一条直线上了:一个垂直于车厢的地板,一个仍旧要竖直向下,这两个力共同作用的结果,使车厢受到一个指向圆心的合力,这就是作为火车拐弯时所需要的向心力。

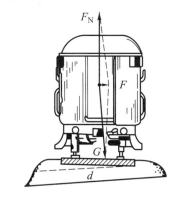

图2-54　火车拐弯
时的向心力

　　在杂技"飞车走壁"节目中,一辆速度很快的摩托车沿着圆台形的陡峭的墙壁绕圈疾驰,人和车身倾斜得几乎和水平方向平行,观众都提心吊胆,担心连人带车摔下来。

　　摩托车速度必须很大,否则就不能飞车上壁,同时转的圆周又很小,这需要相当大的向心力才能维持这样的圆周运动,而这个向心力正是靠车身的倾斜得来的,因而这时车身的倾斜度必须很大,几乎使车身与水平方向平行。这时,在观众看来,就好像在墙壁上行驶一样了,其实车身和水平方向还有一定的角度呢。只不过这个角度很小,观众不仔细看根本不会察觉罢了。

（三）解释问题

　　现在同学们可以知道了,为了使物体做圆周运动,必须使物体获得向心力。骑自行车转弯时,要使自行车做圆周运动,也就必须使自行车获得向心力。它需要的向心力是怎样产生的呢?

　　人骑自行车转弯时,所需要的向心力除了地面对它的静摩擦力之外,主要是由于人体向弯道里侧倾斜时,重力 G 和地面对人和车的支撑力 F_N 共同提供的。这样,F_N 和 G 的合力 F 就成为人骑自行车转弯时的主要向心力(图2-55)。根据向心力公式,我们知道,转弯时车的速度越快,弯道的半径越小,维持圆周运动所需要的向心力就越大。这就是骑车人转弯时除了转动车把外,还要将身体明显地向弯道里侧倾斜的原因。

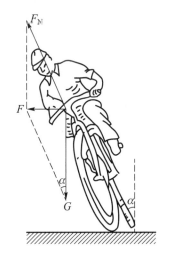

图2-55　骑自行车拐弯时
的向心力

（四）趣味探索

小实验

1. 观察线速度的方向
在图2-56所示的平面上放一个小球,用圆口玻璃杯把小球扣上,晃动杯子,使小球在杯子里面沿着杯口做圆周运动。当小球已经转动起来时,很快地把玻璃杯向上提起,小球就沿着杯口的切线方向跑出去了。我们可以得出,在圆周运动中,每一点的线速度方向总是在圆周的这一点的切线方向上。

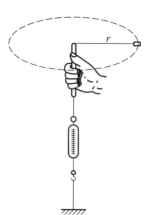

图 2-56   观察线速度
方向的小实验

图 2-57   研究向心力
大小的小实验

2. 研究向心力的大小跟什么有关系

两个同学合作,找来一段尼龙绳和几个大小不等的橡皮塞、一个圆珠笔杆、一个测力计。在尼龙绳的末端拴一个橡皮塞,绳的另一端穿过圆珠笔杆拴在测力计上,测力计的下端固定。握住笔杆抡动橡皮塞,使它在水平面上做匀速圆周运动(图 2-57)。这时,尼龙绳的拉力是使橡皮塞做圆周运动的向心力(重力的方向几乎跟绳的拉力方向垂直,可以略去不计),这个向心力的大小可以从测力计上读出。

使橡皮塞的线速度 v 增大或减小,看看向心力是变大,还是变小?

改变橡皮塞做圆周运动的半径 r(增大或减小),尽量使橡皮塞的线速度大小保持不变,看看向心力怎样变化?

换个橡皮塞,即改变橡皮塞的质量 m,使 m 增大或减小,而保持圆周运动的半径 r 和线速度 v 不变,看看向心力怎样变化?

小游戏

水流星

(1)用剪刀或钢丝钳将空罐头筒的上盖沿边缘去掉,成为一个无盖的圆铁盒。

(2)下面垫上木块,用铁钉在铁筒侧面靠近上缘处打孔,位置如图 2-58 中 A、B 所示。

(3)剪一小段尼龙绳,两头分别穿过 A 孔和 B 孔,打死结。用手提

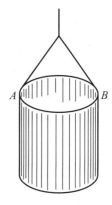

图 2-58   水流星工具

起绳的中点,铁筒应该保持基本平衡,不出现严重倾斜。如果倾斜严重,说明两个孔位置不对称,要调整位置重新打孔系绳。

（4）用一段长的尼龙绳一端牢牢系在短绳的中点,如图2-58所示。

（5）在铁筒中装入大半筒清水。

（6）手提尼龙绳上端,使盛水铁筒悬吊在下面,手的位置最好不要高于胸部。

（7）使铁筒左右摆动,且越摆越大,摆几次后,顺势用力把铁筒甩起来,使它在竖直面内做圆周运动。水却不会从筒里流出来,甚至当铁筒转到最高点,已经是筒底朝天,筒口朝下了,水还是不会流下来。

这个游戏并不需要什么特别的诀窍,只要能使铁筒以足够的速度做圆周运动,"水流星"表演就一定会成功。

练习与思考

1. 图2-53中,在唱片上做匀速圆周运动的橡皮受几个力的作用?有人说它受4个力:重力、支持力、唱片对它的静摩擦力和向心力。这种分析对吗?为什么?

2. 线的一端拴一个小球,手拽线的另一端,使小球在水平面内做匀速圆周运动。当速度相同时,长线的易断还是短线的易断?为什么?

3. 分析下列做圆周运动的物体所需要的向心力来源:

（1）坐在大转盘上的儿童;

（2）在图2-59中,小球沿着圆形铁板内侧滚动;

（3）行驶在弧形公路桥顶端的汽车(图2-60);

（4）打秋千的小朋友通过最低端时(图2-61)。

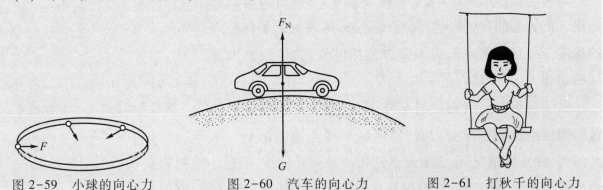

图2-59　小球的向心力　　　　图2-60　汽车的向心力　　　　图2-61　打秋千的向心力

4. 养路工人常常在公路拐弯的地方撒上煤渣或砂土的道理是什么?

5. 现在有一种叫作"魔盘"的娱乐设施(图2-62)。"魔盘"转动很慢时,盘上的人都可以随盘一起转动而不至于被甩开。当盘的转速逐渐增大时,盘上的人便逐渐向边缘滑去,离转轴中心越远的人这种滑动的趋势越厉害。一个体重为30 kg的儿童坐在距轴心1.0 m处

（盘半径大于 1.0 m）随盘一起转动（没有滑动），此时儿童的速度为 0.7 m/s，求儿童受到的向心力，并回答这个向心力是由什么力提供的。

图 2-62　魔盘

十二、离心运动

（一）提出问题

不少同学使用过双缸洗衣机，都知道洗衣缸把衣物洗好，脱水缸就把衣物甩干了，又快又省劲，真是好帮手！可你知道它为什么能把衣物甩干的道理吗？

（二）基本知识

做圆周运动的物体，由于本身的惯性，总是有沿着圆周切线飞出去的倾向，其所以没有飞出去，是因为受了向心力的作用。一旦作为向心力的合力突然消失，物体就会沿圆周的切线飞出，离圆心越来越远。

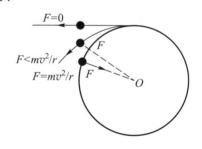

图 2-63　外力突然消失或者不足以提供所需的向心力的情况下，物体做离心运动

除了合力突然消失的情况外，在合力不足以提供物体做圆周运动所需的向心力时，物体也会逐渐远离圆心。这是因为，在这种情况下，合力虽然把物体拉离开切线，但还不能把它拉到圆周上来的缘故，所以物体就如图 2-63 那样，沿着切线和圆周之间的某条曲线运动，离圆心越来越远。

做匀速圆周运动的物体，在合力突然消失或者不足以提供圆周运动所需的向心力的情况下，做逐渐远离圆心的运动，这种运动叫作离心运动。

离心式水泵是常用的抽水装置，就是靠水的离心运动工作的。图 2-64 是它的构造示意图，同学们可以自己去分析它的工作原理。

牛奶分离器也是利用离心运动的原理制成的。牛奶中有油脂和水,在通常情况下,我们很难使油脂和水分开。如果把牛奶装入容器内,使容器高速旋转起来(每秒 250 转),由于水要比油脂密度大些,水需要较大的向心力,当对它提供的向心力不足时,它就会逐渐远离圆心,水就会在转动过程中,尽量向远离转动轴心的方向移动,而油脂则留在靠近转轴处。这样,就可以在靠近转轴的地方把油脂(乳酪)取出来,剩在容器里的就是不含油脂的牛奶了。

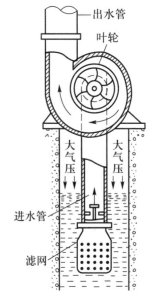

图 2-64　离心式水泵

离心运动有时会造成危害,需要设法防止。高速转动的砂轮、飞轮都不能超过允许的最大转速,如果转速过高,砂轮、飞轮内部的相互作用力小于需要的向心力,砂轮、飞轮某些组成部分就会破裂,高速甩出后可能酿成事故。汽车转弯时,人会感到一种力量把自己甩向圆周的外边,为防止这种现象产生,一方面可以减小转弯时的速度,以减小所需要的向心力,一方面要抓好扶手,使扶手对人产生足够的向心力。飞机由俯冲拉起时或者飞机翻筋斗时,飞行员的血液由于离心运动向下肢流去,造成飞行员大脑贫血、四肢沉重,这种现象叫做过荷。过荷太大时,飞行员就会暂时失明,甚至晕厥。在飞行训练和空战时过荷现象是难免的,飞行员可以依靠加强训练、增强体质来提高自己的抗荷能力。图2-65是离心试验器原理图,它是研究过荷对人体的影响,测验人的抗荷能力。幼儿园的小朋友在转椅或其他旋转玩具上游玩时,也要注意安全,防止发生离心运动而跌伤。

图 2-65　离心试验器

(三) 解释问题

洗衣机脱水缸里的脱水器是一个多孔的可以转动的圆桶,筒壁上有许多小孔(图 2-66),湿衣物就放在这筒里。当筒高速旋转时,水滴跟衣物之间的附着力不足以供给水滴做匀速圆周运动所需要的向心力,于是水滴离开衣物,逐渐远离圆心到达筒边,穿过小孔,由惯性而沿切线方向飞出,这样就把湿衣物的水甩掉了。

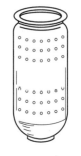

图 2-66　洗衣机
脱水器

（四）趣味探索

小实验

1. 红绿辉映

准备两种色粒，一种是用红蜡烛凝固的烛泪色粒，可以悬浮于水面上；一种是用绿色电线剪成 1~3 mm 的小段制成的色粒，它沉于水中。取一只口径大些、长度中等的试管，先把这两种色粒装入试管中，倒满清水，用软木塞将试管塞住，再用长约 60 cm 左右的棉线捻成细绳，将试管两端拴住水平放置。此时观察到试管中两种色粒沉浮鲜明，且无规则分布［图 2-67(a)］，然后在细绳中部开始顺时针（逆时针也可）紧绕绳子，直至细绳绞紧为止。右手拿试管，左手拿着细绳顶端提起试管，右手放松，试管将沿反向旋转。为了加快其旋转速度，右手可继续绞绳子顶端。随着试管的旋转，悬浮的红色粒向试管中部聚拢，而沉于水中的绿色粒则向两侧分开，形成中间红两边绿的景象，红绿辉映，十分好看［图 2-67(b)］。

2. 自动甩体温计

有的医院里，医生给病人试过体温后，把许多支体温计装在图 2-68a 所示的小筒里，接通电源，小筒随同支架迅速转动，从竖直位置转成水平位置［图 2-68(b)］，停止转动后，体温计中的水银柱就到下面去了，以便下次再用。往小筒里放体温计时，应使体温计的哪一端向下？如装反了会发生什么现象？做做看。

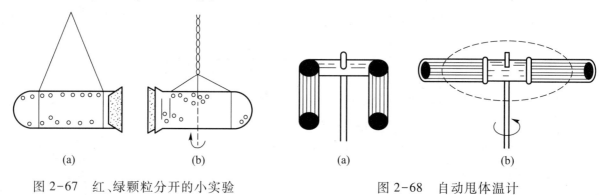

| (a) | (b) | (a) | (b) |

图 2-67　红、绿颗粒分开的小实验　　　图 2-68　自动甩体温计

小制作

摆动双臂的娃娃

如图 2-69 所示，在废毛笔杆上用纸浆或胶泥捏一个小娃娃，他的两臂用细线连在小娃娃身体上，能活动自如，用手指来回搓动笔杆，小娃娃的双臂一会儿放下、一会儿平起，就像指挥乐队打拍子似的，很有趣。你不妨也做一个玩玩。

图 2-69　小娃娃打拍子

✖ **练习与思考**

1. 小朋友在转椅上或其他旋转玩具上玩时,为什么不能使转速太大? 小朋友连续坐转椅有什么危害?

2. 有一种儿童玩具叫"金鸡出壳",通过直杆和齿轮使"蛋壳"转动。当转动的速度足够大时,如图2-70所示,"蛋壳"就像"花"一样盛开了,并露出了里面的"金鸡"。这是什么道理?

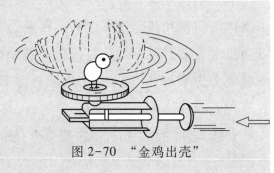

图 2-70　"金鸡出壳"

十三、万有引力定律

(一) 提出问题

同学们都知道月亮不停地绕地球旋转,地球也不停地绕太阳旋转,但是月亮和地球为什么没有发生离心现象呢? 是什么力量充当了向心力呢?

(二) 基本知识

月亮和地球做圆周运动所需的向心力其实是同一种力,它就是万有引力。

1. 万有引力定律

1687 年,牛顿在《自然哲学的数学原理》上提出了万有引力定律。万有引力定律表述如下: 任意两个质点有通过连心线方向上的力相互吸引。该引力大小与它们质量的乘积成正比,与它们距离的平方成反比,即

$$F = G\frac{m_1 m_2}{r^2}$$

式中 F 表示两个物体之间的万有引力,G 是引力常量,m_1 是物体 1 的质量,m_2 是物体 2 的质量,r 是两个物体之间的距离。

在国际单位制中,F 的单位为牛(N),m_1 和 m_2 的单位为千克(kg),r 的单位为米(m),引力常量 G 近似地等于 6.67×10^{-11} N·m²/kg²。

万有引力定律清楚地向人们揭示,复杂的运动背后隐藏着简单的数学规律,它明确地向人们宣告,天上和地上的物体都遵循着完全相同的科学法则。

2. 引力常量

虽然牛顿发现了万有引力定律,但他并没有测出引力常量 G 的数值。理论上只要测出两个物体的质量和两个物体之间的距离,再测出物体间的引力,代入万有引力定律的公式,就可以测出常量 G 的数值。但是因为一般物体的质量太小了,无法测出它们之间的引力,而天体的质量又太大了,无法测出它们的质量。所以,万有引力定律发现了 100 多年,而引力常量 G 的数值仍无准确结果。直到 100 多年后,英国人卡文迪什利用扭秤,才巧妙地测出这个常量。

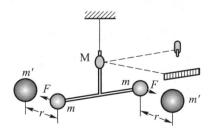

图 2-71   卡文迪什的扭秤实验

如图 2-71 所示,扭秤的主要部分是一个轻而结实的 T 字形框架,把这个 T 字形框架倒挂在一根石英丝下。先在 T 字形框架的两端各固定一个质量为 m 的小球,再在每个小球的附近各放一个大球 m',大小两个球间的距离 r 是较容易测定的。根据万有引力定律,大球和小球之间会产生引力,T 字形框架会随之扭转,只要测出其扭转的角度,就可以测出引力的大小。但是由于引力很小,这个扭转的角度会很小。于是,卡文迪什巧妙地在 T 字形框架上装了一面小镜子 M,用一束光射向镜子,经镜子反射后的光射向远处的刻度尺,当镜子与 T 字形框架一起发生一个很小的转动时,刻度尺上的光斑会发生较大的移动。卡文迪什用此扭秤验证了牛顿的万有引力定律,并测定出引力常量 G 的数值。这个数值与近代用更加科学的方法测定的数值非常接近。

设地球的质量为 m_1。如果不考虑地球自转的因素,地面上质量为 m_2 的物体所受重力 m_2g 就等于地球对物体的引力,即

$$m_2g = G\frac{m_1 m_2}{R^2}$$

式中 R 是地球的半径。由此可以得到

$$m_1 = \frac{gR^2}{G}$$

地面的重力加速度 g 和地球的半径 R 人们已经测出,一旦测得引力常量 G,就可以算出地球的质量 m_1。因此,卡文迪什被人们称为第一个"能称出地球质量的人"。

3. 万有引力定律的成就

万有引力定律的发现,是 17 世纪自然科学最伟大的成果之一。它把地面上物体运动的规律和天体运动的规律统一了起来,对物理学和天文学的发展具有深远的影响。它第一次解释了一种基本相互作用的规律,在人类认识自然的历史上树立了一座里程碑。

万有引力定律揭示了天体运动的规律,在天文学上和宇宙航行计算方面有着广泛的应用。它为实际的天文观测提供了一套计算方法,科学史上哈雷彗星、海王星的发现,都是应用万有引力定律取得重大成就的例子。利用万有引力公式,开普勒第三定律等还可以计算出太阳、地球等无法直接测量的天体的质量。牛顿还解释了月亮和太阳的万有引力引起的潮汐现象。

4. 宇宙航行

牛顿在思考万有引力定律时就曾经设想,把物体从高山上的 P 点以水平方向依次抛出,速度分别为 v_A、v_B、v_C,且使 $v_A<v_B<v_C$,那么,落地点与 P 点的水平位移的大小关系为:$s_A<s_B<s_C$,即抛出速度越大,落地点越远,如图 2-72 所示。如果抛出的速度 v 足够大,物体就不再落回地面,它将绕地球飞行,成为人造地球卫星。

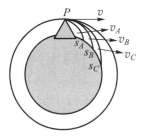

图 2-72　牛顿人造卫星原理

那这个速度有多大呢? 我们一起来计算:

设地球的质量为 m_1,绕地球飞行的卫星质量为 m_2,卫星的速度为 v,它到地心的距离为 r,因为卫星所需向心力由万有引力提供,所以

$$\frac{m_2 v^2}{r} = G\frac{m_1 m_2}{r^2}$$

由此可以得到

$$v = \sqrt{\frac{Gm_1}{r}}$$

将数据代入计算得出

$$v = 7.9 \text{ km/s}$$

这就是物体在地球附近绕地球做匀速圆周运动的速度,叫作第一宇宙速度。如果物体的速度大于或等于 7.9 km/s,而小于 11.2 km/s 时,它将以椭圆的轨道绕地球飞行。当物体的速度大于或等于 11.2 km/s 时,它就会克服地球的引力,永远离开地球。我们把 11.2 km/s 叫作第二宇宙速度。达到第二宇宙速度的物体还会受到太阳的引力,要想挣脱太阳的引力,飞到太阳系外面,必须使它的速度大于或等于 16.7 km/s,这个速度叫作第三宇宙速度。

(三) 解释问题

现在大家明白月亮、地球为什么没有发生离心现象了吧。原因是天体之间都存在万有引力,这个万有引力刚好提供了天体做圆周运动所需要的向心力。因此,地球与月亮之间的万有引力提供了月球绕地球做圆周运动的向心力,所以月亮就会绕地球旋转而不远离地球了。当然,地球绕太阳旋转也是这个道理。

✖ 练习与思考

1. 根据万有引力定律和圆周运动的知识,解释月亮为什么不掉到地面上。

2. 已知地球的质量大约是月球质量的 81 倍,地球的半径大约是月球半径的 4 倍,不考虑地球、月球自转的影响,请计算一名宇航员在月球上的重量大约是地球上重量的几分之一。

3. 根据地面附近的重力加速度值(g 取 10m/s^2)和地球半径 $R=6\,400$ km,试计算地球的质量。

十四、功 和 能

（一）提出问题

我们在初中时已经学过功和能量的初步知识,已经知道自然界存在各种形式的能(机械能、热力学能、电能、化学能等)以及各种形式的能之间的相互转化。但是,功和能之间有着密切的联系,功是各种能量相互转化的量度,这一点你清楚吗?

（二）基本知识

1. 功

在物理学中,当一个物体受到力的作用并在力的方向上发生一段位移,我们就说这个力对物体做了功。作用在物体上的力、物体在力的方向上发生的位移,是做功的两个必要因素。功的大小是由力的大小和物体在力的方向上发生的位移的大小共同决定的。当力的方向与物体运动的方向一致时,功的大小就等于力的大小和位移大小的乘积。用 W 表示功、F 表示力的大小、s 表示位移的大小,如图 2-73(a)所示,则有

$$W = Fs$$

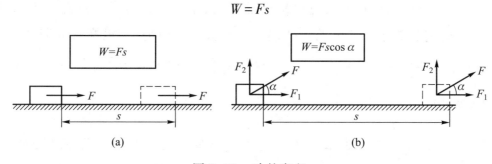

图 2-73   功的定义

当力的方向与运动方向成某一角度时,如图 2-73(b)所示,可以把力 F 分解为与位移方向垂直和平行的两个分力。其中与位移方向垂直的分力所做的功等于零,而与位移方向平行的分力所做的功就等于力 F 所做的功,即

$$W = Fs\cos \alpha$$

公式表明,力对物体所做的功,等于力的大小、位移的大小、力的方向和位移的方向之间的夹角余弦三者的乘积。

功是标量,只有大小没有方向。在国际单位制中,功的单位是焦耳,简称焦,符号是 J。

$1\text{J} = 1\text{ N} \cdot \text{m}$,即 1 J 的功,等于 1 N 的力使物体在力的方向上发生 1 m 的位移时所做的功。

2. 功率

一个人利用滑轮组把重 1 000N 的物体提到 10 m 的高度,需要 2 min,而利用起重机只需

30 s就可以做相同的功。这说明，不同的物体做相同的功，所用的时间往往不同，即做功的快慢不同。

在物理学中，用功率来表示做功的快慢。如果用 W 表示功，用 t 表示完成这些功所用的时间，则功率 P 为

$$P = \frac{W}{t}$$

在国际单位制中，功率的单位是瓦特，简称瓦，符号是 W，1 W = 1 J/s。功率的单位还有千瓦（kW），1 kW = 1 000 W。

把 $W = Fs$ 代入功率的公式可得到，$P = Fs/t$，由于 $v = s/t$，所以

$$P = Fv$$

上式表明，功率也可以用力和速度的乘积来表示。对于汽车、火车等交通工具，当发动机的功率一定时，牵引力与运动速度成反比，如需要增大牵引力就要减小速度。汽车上坡的时候，司机往往用换挡的办法减小速度，其目的就是要得到较大的牵引力。

3. 功和能

在物理学中，能是一个很重要的概念。自然界中存在着各种形式的能，如机械能（动能和势能）、热力学能、电能、光能、化学能等。各种形式的能可以相互转化，在转化过程中，能的总量保持不变。不同形式的能的相互转化都是通过做功来实现的，所以，功在能的转化过程中起着非常重要的作用。例如，你用力移动地面上的物体，你对物体做功的同时消耗了体内的化学能，而物体获得了动能。你对物体做了多少功，就有多少化学能转化为了物体的动能。由高处自由落下的石块，石块在重力作用下加速运动，重力对石块做功，石块的势能转化为动能。重力对石块做的功越多，势能转化为动能的量就越多。这些例子说明，做功的过程就是物体能量转化的过程。功的物理意义就在于，做了多少功，就有多少能量发生了转化，功是能量转化的量度。

4. 动能和重力势能

（1）动能。物体由于运动而具有的能叫作动能。为了定量地表示动能的大小，我们可以研究一个静止的物体怎样才能获得一定的动能。在光滑的水平面上有一个质量为 m 的静止物体，在恒定的水平方向外力 F 的作用下开始运动，经过一段位移 s，达到速度 v（图 2-74）。在这一过程中，外力 F 对物体所做的功是 $W = Fs$。如果用 E_k 表示物体的动能，就有 $E_k = Fs$，根据牛顿第二定律 $F = ma$ 和运动学公式 $v^2 = 2as$，可得

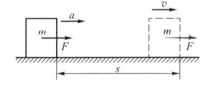

图 2-74　动能的推导

$$E_k = Fs = ma \times \frac{v^2}{2a} = \frac{1}{2}mv^2$$

上式表明,物体的动能等于它的质量跟它速度平方乘积的一半。动能是标量,只有大小没有方向。动能的单位与功的单位相同。

（2）重力势能。地球上的物体由于被举高而具有的能叫作重力势能。根据功和能的关系,我们可以计算某一高度上物体重力势能的大小。在举起质量为 m 的物体时,必须用一个与物体的重力大小相等、方向相反的外力去克服重力做功。如果物体被举起的高度为 h,外力克服重力所做的功就是 $W = mgh$。如果用 E_p 表示物体的重力势能,则有

$$E_p = mgh$$

上式表明,物体的重力势能等于物体所受的重力和它的高度的乘积。势能也是一个标量,它的单位与功的单位相同。

5. 机械能守恒定律

动能和势能统称为机械能。实验证明,动能和势能之间可以发生相互转化。例如,以一定的初速度竖直上抛一石块,石块上升的高度越来越大,速度越来越小。高度增加,表示重力势能增加;速度减小,表示动能减小。这一过程中石块的动能转化为重力势能。同样,在石块自由下落时,高度越来越小,速度越来越大。在这一过程中,重力势能转化为动能。

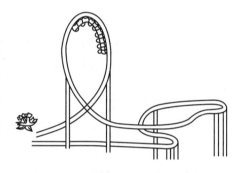

图 2-75　动能和势能的互相转化

动能和重力势能的相互转化在实际生活中有许多应用,大型游乐场中的高架环行轨道上急驶的游览车就是一个例子（图 2-75）。乘坐过这种游览车的同学一定会有这样的体会:游览车在最高处时速度最小,然后速度逐渐增大,到达最低处时,速度最大;接着,速度又逐渐减小,到达最高处时,速度又变为最小。这当中,重力势能转化为动能,动能又转化为重力势能,循环往复。

理论上可以证明,在只有重力做功的情况下（即没有摩擦力和其他阻力）,物体发生动能和势能的转化时,机械能的总量保持不变,这个结论叫作机械能守恒定律。

（三）解释问题

通过以上的学习,我们可以了解到:自然界中存在着各种形式的能,各种形式的能之间可以相互转化。功和能是两个联系密切的物理量,一个物体能够对外做功,这个物体就具有能量。做功的过程就是能量转化的过程,功是能量转化的量度。在力学中,动能和势能可以相互转化。当只有重力做功时,机械能的总量（动能和势能的和）保持不变,并且等于重力所做的功。

练习与思考

1. 你都知道哪几种形式的能？

2. 关于功的概念，下列说法正确的是（　　　）。

A. 力对物体做功多，说明物体受的力大

B. 力对物体做功的大小等于力和位移的乘积

C. 力对物体不做功，说明物体一定没有位移

D. 功是量度能量转化的一个物理量

3. 下列例子中，哪几种情况做功为零（　　　）。

A. 单摆摆动时，悬线的拉力对摆球做功

B. 做匀速圆周运动的人造地球卫星，地球引力对卫星做功

C. 在水平桌面上滑动的木块，支持力对木块做功

D. 斜抛物体运动中，重力对物体做功

4. 在光滑的水平面和粗糙的水平面上推车，如果所用的推力相等，在小车发生相等位移的过程中，下列说法正确的是（　　　）。

A. 在光滑水平面上推力对小车做的功较大

B. 在粗糙水平面上推力对小车做的功较大

C. 在两种情况下，推力对小车做的功相等

D. 推力对小车做的功决定于小车经过这段位移所用的时间

5. 先后以大小相等的速度使一个物体分别做平抛运动和斜抛运动，问哪一次物体抛出时的动能较大？为什么？

6. 下列说法正确的是（　　　）。

A. 如果物体甲的速度大于物体乙的速度，那么甲的动能也一定比乙的大

B. 如果物体甲的质量大于物体乙的质量，那么甲的动能也一定比乙的大

C. 质量一定的物体，速度越大，动能也越大

D. 速度一定的物体，质量越大，动能越小

7. 两个质量相同的物体，速率相等，物体甲做匀速直线运动，物体乙做匀速圆周运动，那么，关于这两个物体的动能下列式子正确的是（　　　）。

A. $E_甲 > E_乙$　　　　B. $E_甲 < E_乙$　　　　C. $E_甲 = E_乙$　　　　D. $E_乙 = 0$

8. 幼儿园小朋友在滑梯顶部、底部和正在由顶部向底部滑行中，各具有什么能？

9. 离开地面同样高的木球和铅球，如果体积相同，哪一个势能大？为什么？

10. 要增大物体的动能，是增加它的质量效果显著，还是增大它的速度效果显著？为什么？

十五、机械振动和机械波

（一）提出问题

我们生活的世界充满了各种声音,有优美动听的音乐,也有刺耳的噪声,你们知道这是为什么吗?

（二）基本知识

我们生活在一个运动的世界里,机械运动是最常见的运动。在机械运动中,我们已经学习了平动和转动,还有什么运动呢? 比如琴弦的运动既不是平动,也不是转动,它就是我们要学习的振动。琴弦可以振动,发出乐音;声带可以振动,发出声音;水可以振动,产生波纹等。振动是生活中常见的现象。

1. 机械振动

振动现象在自然界广泛存在,钟摆的摆动,卡车压过桥面的振动,架子鼓鼓面的振动,甚至地震引起的大地剧烈振动都是振动现象。下面我们就以弹簧振子为例,一起研究最基本也是最简单的机械振动。

（1）弹簧振子。如图 2-76 所示,把一个带孔的小球穿在光滑的杆上,和弹簧的一端连在一起,弹簧的另一端固定起来。小球静止时的位置 O 叫作平衡位置。把小球从平衡位置 O 向右拉至位置 A,然后放开,它就在光滑杆上的 A 点和 A' 点之间往复运动起来,这种往复运动是一种机械振动,简称振动。这样的装置叫作弹簧振子。

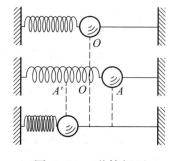

图 2-76　弹簧振子

（2）简谐运动。简谐运动是最基本也最简单的机械振动。当某物体进行简谐运动时,物体所受的力跟位移成正比,并且总是指向平衡位置。例如在不计摩擦和空气阻力的情况下,弹簧振子中小球的运动就是简谐运动,因为小球受到的弹力和相对于平衡位置的位移成正比,并且总是指向平衡位置 O。

（3）简谐运动的描述。

① 振幅。如图 2-76 所示,小球在水平杆上的 A 点和 A' 点之间往复振动,且 $OA = OA'$,OA 和 OA' 是小球离开平衡位置的最大距离,叫作振幅。

② 周期和频率。简谐运动是一种周期性运动,如果从小球向右通过 O 点的时刻开始计时,它运动到 A 点,然后向左回到 O 点,又继续向左运动到 A' 点,之后又向右回到 O 点。这样一个完整的振动过程称为一次全振动,弹簧振子完成一次全振动的时间总是相同的。简谐运动的

物体完成一次全振动所需要的时间,叫作振动的周期,单位时间内完成的全振动的次数,叫作振动的频率。周期和频率都是表示物体振动快慢的物理量,周期越小,频率越大,表示振动越快。用 T 表示周期,用 f 表示频率,则有

$$f = \frac{1}{T}$$

在国际单位制中,周期的单位是秒(s),频率的单位是赫兹,简称赫,符号是 Hz,1 Hz = 1 s^{-1}。

(4)共振。弹簧振子受摩擦和阻力作用,振幅会逐渐减小,经过一段时间,振动就会完全停下来。这种振幅越来越小的振动叫作阻尼振动。怎样才能产生持续的振动呢? 用周期性的外力作用在小球上,弥补弹簧振子的能量损耗,使振动持续下去。弹簧振子在周期性的外力作用下所发生的振动叫作受迫振动,这个周期性的外力叫作驱动力。实验证明,如果驱动力的频率十分接近系统的固有频率,系统的振幅就会变得很大,这种现象叫作共振。

在现实生活中,我们经常见到共振的现象:美妙动人的歌声从人们歌喉里飘出;钢琴、小提琴等乐器演奏出绝妙的音乐等。共振也可能带来意想不到的灾难,例如当军队过桥的时候,整齐的步伐产生的振动频率接近于桥梁的固有频率时,就可能引起桥梁共振甚至倒塌。

2. 机械波

(1)机械波。我们都玩过抖绳子的游戏吧,绳子像水波纹一样上下翻飞,这是振动在绳子上传播的结果;看台上兴奋的观众有规律地起伏造出人浪,这也是波的传播现象。一个质点会带动相邻的质点振动,机械振动就会在介质中传播出去,形成机械波。

质点的振动方向与波的传播方向垂直的波,叫作横波。在横波中,凸起的最高处称为波峰,凹下的最低处称为波谷,绳波是常见的横波(图 2-77)。质点的振动方向与波的传播方向相同的波,叫作纵波。质点在纵波传播时来回振动,质点分布最密集的地方称为密部,质点分布最稀疏的地方称为疏部,声波是常见的纵波(图 2-78)。

图 2-77　绳波

图 2-78　声波

机械波在介质中传播时,介质本身并不随波一起传播。介质中原来静止的质点,随着波的传来而发生振动,这表示它获得了能量,这个能量是波源通过前面的质点依次传来的,所以波动在传播"振动"这种运动形式的同时,也将波源的能量传递出去。波是传递能量的一种形式。

(2)波长、频率和波速。在横波中,两个相邻的波峰或相邻的波谷之间的距离等于波长;在纵波中两个相邻的密部或两个相邻的疏部之间的距离等于波长。波长用 λ 表示。在波动

中,各个质点的周期或频率是相同的,经过一个周期,振动在介质中传播的距离等于一个波长 λ,所以机械波在介质中传播的速度为

$$v = \frac{\lambda}{T}$$

由于周期 T 与频率 f 互为倒数,即 $f = \frac{1}{T}$,所以上式也可以写成 $v = f\lambda$。

（3）机械波的反射和折射。对着高楼喊一声,过一会就会听到回声,这是因为声波在楼房上发生反射;水波遇到河岸也会折返回来,这是水波的反射。在岸边说话会吓跑河里的鱼,这是声波从空气进入水里,发生了折射。

北京的天坛汇聚了我国古代劳动人民的智慧,回音壁和天心石就是利用声波的反射营造出一种"天人感应"的神秘气氛。声音从空中发出以后,会向温度较低的高空折射,所以声音传不了多远;而夜晚和清晨时,接近地面的温度比空中的温度低,使得声音向下折射,总爱沿着地面传播,于是较远的地方也能听到声音。

（4）机械波的衍射和干涉。机械波可以绕过障碍物继续传播,这种现象叫作波的衍射。衍射是波特有的现象,一切波都能发生衍射。观察到明显衍射的条件:只有障碍物的尺寸跟波长相差不多或者比波长更小时,才能观察到明显的衍射现象。相对于波长而言,障碍物的尺度越大衍射现象越不明显,障碍物的尺度越小衍射现象越明显。

频率相同的两列波叠加,使某些区域的振动始终加强,某些区域的振动始终减弱,振动强度在空间形成强弱相同的固定分布。这种现象叫作波的干涉。例如,我们走过操场的不同区域,会发现喇叭的声音忽小忽大,这是因为声波发生了干涉现象。产生稳定的干涉现象的条件是:两列波的频率相同,振动方向相同,相位差恒定。如果两列波的频率不同或者两个波源不稳定,相互叠加时波上各个质点的振幅是随时间而变化的,没有振动总是加强或减弱的区域,因而不能产生稳定的干涉现象。

（三）解释问题

我们生活的世界充满了各种声音,有优美动听的音乐也有刺耳的噪声,那么,从物理学的角度来看,乐音和噪声的差别是什么呢? 乐音的振动是有规则的,振动的周期是一定的;而噪声的振动没有规则,没有确定的周期。

✖ 练习与思考

1. 共振的条件是什么?
2. 机械波传播时,介质中的质点是随着波的传播而向前运动的吗?
3. 简要说明机械波特点。

十六、转　动

（一）提出问题

许多小朋友都喜爱玩陀螺,而且玩得很好,不过陀螺旋转时为什么不会倒下(图2-79),这个问题却不是每个小朋友都明白的。你能帮助小朋友回答这个问题吗?

图 2-79　旋转的陀螺

花样滑冰运动员在旋转的过程中,速度可以加快,也可以放慢。运动员收拢双臂和悬着的那条腿,转动速度就加快;平伸双臂,腿也伸开,转动速度就明显地慢了下来。你知道这是什么原因吗?

同学们都有这样的体会:要推开一扇门,着力点离门轴越远,就越容易推开;相反,着力点离门轴很近,即使用很大的力,门还是很难推开的。这里的奥妙是什么?

（二）基本知识

1. 转动

自行车、汽车的车轮运动,电风扇的叶轮运动,节日的转灯运动,还有门、窗绕着合页轴线的运动,都是物体的转动。像这样物体在运动中它的各点都绕转轴做圆周运动,叫作转动。

在转动中,物体具有保持转动状态不变的性质,叫作转动惯性。也就是说,如果一个转动物体没有受到外力的作用,它将保持匀速转动下去,就像我们学过的运动物体不受外力作用时永远做匀速运动一样。物体的转动惯性不仅使它的转动速度不易改变,而且也使它的转动方向不易改变。

我们已经知道,物体惯性的大小与物体的质量有关,质量大惯性也大,质量小惯性也小。但是,转动物体的惯性,不仅与质量的大小有关,而且与质量的分布有关,质量分布离转动轴越远,惯性就越大,质量分布离转动轴越近,惯性就越小。

在花样滑冰、体操、跳水等体育运动中,在芭蕾舞演员的旋转动作中,运动员和演员利用转动惯性完成一系列高难动作。有一种玩具汽车里装有一个转动惯性较大的飞轮,先用力使车轮和地面(或桌面)摩擦,由于车轮的转动带动飞轮高速旋转,然后依靠飞轮的转动惯性,带动玩具汽车向前跑去。物体的转动惯性在科学技术中也有很多应用。例如,为了保持机器转动平衡,常常给它装上一个转动惯性很大的飞轮,有了这样的飞轮,机器就容易保持匀速转动;利用物体转动保持转轴方向不变的特性制成的陀螺仪,作为定向仪器,广泛地应用在舰船、飞机、导弹、卫星等方面。

2. 力矩

人们把转动轴到力的作用线的距离,称为力臂。实验表明,对改变物体转动状态作用是由力和力臂的乘积来决定的,我们把力和力臂的乘积叫作力矩。用 F 表示力,L 表示力臂,M 表示力矩,则有 $M=FL$。力矩的国际单位制单位是 N·m。

力矩越大,物体转动起来就越容易。力矩不仅有大小,而且有方向。一般规定使物体向逆时针方向转动的力矩是正的,向顺时针方向转动的力矩是负的。

3. 有固定转动轴的物体的平衡条件

门、窗、大转盘等,都是有固定转动轴的物体。如果它们保持静止或匀速转动,我们就说这个物体处于平衡状态。要使有固定转动轴的物体处于平衡状态,需要满足什么条件呢?

实验表明,有固定转动轴的物体的平衡条件是:使物体向顺时针方向转动的力矩之和,等于使物体向逆时针方向转动的力矩之和。

（三）解释问题

旋转着的陀螺,由于转动惯性,它具有保持转动方向不变的特性,即它上面的每一个点都绕着旋转轴在做高速圆周运动,所以陀螺就不会倾倒。当转轴方向变化时,陀螺就逐渐要停下来,如果陀螺不转动,就不存在转轴的方向,陀螺就站不住。杂技节目中的转碟(图 2-80)就在不断飞速旋转着,如果碟子不转动,就不能支持在空中,道理也是一样的。相信你会给小朋友讲明白这个道理的。

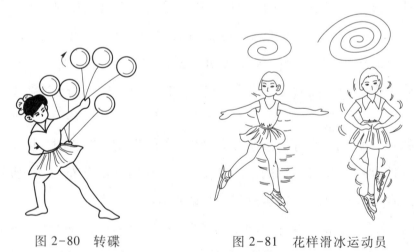

图 2-80　转碟　　　　　　图 2-81　花样滑冰运动员

如图 2-81 所示,花样滑冰运动员旋转的时候,两臂平伸,伸开一条腿的时候,身体的一部分质量就转移到离转动轴比较远的地方,转动惯性增大,旋转速度就减慢;收拢手臂和腿的时候,这部分质量就转移到离转动轴比较近的地方,转动惯性减小,旋转速度就明显地加快。

我们推门的时候,推力的作用线一般与门轴垂直,所以着力点到轴的距离就是力臂。着力点离门轴越远,力臂越大,力矩也就越大,门转动起来就越容易。如果着力点离门轴很近,力臂就很小,即使用很大的力,力矩还是不大,因此门还是很难推开的。

（四）趣味探索

小实验

研究有固定转动轴的物体的平衡条件

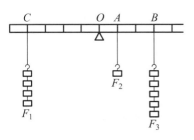

图2-82　研究有固定转动轴的物体的平衡条件小实验

用图2-82的装置来研究。横杆是一个均匀的直尺或米尺,转动轴通过O点并垂直于纸面,杆上每一格表示0.1 m,每一个砝码表示1 N。首先使横杆在F_1、F_2和F_3的作用下处于平衡状态,由图可知三个力臂L_1(OC)、L_2(OA)、L_3(OB)的数值,分别计算出它们的力矩。使杆绕逆时针转动的力矩$M_1=F_1L_1=4×0.4$ N·m$=1.6$ N·m;使杆绕顺时针转动的力矩$M_2=F_2L_2=1×0.1$ N·m$=0.1$ N·m,$M_3=F_3L_3=5×0.3$ N·m$=1.5$ N·m。$M_1=M_2+M_3$。

改变砝码的数量和位置,重做以上实验,你可以得出什么结论?

小制作

1. 陀螺

用硬纸板剪成圆形,中央钻一个小孔,把木棍或冰果棍一头削尖,穿过小孔,就做成简单的陀螺(图2-83),圆纸板可画成彩色的扇形或环形。多做一些各式各样的陀螺发给幼儿园小朋友玩,他们一定会很高兴的。玩陀螺有益于幼儿动作、语言和观察力、想象力等智能发育和发展。

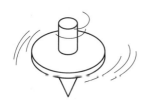

图2-83　制作小陀螺

2. 小杆秤

找一根30~50 cm的圆木棒作秤杆,圆木棒一头稍粗,一头略细。如果称量不大,用一根竹筷也可以,用一个螺母或其他小物体做秤锤(秤砣),测出秤锤的质量。秤盘可以用塑料碟子或厚纸板来做。

制作方法:在秤杆的粗端钻一个小孔O,穿线拴好秤盘,在秤盘里放一个与欲称最大质量(500 g)相等的物体,把秤砣挂在秤杆的末端A,用一短棒(或用食指)在适当位置支托秤杆,找到能使杆秤保持水平的某一点B,这就是秤提纽的位置,在该点钻孔,并穿上秤提纽。

秤盘中先不放任何物体,移动秤砣的位置,手提秤提纽使秤杆保持水平,这时秤砣线所在的位置就是刻度的零点,然后在秤盘中放入500 g物体,再移动秤砣的位置,直到秤杆又呈水平,这时悬线的位置便是500 g的刻度A点,最后在0刻度C点和500刻度A点之间等分成100 g、200 g、300 g、400 g的

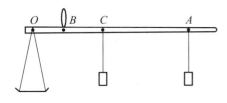

图2-84　制作小杆秤

刻度,还可以根据需要将每100 g再等分成10份,即每一小刻度为10 g、20 g……这样,你的杆秤就做

成了(图2-84)。

用它称一些物体的质量,跟标准秤(市场上)比较,看你称得的结果对不对。

请你想一想,在制作杆秤的过程中,秤杆每一次处于平衡状态时,顺时针转动的力矩和逆时针转动的力矩各是什么?

⚒ 练习与思考

1. 提起自行车车把,使前轮悬空,这时转动车把时,会感到很轻松;如果前轮高速转动,再转动车把,与前轮不转动时比较一下,哪种情况下转动车把费力?为什么?

2. 如图2-85所示,杆 OA 可绕通过 O 点并垂直于纸面的固定转动轴转动,力 F_1、F_2、F_3 是先后作用于 A 端三个大小相等、方向不同的作用力,其中 F_2 与 OA 垂直,请找出这三个力的力臂,并判定产生最大力矩的力是哪一个。

3. 骑自行车踩脚踏板时,如图2-86所示,如果用同样大小的力向下踩,脚踏板在哪个位置时起的作用最大?在哪个位置时起的作用最小?为什么?

4. 有一根粗细不均匀的木棒(图2-87),如果在棒的 O 点把它悬挂起来,刚好能保持平衡,问:把木棒沿 O 点锯成左右两段,这两段的重力一样吗?如不一样,哪一段较重?为什么?

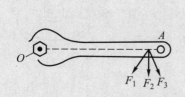

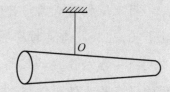

图2-85　作用在扳子同一位置大小相等、方向不同的力,其效果不同

图2-86　自行车脚踏板在不同位置上,其效果不一样

图2-87　以 O 点将木棒分成左右两段,哪段较重

5. 有生鸡蛋一个、熟鸡蛋一个,利用物体转动的知识,你能确定哪一个是生的,哪一个是熟的吗?

十七、平衡与稳度

(一)提出问题

小朋友玩的不倒翁,把它扳倒后,总会自动立起来,非常有趣,常常逗得小朋友哈哈大笑;而钢丝上的杂技演员稍有差错,就会摔下来,使观众提心吊胆地为她捏把汗(图2-88)。你知道这种差别的原因是什么?

有位小丑,穿着一双很大的皮鞋,迈着卓别林式的步子,走上舞台,非常滑稽地向热情的观众鞠躬,但他没有躬下身来,而是直挺挺地向前倾斜,就像一块木板朝前倒似的,眼看就要栽倒了,小丑却挺着身子又立了起来,这又好像有根绳子把他拉起来似的,引起观众热烈的掌声。你知道这其中的奥妙吗?

图 2-88　走钢丝

(二)基本知识

1. 平衡的种类

如图 2-89 所示,将小球先后放在凹面(圆形钟罩倒过来的底部)、凸面(圆形钟罩的顶部)和水平面上,小球所受的重力和支持力大小相等、方向相反、合力为零,因而都处于平衡状态,但它们的稳定程度是不同的。处在凹面底部的小球,稍微离开平衡位置时,如图2-90所示,它的重心升高,重力和支持力不再保持平衡,重力和支持力的合力将使小球重新回到原来的位置,恢复平衡。这种平衡叫作稳定平衡。处在凸面顶端的小球,只要有一点点轻微地振动或风的吹动,小球就会偏离平衡位置,如图2-91所示,重力和支持力的合力将使小球远离平衡位置,不能恢复平衡。这种平衡叫作不稳平衡。放在水平桌面上的小球,稍微离开原来的位置后,如图2-92所示,重力和支持力在新的位置上仍然平衡。这种平衡叫作随遇平衡。

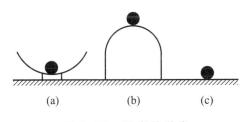

图 2-89　平衡的种类

(a)小球放在凹处　(b)小球放在凸处

(c)小球放在水平面上

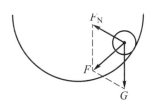

图 2-90　稳定平衡

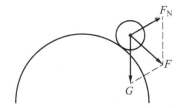

图 2-91　不稳平衡

有固定转动轴的物体的平衡也有三种情况。如图 2-93 所示,将长方形硬纸板用钉子挂在墙上,过 O 点的钉子是转动轴,C 是纸板的重心,纸板在图中(a)(b)(c)三种情况下都处于平衡状态。图(a)中,转轴在重心的上方,当纸板从平衡位置稍微移开一点,重心的位置升高,重力对转动轴的力矩使它重新回到原来位置,这是稳定平衡。图(b)中,纸板的重心恰好在转动轴的正上方,把纸板从平衡位置稍微移开一点,重心位置降低,重心对转动轴的力矩就使它离开平衡位置越来越远,纸板不能恢复到原来的平衡位置,这是不稳平衡。图(c)中,转轴在重心处,不论把纸板拨到什么位置,它都能保持平衡,因为它的重心高度没有变化,这是随遇平衡。

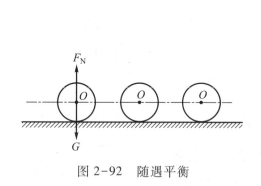

图 2-92   随遇平衡

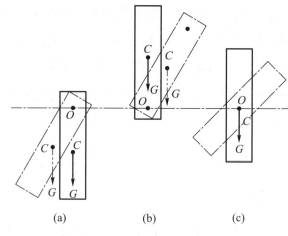

图 2-93   有固定转动轴的物体
的平衡种类

2. 稳度

平放的砖和立放的砖,稍微离开平衡位置,重心都升高,都处于稳定平衡状态。但是,它们的稳定程度却不同,立放的砖容易倒,平放的砖不容易倒。我们把物体稳定的程度叫作稳度。

物体的稳度跟它的重心高低和支面的大小有关,物体的重心越低,支面越大,稳度就越大。

在生产技术和人们生活中常常要设法增大稳度。货轮装货时,总是把重的货物放在底舱里;塔式起重机在底部放了很多钢锭,都是为了降低重心;越野汽车、农田用的拖拉机有较宽的履带,都是为了增大支面;许多机器有较重的底座,高大的建筑物的地基都建造得宽大厚实,这都是为了降低重心和增大支面;设计台灯、落地式电风扇的底座时,也要考虑稳度这个因素。

相反的,要想减小稳度,就要减小支面和升高重心。我国汉代科学家张衡发明的候风地动仪,就是利用柱摆稳度小的特性来测定地震源方向的仪器。

(三) 解释问题

不倒翁被扳倒后为什么能自动立起来呢?不倒翁的底座是用泥土或铁块、铅块等较重的物质制成的,上半部则用纸浆等轻的物质做成的不同形体(图 2-94)。可见,不倒翁的重心是在下部底座处。为了进一步说明不倒翁运动时重心高度的变化,你可把它放在桌面上转动一下,就会很明显地看到不倒翁摆动时其重心升高的情况,因此它属于稳定平衡。这就是不倒翁被扳倒后,会自动立起来的原因。

图 2-94   不倒翁

走钢丝的杂技演员,凭掌握高超的技巧,以惊险而优美纤细的动作,时刻调整自己在钢丝上的位置,来维持不稳平衡状态,从而牵动了观众的心。她和不倒翁的平衡状态有差别的原因,就在于一个是不稳平衡,一个是稳定平衡。

处于不稳平衡的物体,稍微偏离平衡位置,就不会回到原来的平衡位置,甚至会翻倒,而稳定平衡的物体就不会发生这种情况。各种机器设备以及日用家具等,为了防止倾倒,它们的平衡都是稳定平衡。

那么,怎样把不稳平衡变为稳定平衡呢?

我们知道,不倒翁的重心在下部底座处,不倒翁的平衡属于稳定平衡,而不稳平衡的物体其重心在物体的上半部。根据这个道理,我们可以挖空上部、加重下部,把不稳平衡变为稳定平衡。

如果物体是不能够被挖空的呢? 我们可以根据降低物体重心的办法,即在物体的下方悬挂重物来实现把不稳平衡变为稳定平衡。

现在,我们可以解开小丑为什么没有栽倒的奥妙了。原

图 2-95　小丑不栽倒的奥妙

来,小丑巧妙地运用重心低、支面大其稳度就大的道理。如图 2-95 所示,他可能在鞋底里面装有较重的铁块或铅块,这有助于降低重心,不过由于人的重心位置比较高,穿一双很重的鞋,重心还是下降得不太大。所以,小丑穿的鞋子很长,鞋长则支面也扩大了,只要重力作用线在支面内,身子再倾斜一些,也不会栽倒了。明白了这个道理,我们也可以登台表演了,同样滑稽有趣。

(四)趣味探索

小实验

1. 木球站在水平铁丝上

让一个木球站在水平铁丝上,这是可能的吗? 学了上面的知识,可以知道答案是肯定的。如图 2-96 所示,用线绳穿过木球的孔,在下面拴一块石头,则球和石头的总重心处于铁丝之下,球就能稳定地立在铁丝的上面。你做做这个小实验,想想其中的道理。

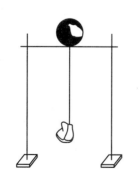

图 2-96　木球立在铁丝上

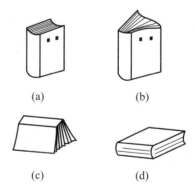

(a)　　　　(b)

(c)　　　　(d)

图 2-97　书的稳定程度

2. 书的稳定程度

将硬皮书如图 2-97(a)所示直立起来,若书稍有晃动就会翻倒;改为图(b)所示立起来,则

稍有晃动书却不倒。这说明了什么？将书改为图(c)和图(d)所示放置,就不易翻倒,图(d)的稳度为最大。通过这个小实验,你能总结出物体的稳度大小跟哪些因素有关吗?

✎ 练习与思考

1. 图 2-98 中的两个质量分布均匀的小球是处于平衡状态吗? 分别是什么平衡?

2. 图 2-99 中的两个质量分布不均匀的小球(空白部分表示轻些)是处于平衡状态吗? 分别是什么平衡?

图 2-98 两个小球分别
处于什么平衡

图 2-99 两个小球分别
处于什么平衡

3. 说明图 2-100(a)(b)(c)各图中运动员处在什么平衡。

4. 说明下列物体是采用什么方式增大稳度的。

(1) 台灯;

(2) 落地式电风扇;

(3) 秋千架;

(4) 自拍照相机(图 2-101)。

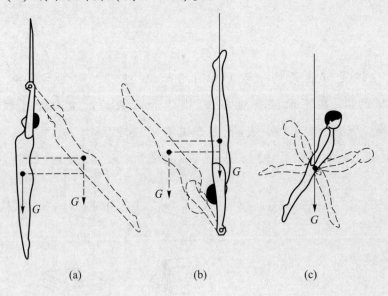

图 2-100 运动员在(a)、(b)、(c)三种情况下分别处于什么平衡

图 2-101 自拍照相机

5. 根据物体稳度跟重心和支面的关系,解释下面现象:

(1) 楼房越高,地基也要越深越宽;

(2) 吊车在吊起很重的货物时,要从车身上伸出四只支柱形的圆"脚";

（3）幼儿用手脚在炕上爬，成人用两只脚走路，老人还要依靠拐杖走路；

（4）人站立时，"稍息"比"立正"时感到轻松；

（5）穿平底鞋比穿高跟鞋走路稳当。

6. 在节日里表演踩高跷的演员为什么不会摔倒？又为什么演员手中总拿一根棍子或一把伞等物体？

7. 小朋友登山时，身体向前倾一些才容易上山，这是为什么？你有"上山容易下山难"的感觉吗？你知道这是为什么吗？

幼儿园模拟实践

1. 春天到了，王老师带小朋友们去郊游。在路上，小朋友们趴着车窗看着外面的景色。七嘴八舌地谈论着。

"那里是一片小草吗？"

"那里有只小鸟。"

"……"

琪琪大声喊："你们快看，那些树很神奇，在向后倒退。"

小朋友们的谈话被琪琪打断了，都好奇地看着外面的大树，"真的动了，真的动了，大树为什么会动呢？"

如果你是王老师，你会如何给小朋友解答这个问题呢？

2. 今天王老师开展了一次"不倒翁"的科学活动。王老师将一些用乒乓球、蛋壳等制作的玩具摆放在"神秘探索空间（活动室的四周）"。

"小朋友们，我们一起去神秘探索空间看看今天谁来了，看看他们有什么特点？"

"这些是不倒翁吧？"

"这个扳倒了会站起来。"

"这个扳倒不会站起来了。"

"这两个看起来是一样的呀？"

"我看也是一样的，这是为什么呀？"

小朋友们围着王老师："王老师，这两个看起来是一样的，可是这个扳倒了就不会站起来，另一个扳倒了还会站起来，为什么呀？"

你能帮助王老师告诉小朋友这是为什么吗？

$$拓展阅读$$

（一）幼儿运动安全中的力学知识

幼儿户外活动是幼儿园非常重要的教育活动,一般幼儿园要保证幼儿每天不少于两小时的户外活动时间。但在户外活动中存在着许多不安全的因素,因为户外活动中难免要奔跑、跳跃、钻爬、攀登等,常常会出现幼儿在活动中突然跌倒、相撞,抛接的物品落到自己或同伴的身上等现象。要保证幼儿户外活动的安全,减少安全事故的发生,我们必须明白在运动过程中的科学道理。

1. 牛顿第一定律与幼儿运动安全

牛顿第一定律告诉我们,一切物体都有保持原有运动状态的属性。幼儿园户外活动场地大都比较狭小,幼儿在奔跑或骑行时很有可能达到比较快的速度,从而因速度过快,来不及躲闪造成碰撞事故。所以要求幼儿教师及时制止奔跑过快的幼儿,避免发生磕碰现象,同时要求保教人员组织好秩序,让幼儿各行其道,留出安全距离,给其他幼儿足够的躲闪距离。

2. 缓冲与幼儿运动安全

户外活动的场地最好是塑胶地面,尽量减少幼儿园水泥地面的面积。塑胶地面由于比较柔软,幼儿即使摔倒,厚厚的塑胶地面可以增加缓冲时间,减小撞击力度,最大限度地保护幼儿安全。

幼儿休息室的床铺,要设计合理的高度,尽量贴近地面。对于多层床铺要有足够安全的护栏,以预防跌落事故的发生。

幼儿迈步的幅度和抬腿的高度都比成人小,因此,幼儿使用的楼梯踏步尺寸应相应减小,并在踏步面前缘做防滑处理。楼梯还要安装适宜高度的扶手,以利于幼儿攀扶。保教人员应该让幼儿养成靠右有序上下楼的习惯,并且要注意幼儿规则意识的养成,培养幼儿遵守规则的好习惯,不能出现相互拥挤,甚至跌倒踩踏的现象。

3. 圆周运动与幼儿运动安全

幼儿园都会设置一些活动器械,对于旋转类的转马、转椅,保教人员一定要限制旋转速度。因为旋转速度过快,就会出现明显的离心现象,严重时会甩出幼儿,酿成事故,造成无法弥补的损失。

有些幼儿喜欢拿着各种物体抡来抡去,稍不注意就会使物体出现离心现象飞离出去,造成其他幼儿的损伤。所以一定要提醒幼儿不要在活动场地抡东西,预防事故的发生。

4. 摩擦与幼儿运动安全

雨雪过后,幼儿活动场地容易积水积雪,导致幼儿鞋底与地面之间出现水膜,摩擦力降低,容易打滑摔跤。所以,要求保教人员要及时清理积水积雪,保持活动场地干燥、清洁,以保障幼儿安全。

　　幼儿园都有沙坑或沙池,可以让幼儿在玩沙中培养创新意识和想象力等。但是细沙不能被幼儿带到活动室等其他硬质地面,因为微小的沙粒可以把滑动摩擦变为滚动摩擦,大大减小摩擦力,容易使幼儿摔跤。所以保教人员一定要及时清理地面上的沙子,不留安全事故隐患。

5. 幼儿的着装与幼儿运动安全

　　幼儿的年龄小,运动机能尚不完善,协调性差。为保护幼儿的身体,户外活动时,应让幼儿穿上合适的球鞋或运动鞋,并注意鞋带是否松散。在活动前,教师还要注意检查幼儿的口袋,及时收好幼儿口袋中的危险物品,并妥善保管。有的幼儿可能会把一些尖锐物体(如小刀、小剪子等)藏在口袋中,如不注意,在进行活动,特别是垫上运动时,酿成事故。

　　户外活动是增强幼儿体质,促进幼儿健康的主要活动环节。同时,也是易于出现安全问题的活动环节。杜绝意外事故的发生,一定要利用科学道理,分析幼儿园场地设施情况和幼儿的运动状态等,找到危险隐患,及时消除和制止。这才是我们学习科学知识的真正目的之一。

(二)航空与航天

　　航空与航天虽然仅一字之差,却属于两大技术门类,有着许多不同之处。航空主要是研制军用飞机、民用飞机及吸气发动机,航天主要是研制无人航天器、载人航天器、运载火箭和导弹武器。最能集中体现两者差异的是航空器和航天器。从航空器与航天器的重大区别上即可看出两者的显著差异。

　　第一,飞行环境不同。所有航空器都是在稠密大气层中飞行的,其工作高度有限。现代飞机最大飞行高度为距离地面30多千米。即使以后飞机上升高度提高,它也离不开稠密大气层。而航天器冲出稠密大气层后,要在近于真空的宇宙空间以类似自然天体的运动规律飞行,其运行轨道的近地点高度在100千米以上。对在运行中的航天器来讲,还要研究太空飞行环境。

　　第二,动力装置不同。航空器都应用吸气发动机提供推力,吸收空气中的氧气作氧化剂,本身只携带燃烧剂。而航天器其发射和运行都应用火箭发动机提供推力,既带燃烧剂又带氧化剂。吸气发动机离开空气就无法工作,而火箭发动机离开空气则阻力减小有效推力更大。吸气发动机包括燃烧剂箱在内都可随飞机多次使用,而发射航天器的运载火箭都是一次性使用。吸气发动机所用的燃烧剂仅为航空汽油和航空煤油,而火箭发动机所用的推进剂却是多种多样的,既有液体的,也有固体的,还有固液型的。

　　第三,飞行速度不同。现代飞机最快速度也就是音速的三倍多,且是军用飞机。至于目前正在使用的客机,都是以亚音速飞行的。而航天器为了不致坠地,都是以非常高的速度在太空运行的。如在距地面 600 千米高的圆形轨道上运行的航天器,其速度是音速的 22 倍。所有航天器正常运行时都处于失重状态,若长期载人会使人产生失重生理效应,并影响健康。正因如此,航天员与飞机驾驶员比较起来,其选拔和训练要严格得多。一般人买票即可坐飞机,而花重金到太空遨游的人还必须通过专门培训。

　　第四,工作时限不同。无论是军用飞机还是民用飞机,最大航程约 2 万千米,最长飞行时间不超过一昼夜。其活动范围和工作时间都很有限,主要用于军事和交通运输。虽然通用轻型飞机应用广泛,但每次活动范围相对更小。而航天器在轨道上可持续工作时间非常长,如"和平号"空间站,它在太空飞行了整整 15 个年头。至于无人航天器,如各种应用卫星,一般都在绕地轨道上工作多年。有的深空探测器,如"先驱者"10 号,已在太空飞行了几十年,正在飞出太阳系,将在银河系遨游。航空器的优点是能重复使用,而航天器一般只能一次性使用,载人宇宙飞船也不例外。

　　第五,升降方式不同。飞机的升空是从起飞线开始滑跑到离开地面,加速爬升到安全高度为止的运动过程。它返回地面降落时只要经过下滑和着陆即可。而至今为止的航天器发射,包括地面和海上的发射,顶部装着航天器的运载火箭都是垂直腾空的。在完成发射的过程中,运载火箭要按程序掉头转向和逐级脱离,最终将航天器送入预定轨道运行。有的航天器发射,中间还要经过多次变轨,情况更为复杂。

引自网络

电与磁的初步知识

一、电荷和电场

（一）提出问题

我国古代的科学著作《博物志》中有过这样的记载:今人梳头、脱着衣时,有随梳、解结有光者,亦有咤声。说的是梳头时,头发会被梳子吸引,脱衣服时常会引起闪光并发出噼啪之声。生活中你是否有过这样的经历:将各种颜色的碎纸屑放在桌子上,用塑料笔杆在头发上摩擦几下后去接近这些纸屑,纸屑会纷纷跑到笔杆上,很像纸花在跳动、飞舞,十分有趣。你知道产生这些有趣现象的原因吗?

（二）基本知识

1. 电荷

人们对于电的认识,最初来自人工的摩擦起电现象和自然界的雷电现象。早在公元前600多年,古希腊人就发现了一个奇怪的现象:用毛皮摩擦过的琥珀能够吸引羽毛、头发等轻小的物体,这是最早发现的静电现象。

应当指出,这种现象并不是琥珀所独有的。事实上,两种不同质地的物体,经过互相摩擦后,都具有吸引轻小物体的能力,例如用毛皮摩擦过的硬橡胶棒、用丝绸摩擦过的玻璃棒等。这时我们说这些物体处于带静电状态,或说它们带有电荷。用摩擦的方法使物体带电叫作摩擦起电。处于带静电状态的物体称为带电体,两个带电体相互靠近时,可能出现火花,并伴有响声。

实验证明,物体所带的电荷有两种,而且只有两种,叫作正电荷和负电荷。物体所带电荷的多少叫作电荷量。在国际单位制中,电荷量的单位为库仑,简称库,用符号 C 表示。

那么,摩擦为什么会使物体带电呢? 原来这是由物质本身的电结构决定的。近代物理学的研究表明,物质是由分子、原子组成的,而原子是由原子核和一定数目绕核运动的电子组成的。原子核带正电,电子带负电。正常情况下,原子核所带正电荷的数量,与核外电子所带负电荷的数量是相等的,因此原子呈电中性。于是,通常状态下物体也呈电中性,对外不显电性。

不同的物质,其原子核对电子的束缚能力不同。当两种不同材料的物体相互摩擦时,增强了两物体接触面处原子的热运动,束缚力较弱的物体中的电子就会挣脱原子核的束缚从原子中挣脱出来而转移到另一物体上,使两个物体原有的电中性受到破坏。失去一些电子的物体,正电荷多于负电荷,物体带正电;得到电子的物体,负电荷多于正电荷,物体带负电。所以,摩擦起电并不是通过摩擦产生了电荷,而是通过摩擦使物体中的正、负电荷相互分离并发生转移。在电荷转移过程中,电荷的总量不变,也就是说,两物体摩擦之后总是同时带电,并分别带有等量的异种电荷。

2. 点电荷和元电荷

我们已经知道电荷之间有相互作用,同种电荷相互排斥,异种电荷相互吸引。带电体之间的相互作用既与它们的电荷量和距离有关,也与带电体的形状有关。当带电体的大小比起带电体之间的距离小得多时,带电体的形状和大小对相互作用的影响就可以忽略不计。物理学中把这种形状大小与距离相比小到可以忽略不计的带电体叫作点电荷,点电荷是一种理想化模型。

氢的原子核是最小的原子核,氢原子核也叫质子,它带有 $e = 1.60 \times 10^{-19}$ C 的正电荷。实验证明,物体所带电荷的多少只能是质子电荷的整数倍。因此,质子所带电荷叫作"元电荷"。电子带负电,其电荷量与质子相同,所以电子电荷记为"$-e$"。

3. 电荷之间的相互作用

使一个塑料小球 B 带正电,并使它靠近带电体 A,带电小球会受到力的作用,如图 3-1 所示。实验表明:带电小球 B 在带电体 A 周围各个位置上都受到力的作用;带电体 A 所带电荷量不同,与带电小球 B 之间的距离不同,带电小球所受的力也不同。

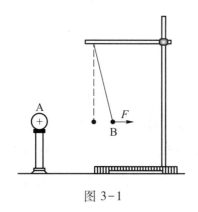
图 3-1

图 3-2　库仑

定量地研究电荷之间的相互作用,是在人们发现静电现象 2 000 多年之后,由法国物理学家库仑(图 3-2)在 1785 年完成的。他通过实验总结出点电荷之间相互作用的规律。

库仑的实验结果是:两个点电荷之间的作用力跟它们电荷量的乘积成正比,跟它们之间距离的平方成反比,作用力的方向在它们之间的连线上,同种电荷相斥,异种电荷相吸。这一规律被称为库仑定律。

4. 电场　电场线

带电体之间的相互作用力是怎样发生的呢?理论研究和实践都表明,电荷周围存在着一种叫作电场的物质。电场对放在其中的电荷有力的作用,这种力叫作电场力。

为了形象地描述电场中各点电场强度的分布情况,英国物理学家法拉第首先提出可以在电场中用从正电荷出发到负电荷终止的一系列曲线把各处的电场表示出来。规定曲线上每一点的切线方向都与这一点的电场方向一致,如图 3-3 所示,这样的曲线叫作电场线。图3-4、图3-5、图 3-6、图 3-7 依次表示正电荷、负电荷、两个等量异种电荷和两个等量同种电荷电场线。

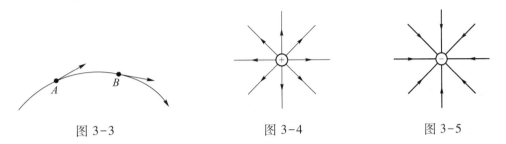

图 3-3　　　　　　　图 3-4　　　　　　　图 3-5

图中电场线的疏密程度表明了电场的强弱情况,电场线越密的地方,电场越强;电场线越疏的地方,电场越弱。必须指出,电场线是用来描述电场强度分布情况所假想的曲线,在电场中并不存在电场线,但是可以通过实验把电场线形象地表示出来。

图 3-6　　　　　　　　　　　　　图 3-7

(三)解释问题

我们学习了上面的知识后,就不难解释开头提出的问题了。在头上摩擦过的塑料笔杆会带静电,而带电物体具有吸引轻小物体的性质,所以这样的笔杆就能够吸引纸屑。

(四)趣味探索

小实验

小纸人跳舞

像图 3-8 那样,在桌上放两摞书,把一块干净的玻璃板垫起来,使玻璃板离开桌面2~3 cm。在宽5 cm 的纸条上画出各种舞蹈姿势的人物形象,用剪刀把它们剪下来,放在玻璃板下面。用一块硬泡沫塑料在玻璃板上来回摩擦,就可以看到小纸人"翩翩起舞"。实验前如果用打火机的火焰把"跳舞区"烤一烤,实验效果就会更好。

图 3-8　小纸人跳舞

图 3-9　自制的验电器

小制作

自制验电器

研究静电现象时,验电器是一个很有用的仪器,简易验电器可以自己动手来做。把金属丝对折后穿过绝缘的瓶盖插入玻璃瓶里,取两条长 2 cm、宽 4 mm 的金属箔,分别挂在金属丝的两端。金属箔不带电时自由下垂,带电时会互相推斥而张开(图 3-9)。做验电器时要注意瓶盖和瓶子一定要干净,不能潮湿。检查一下,看看你做的验电器是否好用。

练习与思考

1. 自然界中存在两种电荷,同种电荷相互_____,异种电荷相互_____。

2. 电荷之间的相互作用是通过_____实现的,当我们说电荷 A 受到电荷 B 的作用时,实际上是说电荷 A 受到_____的作用。

3. 有两个点电荷,它们之间的静电力是 F。如果保持它们之间的距离不变,将其中之一的电荷量增大为原来的 2 倍,它们之间作用力的大小为(　　)。

A. F　　　　B. $2F$　　　　C. $\dfrac{F}{2}$　　　　D. $\dfrac{F}{4}$

4. 有两个点电荷,它们之间的静电力是 F。如果保持它们所带的电荷量不变,将它们的距离增大为原来的 2 倍,它们之间作用力的大小为(　　)。

A. F　　　　B. $2F$　　　　C. $\dfrac{F}{2}$　　　　D. $\dfrac{F}{4}$

二、静电感应和放电现象

(一) 提出问题

据 2004 年 7 月 25 日《京华时报》消息:2004 年 7 月 23 日居庸关长城部分游客遭雷击。数十名游客冒着雷雨天气登长城,本想体验雨中游览长城的别样感受,孰料一道闪电之后,他们纷纷被雷电击倒。翌日,气象专家共赴现场考察后认为,游客中有人在雷雨天气拨打手机是游客遭受雷击的直接原因。一个小小手机如何能"招来雷电"呢?

(二) 基本知识

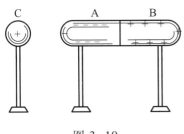

图 3-10

1. 静电感应

导体内部有大量自由移动的电子,我们称之为自由电子。当导体处在电场中时,这些自由电子在电场力作用下移动,结果会使导体两端出现正、负电子。例如,把两个不带电的枕形绝缘导体(用绝缘柱支持的金属导体)A、B 对接在一起,放在桌子上,在它们的旁边放一个带正电的物体 C,如图 3-10 所示。这时导体 AB 处在带电体 C 的电场中,导体 AB 中的自由电子在电场力作用下移动。于是在靠近带电体 C 的一端出现异种电荷(即负电荷),在远离带电体 C 的一端出现同种电荷(即正电荷)。这种现象叫作静电感应。

2. 感应起电

在静电感应中,导体两端出现正负电荷的电荷量是相等的。因此,如果移走带电体 C,导体 A、B 的正负电荷中和,又恢复成不带电状态。如果在移去带电体 C 之前,先使 A、B 分开,那么导体 A、B 就分别保持自己的带电状态,如图 3-11 所示。这种利用静电感应使导体带电的方法叫做感应起电。

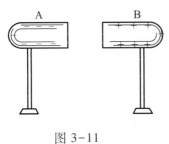

图 3-11

那么,有没有办法使 AB 只带有一种电荷呢? 答案是肯定的。先使导体 AB 一端接地,例如我们站在地上,用手指触导体 AB,于是地球上的负电荷就会移到导体 AB 上跟它的正电荷中和。然后使导体 AB 再跟地球断开(拿开手指),再移去带电体 C,导体 AB 就带上了负电,这种使物体带电的方法叫作"接地放电法"。这是因为地球是一个很大的"良导体",它能够吸收大量的电荷而不会明显地改变自身的带电量,这就如同向大海中放水或从大海中抽水不会明显改变海水的多少一样。

3. 尖端放电

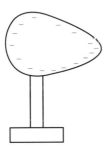

由于同种电荷互相排斥,导体带电以后,它的电荷只分布在导体的外表面上(图 3-12),导体的内部是不带电的,这已经为实验所证实。导体表面电荷的分布是不均匀的,与导体表面的弯曲程度有关。导体表面越是突出而尖锐的地方,电荷越多、越集中;导体表面较平坦的地方,电荷越少、越分散;导体表面凹进去的地方,电荷则较少。由于导体尖端部位电荷密集,所以导体尖端附近的电场特别强,强到能把周围空

图 3-12

气电离,从而向周围空间释放电荷。这种现象叫作尖端放电现象。

4. 火花放电

当高压带电体与导体距离很近时,强大的电场会使它们之间的空气迅速电离,电荷通过电离的空气形成电流。由于电流非常大,产生大量的热,使空气发声、发热,产生电火花,这种放电现象叫作火花放电。

生活中有很多火花放电的例子,例如彩色电视机开机后,手接近屏幕时会听到"噼啪"声。这是因为彩色显像管引起的静电感应使屏幕表面上积聚大量感应电荷,手接近屏幕时,会在人体感应出与屏幕上电荷异号的感应电荷,并且这些感应电荷较密集地分布在手指上。当手指离屏幕较近时就引起尖端放电现象,"噼啪"声就是放电时引起空气电离产生的声音。

5. 雷电

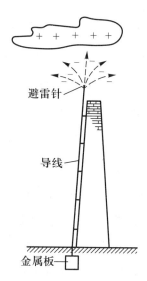

图 3-13　避雷针

在闷热的夏天,在重力作用和猛烈上升气流的冲击下,云中的雨滴、冰晶等会发生互相碰撞、摩擦而带上电荷,这就是雷雨云的形成。由于雷雨云中聚集着大量的电荷,当雷雨云之间或雷雨云与地面之间发生强烈放电时,会产生耀眼的闪光和巨大的声响,即"闪电"和"雷鸣"。由于闪电的放电电流可以高达几十万安,会使建筑物遭到破坏,这就是"雷击"。

为防止雷击,高大建筑物都要安装避雷针。避雷针是根据尖端放电的原理制成的针状金属物,安装在高大建筑物的顶端,并用粗导线与埋在地下的金属板相连接,以保持与大地的良好接触,如图3-13所示。当带电云朵逼近的时候,由于金属导线是良好的导体,因此静电感应会使金属导体尖端带上和云朵相反的电荷,尖端放电又使得金属导线和云朵之间的空气被电离,在云朵和大地之间就有了一条良好的通路,使得云朵中的电荷会通过导线导入地下,这样就会避免建筑物受到雷击。所以,"避雷针"的真正作用是"引雷"。

（三）解释问题

学习了以上的知识,我们就能够回答开头提出的问题了。使用手机时,在手机天线附近会聚集大量的电荷,会在手机天线与带电云层之间形成强烈的尖端放电,而"引雷伤身"。所以,雷雨天气时,在野外不要使用手机,使用户外天线或公用天线的电视用户也要把电视机关掉。

（四）趣味探索

小制作

"转花"

将一张边长约 4 cm 的方形锡箔纸剪成如图 3-14(a)所示的形状。分别沿图中的实线和虚线上下折叠,使它的中心突出,形成伞状。在软木塞或线团的中心竖直地插一根缝衣针,作为"转花"的支座。

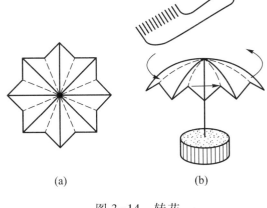

图 3-14　转花

把折叠好的伞状花的中心支在针上,使它保持平衡,并能自由转动,如图 3-14(b)所示。用一把塑料梳子与头发摩擦几下使其带电后,靠近"转花",并按图 3-14(b)所示的路线在花瓣尖的上方缓慢地做圆周运动,伞状花会随着转动起来。请你动手做一做,并讨论使"转花"转动的原因。

✎ 练习与思考

1. 用来运输燃油或液化气罐的汽车尾部都有一条铁链拖在地上,它的作用是要避免油罐车上电荷的积累。其实不仅油罐车这样,就连小汽车也有一条导电的带子拖在地面(图 3-15),你知道为什么这样做吗?

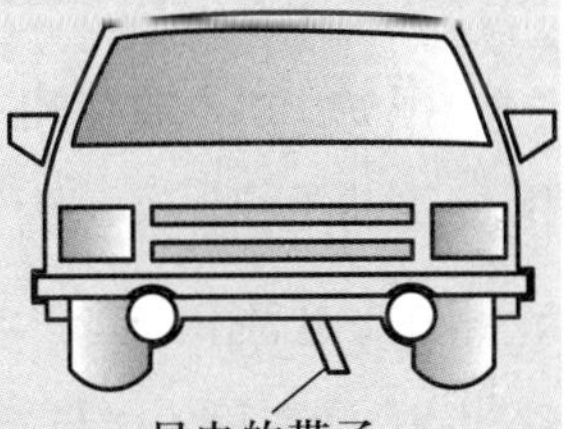

2. 干燥的冬天,身穿毛衣和化纤衣物,长时间走路之后,如果用手指靠近金属物品(如门把手或水龙头开关),常会感到手上有针刺般的疼痛。如果事先拿一个带尖的金属物品(如钥匙)靠近门把手或水龙头开关,就会避免疼痛。若是房间的光线较暗,在钥匙尖端靠近金属物体时,你还会看见火花,并听到响声。你能用已经掌握的知识解释这些现象吗?

导电的带子

图 3-15

三、导体和电流

（一）提出问题

舞台上的灯光可以从暗逐渐变亮,电风扇的转速可以由慢变快,空调器的温度可以由高变低,这些变化都与通过用电器的电流大小有关。可是,电流看不见、也摸不着,我们怎样才能知道导体中有电流,又怎样改变导体中电流的大小呢?

（二）基本知识

1. 电流

在初中的学习中我们知道,电荷的定向移动形成电流。实验证明,导体内存在大量可以移动的自由电荷。在金属导体中,自由电荷就是自由电子;在电解液中,自由电荷就是正、负离子。自然状态下,导体中大量的自由电荷就和气体中的分子一样,不停地做无规则的热运动,朝任何方向运动的自由电荷的数目都差不多相等,从宏观效果看,没有电荷的定向移动,因而没有电流,如图 3-16 所示。

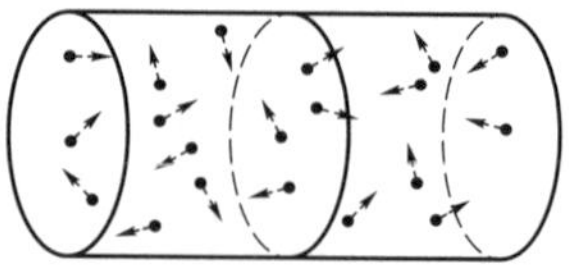

图 3-16

把导体两端接在电源上,由于电源两极的电压不同,就会在导体内形成电场,这些自由电荷就会在电场力作用下定向移动形成电流。电流的强弱,可以用单位时间内通过导体横截面电荷量的多少来表示。单位时间内通过的电荷量多,电流就强;通过的电荷量少,电流就弱。我们把通过导体横截面的电荷量跟通过这些电荷量所用时间的比值,叫作电流,用符号 I 表示。

如果在时间 t 内通过导体横截面的电荷量是 q,那么电流为 $I=\dfrac{q}{t}$。在国际单位制中,电流的单位是安培,简称安,用符号 A 表示。它的物理意义是:在 1 s 内通过导体横截面的电荷量是 1 C,导体中的电流就是 1 A。电流的单位还有毫安(mA)和微安(μA),其相互关系是:1 mA = 10^{-3} A,1 μA = 10^{-6} A。

电流可以是正电荷的定向移动,也可以是负电荷的定向移动,还可以是正、负电荷同时向相反方向的移动。为了分析问题方便,习惯上规定正电荷移动的方向为电流的方向。在金属导体中,电流的方向与自由电子(负电荷)的移动方向相反。在电解液中,电流方向与正离子的移动方向相同,与负离子移动的方向相反。

方向不随时间变化的电流叫作直流,方向和大小都不随时间变化的电流叫作恒定电流。

2. 导体　电阻定律

在自然界中,按照电荷在其中是否容易转移和传导而把物体大致分成三类:① 电荷能够从出现的地方迅速转移或传导到其他部分的物体,叫作导体,如金属、石墨、电解液、人体、大地、已电离的气体等;② 电荷几乎只能停留在出现的地方的物体,叫作绝缘体,如玻璃、橡胶、丝绸、陶瓷、未电离的气体、干燥的木材等;③ 有些物体转移或传导电荷的能力介于导体和绝缘体之间,这些物体叫作半导体,如硅、硒、锗等。

导体在电路中的一个重要性质,就是对电流有阻碍的作用,这种阻碍作用叫作电阻。不同材料的导体,其导电的能力不同。即便是同一种材料的导体,在不同条件下其电阻的大小也不一样。所以,电阻是导体自身的一种性质。实验证明,在温度不变时,导体的电阻跟它的长度成正比,跟它的横截面积成反比,这就是电阻定律。如果用 R 表示导体的电阻,L 表示它的长

度,S 表示它的横截面积,电阻定律可表示为:

$$R = \rho \frac{l}{S}$$

其中 ρ 叫作电阻率,它只跟导体的材料有关,对同种材料的导体,ρ 是一个常量,对不同材料的导体,ρ 的数值不同。

3. 欧姆定律

电源提供的电压使电荷在导体中定向移动形成电流,而电流又会受到导体的阻碍作用。那么,电流的大小跟电压、电阻的大小有什么关系呢?

德国物理学家欧姆最先通过实验研究了电流跟电压、电阻的关系,并得出结论:导体中的电流跟加在导体两端的电压成正比,跟导体的电阻成反比,这就是欧姆定律。如果用 I 表示通过导体的电流,用 U 表示加在导体两端的电压,用 R 表示导体的电阻,欧姆定律可表示为:

$$I = \frac{U}{R}$$

由于我们研究的是电路中某一部分导体上的规律,所以上述定律也叫作部分电路的欧姆定律。实验证明,欧姆定律适用于金属和电解液导电的情况,对于气体导电的情况则不适用。

根据欧姆定律,可以规定导体电阻的单位。在欧姆定律表达式中,如果电压的单位是 V,电流的单位是 A,则电阻的单位是 Ω(欧姆,简称欧)。1 Ω 是指这样一段导体上的电阻,如果在这段导体两端加上 1 V 的电压,通过它的电流就是 1 A。电阻常用的单位还有千欧(kΩ)和兆欧(MΩ),它们的关系是:1 kΩ $= 10^3$ Ω,1 MΩ $= 10^6$ Ω。

4. 超导现象

1911 年,荷兰物理学家昂尼斯用液态氦把汞冷却到零下 268 ℃时,发现汞的电阻变为零;后来又发现,铝和锡也具有这种在极低温度下电阻消失的特性。人们把这种现象叫作超导现象,具有这种特性的材料叫作超导材料,使非超导材料转变为超导材料的温度叫作临界温度。近年来,各国的科学家都在努力寻找临界温度较高的超导材料并试制超导物品。我国科学家已经研制成一种可用于粒子加速器上的超导电缆,这种材料还可应用在超导电机和磁悬浮列车上。由超导材料制成的电机具有不会发热的优点;超导材料对磁场会有很强的"抗拒"作用,磁悬浮列车就是利用这个原理制成的。

(三) 解释问题

电流虽然看不见摸不着,但人们可以根据电流的各种效应(如热效应、磁效应和机械效应)来感知它的存在。灯光的亮度、电风扇的转速及空调器的温度都可以通过改变电流大小来实现。由欧姆定律可知,电流与导体两端的电压成正比,与用电器的电阻成反比。实际应用中常常通过改变电路中的电阻来实现对电流的控制。

（四）趣味探索

小实验

潮湿的火柴棍变成导体

图 3-17　潮湿的火柴棍变成导体

将电池、发光二极管、开关、去掉火柴头的干燥火柴棍、导线串联成电路（图 3-17）。闭合开关，我们发现电路中的发光二极管不发光，这说明干燥火柴棍是绝缘体。用滴管取少量水，轻轻地滴在火柴棍上，将火柴慢慢浸湿，我们发现只有二极管发光了，这说明潮湿的火柴棍变成了导体。

✎ 练习与思考

1. 习惯上规定，_____移动的方向为电流方向。在金属导体中，自由电子定向移动的方向与导体中电流的方向_____（填"相同"或"相反"）。

2. 导体对电流的_____作用叫作电阻，用符号_____表示，其单位是_____。

3. 一根均匀的铜导线，其电阻为 2 Ω，当加在它两端上的电压增加了一倍时，它的电阻为（　　）。

A. 4 Ω　　　　　B. 1 Ω　　　　　C. 2 Ω　　　　　D. 0.5 Ω

4. 给灯泡加 220 V 的电压，通过灯丝的电流是 0.5 A，灯丝的电阻是多少？

5. 要使一阻值是 180 Ω 的导体内通过 0.2 A 的电流，应给导体两端加多大的电压？

四、电功和电功率

（一）提出问题

电使电灯发光、电风扇转动、电梯升降……电使我们的生活丰富多彩。如果我们的生活没有了电，会是什么样子？那简直不可想象！可是，你知道"电"是怎样完成这些工作的吗？

（二）基本知识

1. 电能的转化——电功

初中时我们已经学习过各种不同形式的能量可以相互转化。在电路里接上各种用电器，就可以把电能转化成各种其他形式的能量。电灯、电热毯、电饭煲及工厂里冶炼用的高频电炉,可以把电能转化成热力学能;洗衣机、电风扇、电梯、电动自行车,可以把电能转化成机械能;电解、电镀装置可以把电能转化成化学能。

我们知道,物体在重力作用下运动,重力势能转化成动能,这种能量转化的过程是重力做功的过程。同样,电能转化成其他形式的能的过程,实际上也是电流做功的过程。导体中自由电荷在电场力作用下的定向移动形成了电流,电场力在使电荷运动时要做功,我们把自由电荷定向移动时电场力做功叫作电流做功。

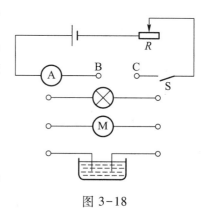

图 3-18

实验证明,电流在一段电路上所做的功,跟这段电路两端的电压、电路中的电流及通电时间成正比,即

$$W = UIt$$

式中 W、U、I、t 的国际单位制单位分别为焦(J)、伏(V)、安(A)、秒(s)。

电流做功的过程,实际上是电能转化为其他形式的能的过程。例如,在图 3-18 所示的电路中,将灯泡接在 B、C 之间,闭合开关 S,电路中有电流做功,电灯就会发出热和光;在 B、C 之间接入电动机,当电流做功时,电动机就会旋转;同样,在 B、C 之间接入电解槽,当电流做功时,电解槽中就产生化学反应,析出物质。电流做了多少功,就有多少电能转化为其他形式的能。所以,电功是电能转化的量度。

2. 电功率

电流通过不同的用电器时,在单位时间内做功的多少一般不同。我们把电流所做的功跟做功所用时间的比值叫作电功率,用 P 表示,即

$$P = \frac{W}{t} = UI$$

电功率反映了电流做功的快慢。上式表明,一段电路上的电功率,跟这段电路两端的电压和电路中的电流成正比。式中 P、U、I 的单位分别为瓦(W)、伏(V)、安(A)。

对于纯电阻电路,根据欧姆定律可得出:

$$P = I^2 R = \frac{U^2}{R}$$

用电器上通常都标有额定电压和额定功率,这是该用电器正常工作时的工作电压和消耗的功率。如果用电器的工作电压不等于额定电压,它实际消耗的功率就不再等于额定功率。例如,标有"220 V,40 W"的灯泡,接在 220 V 的电源上,灯泡能正常发光。这时灯泡消耗的功率为额定功率,通过灯泡的电流为 40 W/220 V = 0.18A。如果把该灯泡接到低于 220 V 的电源上,通过它的电流变小,灯泡实际消耗的功率就小于额定功率,灯泡的亮度变

暗。如果把该灯泡接到高于220 V的电源上，通过它的电流变大，它消耗的功率就大于额定功率，有烧坏灯丝的危险。所以，在把用电器接入电路之前，必须查清用电器的额定电压与电源电压是否相同。

3. 焦耳定律

电能转化成其他形式的能是由电流通过用电器做功完成的，电烙铁、电熨斗等电热器是把电能转化为内能的装置。我们把电流通过导体时发热的现象叫作电流的热效应。英国物理学家焦耳(1818—1889)通过实验总结出电流热效应所遵循的规律：电流通过导体产生的热量，跟电流的平方、导体的电阻和通电的时间成正比，这就是著名的焦耳定律。其表达式为

$$Q = I^2 Rt$$

式中 Q、I、R、t 的单位分别为焦(J)、安(A)、欧(Ω)、秒(s)。

对于纯电阻电路，根据欧姆定律可知 $UIt = I^2 Rt$，所以 $W = Q$，电流通过导体所做的功等于它所产生的热量。在这种情况下，电能完全转化为电路的热力学能。对于包含电动机、电解槽等的电路，由于不是纯电阻电路，电流所做的功除转化为机械能、化学能外，还有一部分转化为热力学能，这就是电动机等电器设备在工作时发热的原因。

（三）解释问题

通过学习我们了解到，电能转化为其他形式的能是通过电流做功实现的。电流通过电动机做功，使电机转动，电能转化为机械能；电流通过灯丝做功，使灯丝发亮，电能转化为光能。电流做功还可以使电能转化为导体的热力学能，这就是电流的热效应。电流的热效应除在生产和生活中有着广泛的应用外，也有许多消极的作用。例如，电视机、收音机等家用电器有一定的电阻，工作时会产生热而使温度升高，影响它们的正常工作，严重时还会损坏家用电器。因此，在使用过程中要注意通风散热，并且不要让家用电器连续工作的时间过长。

（四）趣味探索

小实验

如图 3-19 所示，将长度和横截面完全相同的镍铬合金丝和铁丝下面用蜡粘上几根火柴杆，通电后，哪些火柴杆会先掉下来？请你先进行猜想，然后实际观察现象，并说明为什么。（提示：镍铬合金的电阻率大于铁的电阻率）

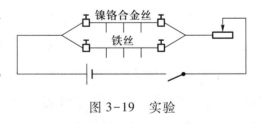

图 3-19   实验

练习与思考

1. 电炉丝热得发红时,跟电炉丝连接的铜导线却不怎么热,为什么?

2. 一只标有"220 V,45 W"的电烙铁,在额定电压下使用时,每分钟产生多少热量?

3. 平均一次雷电的电流为 $2×10^4$ A,电压约 $1×10^{10}$ V,放电时间约 $1×10^{-3}$,求平均一次雷电的电功率是多少千瓦?电流所做的功又是多少?

五、 全电路欧姆定律

(一)提出问题

电可以为我们做许多事情,可你知道电路中持续不断的电流是怎样形成的吗?收音机或手电筒等电器往往需要使用几节干电池,这是为什么呢?

(二)基本知识

1. 电源

要使导体中有持续稳定的电流,必须使导体两端保持稳定的电压,能起这种作用的装置叫作电源。电源有许多种类,我们经常使用的干电池就是电源的一种,如图 3-20 所示。干电池的外壳是一个锌筒,里面装着化学药品,锌筒是干电池的负极。锌筒中央带有铜帽的炭棒是干电池的正极。用导线把用电器连接到电源的两极间,电流从电源的正极流出,通过导线和用电器,流回到电源的负极。

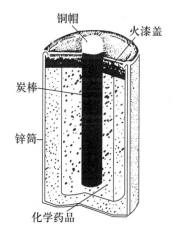

图 3-20　干电池

电源的两极间有电压,其大小可用电压表直接测量。例如各种干电池两极间的电压是 1.5 V,实验室中使用的铅蓄电池两极间的电压是 2 V。这表明,不同的电源,两极间的电压一般不同,它是由电源本身的性质决定的。为表征电源的这种性质,物理学中引入了电源电动势的概念,用符号 E 来表示,单位与电压的单位相同。电源电动势的大小,等于电源没有接入电路时两极间的电压。

电源在电路中的作用类似水泵。水泵可以把水由低处抽到高处,在这一过程中将某种形式的能(如电动机消耗的电能或柴油机消耗的化学能)转化为水的势能。电源的作用则是不断地向两极输送正、负电荷,在两极间形成稳定的电压以维持电路中持续的电流。在这一过程中,电源将其他形式的能(如机械能、化学能)转化为电能,所以,电源是一种能源装置。按照转化为电能方式的不同,可将电源分成不同的类型。如干电池是把化学能转化为电能,发电机是把机械能转化为电能,而太阳能硅电池则是把太阳能转化为电能。

2. 内电路和外电路

全电路由两部分组成:一部分是电源外部的电路,叫作外电路;另一部分是电源内部的电路,叫作内电路;电源的两极,既是外电路的两个端点,又是内电路和外电路的交接点,如图 3-21 所示。

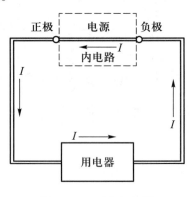

图 3-21　闭合电路

在电池的两极之间,用导线连接一个阻值较小的电阻,经过一段时间后,我们会发现电路上的导线、电阻及电池都会变热。导线和电阻变热,说明电流通过外电路做功,在外电路上把电能转化为内能。电池变热,说明电流通过电池内部电路时也做功,在内电路上把电能转化为热力学能。在外电路上,电流是从电源的正极经过用电器流向电源的负极;在内电路上电流的方向是从电源的负极经过内电路流向正极,形成闭合电路。

有电流通过内、外电路,内、外电路上必定都存在电压。外电路两端的电压叫作"端电压",内电路两端的电压叫作"内电压"。内电路中也有电阻,叫作电源的内阻,用 R_i 表示。通过实验可以证明,电源电动势与内、外电路上电压的关系可以用如下的公式表示:

$$E = U_外 + U_内$$

3. 全电路欧姆定律

设电路中的电流为 I,外电阻为 R,内电阻为 R_i,由欧姆定律可知,$U_外 = IR$,$U_内 = IR_i$,代入上式,有

$$E = IR + IR_i$$

经整理后有

$$I = \frac{E}{R + R_i}$$

上式表明:电路中的电流,跟电源电动势成正比,跟整个电路的电阻成反比。这就是全电路欧姆定律。

4. 外电压跟负载的关系

对于外电路,有 $U = E - U' = E - IR_i$。式中 E 和 R_i 对于给定的电源是一定的,当电流 I 增大时,电源的内电压 $U' = IR_i$ 也增大,导致外电压减小。反之,当电路 I 减小时,电源的内电压也减小,使外电压增大。这表明外电压随电流的变化而变化。

根据全电路欧姆定律,当外电路的电阻 R 变化时,电路中的电流随之改变。所以,外电压也随着外电阻变化而变化。这当中有两种特殊情况:① 在外电路断开(开路状态)时,外电阻可以看作无限大,电流 $I = 0$。由 $U = E - IR_i$ 可知,外电压等于电源电动势,这就是可以用电压表直接测量电源电动势的道理。这时的外电压也叫作开路电压。② 在外电路短路时,外电阻近似为零,外电压为零,内电压近似等于电源电动势。由于内阻很小,会在电路中产生很大的电流,放出很大的热量,有烧坏电源的危险。

5. 电池组

前面讲过,用电器要在额定电压和额定电流下才能正常工作。实际上,用电器的额定电压往往高于电池的电动势,额定电流也往往大于电池允许通过的最大电流。在这种情况下,需要把几个电池连接起来形成电池组,以达到提高供电电压和增大输出电流的目的,如汽车发动机启动和照明用的电源、火车上照明用的电源都是用相同的铅蓄电池组成的电池组。电池组分串联电池组、并联电池组和混联电池组,电池组一般都用相同的电池组成。

所谓串联电池组,是把第一个电池的负极和第二个电池的正极相连接,再把第二个电池的负极和第三个电池的正极相连接,依次连接后,第一个电池的正极和最后一个电池的负极就是该串联电池组的正极和负极。如果串联电池组有 n 个电池,每个电池的电动势都是 E,每个电池的内阻都是 R_i,则有 $E_串=nE$,是整个电池组的电动势。由于电池的内阻也组成串联电阻,串联电池组的内阻为 $R_{i串}=nR_i$。这表明,串联电池组的电动势等于各个电池电动势之和,串联电池组的内阻等于各个电池内阻之和。

如果把电动势相同的电池,正极和正极相连接,负极和负极相连接,就构成并联电池组,则连在一起的正极和负极分别是并联电池组的正极和负极。如果并联电池组有 n 个电池,每个电池的电动势都是 E,内阻都是 R_i,则有 $E_并=E$,$R_{i并}=\dfrac{R_i}{n}$。这表明,由 n 个电动势和内阻都相同的电池组成并联电池组,它的电动势等于一个电池的电动势,它的内阻等于一个电池的内阻的 n 分之一。并联电池组的电动势虽然不高于单个电池的电动势,但整个电池组通过的电流是每个电池通过的电流之和,这样可供额定电流较大的用电器使用;而串联电池组的电动势比单个电池的电动势高,这样可供额定电压高于单个电池电动势的用电器使用。

(三)解释问题

现在我们就可以回答前面所提出的问题了。电路中持续不断的电流是由电源提供的,电源是一种把其他形式的能转化为电能的装置。它的作用是维持外电路的端电压,从而使电路获得稳定的电流。

用电器的额定电压往往高于干电池的电动势,因此需要将几节干电池串联起来组成电池组以提高电动势。如手电筒的小灯泡额定电压为 3 V,需要两节干电池串联;有的收音机需使用 4 节干电池串联,这是因为它的供电电压需要 6 V。

(四)趣味探索

小实验

利用旧干电池做电源

取一节旧的一号干电池,把锌皮筒的底部剪掉、掏空,保留上端的绝缘固定物。在锌皮和碳棒上各连一根导线,把它插入盐或碱的水溶液中,用电压表测量两根引线间的电压。再将一额定电压为 1.2 V 的小灯泡连接到两根引线上,小灯泡就会亮起来。

小制作

自制小电池

图 3-22　自制小电池

取铜片和锌片各 4~5 片,盐水、吸水纸若干。先把吸水纸吸满盐水,在铜片上放一片盐水纸,然后放一片锌片,在锌片上放第二片铜片,铜片上面再放一片盐水纸,然后放上第二片锌片……这样依次把铜片、盐水纸、锌片放好。由于化学作用,产生电动势,一个简单的电池便形成了,它的两端就是电池的两极,如图 3-22 所示。取两段漆包线,把两端的漆刮掉,露出铜线,把它们的一端分别接在自制电池的两极上,另一端分别接在手电筒小灯泡的螺口和底部,小灯泡会发出光来。要求每位学生自己动手做一个。

✗ 练习与思考

1. 电源的电动势等于电源没有接入电路时_____的电压,电源的作用是把其他形式的能转化为_____。

2. 电源内部的电阻叫作_____,加在内电路两端的电压叫作_____。

3. 某种电池的电动势为 1.5 V,内阻 0.12 Ω。取 3 个这样的电池串联组成电池组,该电池组的电动势和内阻是(　　)。

A. 1.5 V,0.12 Ω　　　　　　B. 1.5 V,0.04 Ω

C. 4.5 V,0.36 Ω　　　　　　D. 4.5 V,0.12 Ω

4. 某收音机电源的直流电压是 6 V,如果用 1 号干电池作电源,需用_____节,采用_____方式连接。

六、安全用电

(一) 提出问题

电对人类贡献很大,可是,如果使用不当,有时也会造成人身伤亡事故,使设备受到损坏。生活中会碰到这种情况:当人体接触到带电体时,只是有麻的感觉,并不会引起人身伤亡;可有时人体未接触到带电体,离带电体还有一定距离时,就会造成人身伤亡事故;小鸟在电线上随意跳来跳去,却不会触电,这些现象如何解释呢?

(二) 基本知识

由于人体是导体,触电时就有电流通过人体。如果通过人体的电流较小,不会发生什么意外;如果通过人体的电流很大,则会发生触电事故,甚至有生命危险。当你用两手分别触摸一节干电池的正、负极时,有电流通过人体,可是你并没有不舒服的感觉,其原因是电流非常弱。1 mA 左右的电流通过人体会引起麻的感觉,10 mA 左右的电流通过人体时,人可以自己摆脱电流而不致造成事故,但是接触超过 30 mA 电流时就会有伤亡的危险,如果电流达到 100 mA 时,只要很短时间就会使人停止呼吸,停止心跳。电流越强,从触电到伤亡的时间就越短。实践证明,通过人体的电流取决于外加电压和人体的电阻,在电压为 36 V 以下时可以安全用电生产,这个电压称为安全电压。所以,工厂中机床上的照明、常需移动的手持电器、矿井内的照明灯具等都采用 36 V 以下的电压。此外电流对人体的作用还和人体触电部位有很大关系,当右手和左脚触电时特别危险,因为这时通过心脏的电流大约是通过人体器官总电流的 6.7%。

实际上人体的电阻也不是固定的,一般在 600~100 000 Ω 之间。使人体电阻发生改变的原因很多,主要由健康状况、神经系统、心理状态、衣服、鞋子以及皮肤的干燥程度等因素决定。

照明电路的电压是 220 V,而动力电路的电压是 380 V,这些虽属低压线路,但仍比安全电压高很多,可以发生触电的伤亡事故。而高压线路的电压可达几千伏、几百千伏,这更远远地超过安全电压,很容易发生触电的重大伤亡事故。

根据接触的导线数目不同,触电种类可以分为单线触电和两线触电。引起照明电路的触电事故,主要是人体直接或间接跟火线接触而造成的。照明电路有两根线,它们之间电压为 220 V,其中一根叫零线,俗称地线,一般和地之间无电压;另一根叫相线,俗称火线,和地之间的电压为 220 V。怎样判定照明电路中哪根导线是相线呢?我们可以用测电笔去测相线和零线,能使测电笔发亮光的线为相线,另一根就一定是零线了。如果站在地上的人触到相线,或者站在绝缘体上同时触到两根电线,就一定有电流通过人体,会造成触电事故。

对于高压线路和设备,当人体靠近高压带电体一定距离时就会发生触电事故。如果高压输电线路落到地面上,当人们走近断头时,两脚站在离落地高压电线远近不同的位置上,两脚之间就存在电压,有电流通过人体,造成触电,这种触电叫作跨步电压触电。因此,当高压电线落在地上时,一定不要靠近,更不能用手去拾。

发生触电时会造成伤亡事故,但也不要过于害怕,下面介绍一些避免触电事故发生的有效办法:

(1) 不接触低压带电体,不靠近高压带电体。

(2) 应特别注意,原来是绝缘的物体带电后会变成导体的现象。

(3) 平时要注意保持绝缘部分绝对干燥和不破损,好的绝缘体潮湿后也会漏电,所以要经常保持电气设备干燥。由于水能导电,这样就不能用湿手去扳开关,不能用湿抹布去擦电灯泡,更不能在电线上晾衣服等。

（4）防止带电体同其他金属接触。由于架空输电线一般都是裸线,这就要求电话线、有线广播线、收音机和电视机的天线,晾衣服的金属线等都要远离架空电线。室内的电线虽然有绝缘皮,但也一定要和金属物隔开,绝对不能连在一起。

（5）经常检查,及时维修电气设备。由于电气设备用久了,绝缘部分会老化,难免破损,这就要求应经常检查,发现问题要及时处理、尽快解决。

（6）应该有目的地学习和掌握安全用电知识,尤其学习发生触电时的抢救措施。

当人体发生触电时,首先应尽快拉断开关或用干燥木棍、竹竿等绝缘物体将电线挑开,值得注意的问题是,绝对不能空手去拉触电人体或电线。当迅速使触电人脱离电源后,应立即用人工呼吸法进行现场抢救。如果发生火灾,同样要首先拉断开关、切断电源,一定不能在带电时用水去救火,要用撒沙子等办法去灭火。

安全用电的另一个问题是避免短路和用电器功率过大。根据全电路欧姆定律,发生短路时电源内电压等于电源电动势,会产生很大的电流,放出很大的热量而引起电源起火。同样,当电路中用电器的总功率过大时,也会导致干路中的电流过大而引起火灾。

避免电流超过电线规定承受的电流值而引起火灾的最好办法,是在电流值增大到一定程度以前能自动切断电路,一般用串联在电路里的保险丝来实现。家庭照明电路里的保险丝是由电阻率比较大而且熔点较低的铅锌合金制成的。不同材料、不同粗细的保险丝的额定电流是不相等的,这就要按实际条件选择相应的保险丝。千万不能用铜丝、铁丝等金属丝去代替保险丝使用,这样做是不能起到保险作用的,容易损坏用电器,甚至会发生火灾而造成更大的损失。

（三）解释问题

前面已经讲过,通过人体的电流只要不超过 30 mA,电压不超过 36 V 时,不至于造成伤亡事故,或者人体触到照明电路的地线也不至于发生触电伤亡事故。小鸟站在一根电线上,没有形成回路,不会有电流通过小鸟,因此小鸟不会发生触电现象,也不会造成伤亡。因此,小鸟在电线上可以随意地跳来跳去,非常快活。

✕ 练习与思考

1. 某同学用测电笔测试照明电路,结果两根线都发光,你能解释是什么原因吗?

2. 要求照明电灯的灯头螺丝扣和照明电路的地线相接,比较安全,这是为什么?

3. 使用年久的电线,如果人们用手去摸,容易发生触电现象,为什么?

4. 有位同学见家门前照明电路的两条电线因下雨刮大风而搭在一起，便顺手从外面拾起一根木棒去拨电线，结果触电倒在地上，由于及时抢救脱离了危险。该同学为什么会发生触电现象？

七、磁　场

（一）提出问题

你玩过"吸铁石"吗？用一块"吸铁石"可以很快地将散落在地面上的大头针收集起来。你知道通电的线圈也具有"吸铁石"的本领吗？大型电磁起重机（图3-23）一次就可以吊起上百吨的铁块，可电磁铁在不通电时却没有磁性。"吸铁石"和通电线圈是怎样对铁块等物体施加力的作用的呢？

（二）基本知识

1. 磁场　磁感线

使两个磁铁的磁极相互接近时，它们之间会发生相互作用，其规律是：同名磁极相互排斥，异名磁极相互吸引。现代的磁悬浮列

图 3-23　电磁起重机上的电磁铁

车就是根据同名磁极相互排斥的原理，将车身托起，避免了车轮与轨道之间的撞击，并使摩擦阻力大为减小。

同电荷之间的相互作用是通过电场来实现的一样，实验证明，磁体之间的相互作用是通过磁场实现的。磁场也是一种特殊物质，只要有磁体存在，磁极就会在其所处的空间激发磁场。磁场的基本性质是对处于磁场中的磁体有力的作用。

磁场和电场一样，也有方向。物理学中规定：在磁场中的任何一点，小磁针静止时北极所指的方向，就是该点磁场的方向。

在研究电场时，曾引入电场线来形象地描述电场。同样，在研究磁场时，也可用一些假想的线——磁感线来形象地描述磁场。

磁感线是描述磁场分布情况的闭合曲线。磁体的北极用 N 极表示，南极用 S 极表示。在磁体外部，磁感线由 N 极出来，进入 S 极；在磁体内部，磁感线由 S 极通向 N 极。在这些曲线上每一点切线的方向与该点的磁场方向一致，如图 3-24 所示。

磁感线不仅可以表示磁场的方向，还可以通过磁感线分布的疏密来反映各处磁场的强弱。磁感线密集的地方磁场强，磁感线稀疏的地方磁场弱。图 3-25 给出了条形磁铁和蹄形磁铁的

磁感线分布情况。在磁极附近磁感线最密集,所以磁极附近的磁场较强。

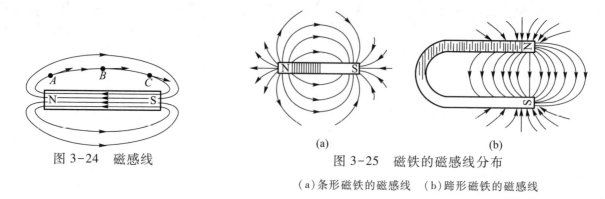

图 3-24　磁感线

图 3-25　磁铁的磁感线分布

(a)条形磁铁的磁感线　(b)蹄形磁铁的磁感线

2. 电流的磁场　安培定则

不光是磁铁的磁极周围存在磁场,而且电流的周围也存在磁场。这是由丹麦物理学家奥斯特在 1819 年通过实验发现的。他的实验装置如图 3-26 所示。小磁针用支架支撑后可在水平面内自由转动。如果周围没有其他磁性物质,小磁针仅仅受到地磁场的作用,一端指北,一端指南。若在小磁针附近放置一根通有电流的直导线,小磁针将不再指向南北,而发生偏转,最后达到一个新的平衡位置。这一实验说明,电流对磁极有作用力,所以电流能够激发磁场。奥斯特发现电流磁现象的意义,在于第一次把电和磁的研究联系起来,形成了统一的电磁学。

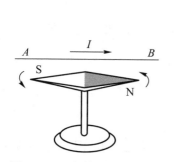

图 3-26　电流磁现象实验

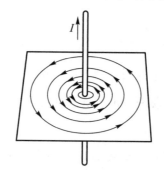

图 3-27　直线电流磁场的磁感线

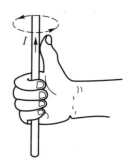

图 3-28　安培定则

图 3-27 所示是通电直导线磁场的磁感线分布情况,它们是一些以导线上各点为圆心的同心圆,而且这些同心圆都在跟导线垂直的平面上;同时我们还发现,如果改变电流的方向,各点的磁场方向都变成相反的方向,则磁感线的方向也随着改变。通电直导线的磁感线方向跟它的电流方向之间的关系可用右手螺旋定则来判定:用右手握住导线,让伸直的大拇指的方向跟电流方向一致,则弯曲的四指所指的方向就是磁感线的环绕方向,如图 3-28 所示。

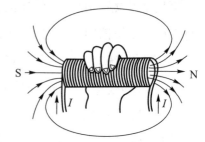

图 3-29　通电螺线管的磁场

通电螺线管的磁场如图 3-29 所示,螺线管通电后表现的磁感线分布形状如同条形磁铁磁场的磁感线分布形状,螺线管一端相当于 N 极,另一端相当于

S 极。实验证明,如果改变电流的方向,磁场的磁感线方向也随着改变,N 极、S 极相互对调。通电螺线管外部的磁感线方向和条形磁铁外部的磁感线方向相似,也是从 N 极出来进入 S 极的,而内部的磁感线跟螺线管的轴线平行,从 S 极指向 N 极,并同外部磁感线相连接,形成一些闭合曲线。在这里也是用安培定则来判定通电螺线管的电流方向跟它的磁感线方向之间的关系:用右手握住螺线管,让弯曲的四指所指的方向跟电流方向一致,则大拇指所指的方向就是螺线管内部磁感线的方向,即大拇指指向通电螺线管的 N 极。

3. 磁化

我们已经知道,磁体之间可以通过磁场产生相互作用。那么,原来不带磁性的小铁棒为什么会被磁体吸引呢? 这是因为磁体可以使铁棒这类物体磁化而变成磁体。实验表明,如果以条形磁体的 N 极靠近小铁棒的上端,则小铁棒的上端就出现 S 极、下端就出现 N 极而成为磁体,如图 3-30 所示。这种使原来没有磁性的物体获得磁性的过程叫作磁化。磁体所以能吸引铁屑,也是先将铁屑磁化成为一根根小磁针,然后将它们吸引起来。对于不能被磁化的材料,磁体就不能吸引它们。

有些材料,如软铁,很容易被磁化,但磁化后磁性很容易消失;另一些材料,如钢,不容易被磁化,但一经磁化,磁性就能长期保存。所以,软铁常被用来制作电磁铁,钢则被用来制作永久磁铁。

图 3-30　磁化　　　　　　　　图 3-31　大头针磁化

(三) 解释问题

通过上面的学习我们了解到:磁体之间通过磁场进行相互作用,异名磁极相互吸引,同名磁极相互排斥。当"吸铁石"靠近大头针时,大头针先是被磁化成一个个小磁体,然后就相互吸引起来,如图 3-31 所示。电磁铁是在软铁心上绕制线圈构成,通电后线圈中电流的磁场使软铁心磁化而形成磁极。由于软铁材料保持磁性的能力较弱,线圈不通电时,铁心的磁性也随之消失。

（四）趣味探索

小实验

把漆包线在一根圆塑料管上直绕适当圈数,然后抽掉塑料管,这就形成一个小螺旋管,把螺旋管两端接入干电池,用指南针(或小磁针)放在螺旋管内外不同位置,观察指南针方向,从而验证螺旋管的磁感线方向。

小制作

1. 自制指南针

材料有硬纸板、大头针、按扣、缝衣针。如图3-32所示,首先把大头针从下往上插在硬纸板上,形成底座和立柱;接着用磁铁的一端在缝衣针上朝一个方向擦几下,缝衣针就有了磁性;第三把按扣(带凸起的)用钳子夹一下,把缝衣针穿在按扣上,并把它放在立柱上,调整一

图3-32   自制指南针

下,当指南针静止时,记住针的哪一端指北。这样,一个简单易做又别致的指南针就制成了。要求每个同学都动手制作一个。

2. 自制电磁铁

材料有大铁钉和漆包线。把漆包线密绕在大铁钉上制成含铁心线圈,漆包线的两端用导线串联在干电池和开关的电路上。接通、断开电路,观察电磁铁在通电和断电时吸引大头针的情况。

3. 自制"猫捉老鼠"

如图3-33所示,在纸板上先画好一只猫头,然后用剪刀剪下,贴在磁铁上;取一张长条纸板,对折后画只老鼠,然后把老鼠剪下,在老鼠的两耳插上两只回形针,两条尾巴对合,粘成一条;用纸板卷个圆筒,把老鼠放在圆筒内,用带猫头的磁铁去靠近老鼠,发现老鼠被猫捉出来了。

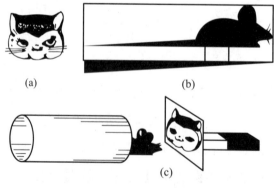

(a)   (b)

(c)

图3-33   自制"猫捉老鼠"

练习与思考

1. 由磁感线分布情况可知,磁感线是从磁体的_____出来,进入磁体的_____,在磁极附近磁感线_____,所以磁极附近磁场_____。

2. 关于磁感线的方向,下列说法正确的是(　　)。

A. 是小磁针S极转动的方向

B. 是小磁针N极转动的方向

C. 是小磁针静止时S极所指的方向

D. 是小磁针静止时N极所指的方向

3. 可以自由转动的小磁针,静止时总是一端指南、一端指北,为什么?

4. 如图3-34所示,当电流通过线圈时,磁针的南极指向读者,试判断线圈中电流的方向。

5. 如图3-35所示,小磁针已处于静止状态,判断电源的正极和负极。

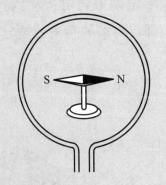

图3-34　判断线圈中电流的方向

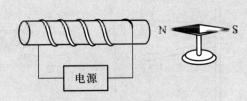

图3-35　判断电源正负极

八、安　培　力

(一) 提出问题

奥斯特的实验已经证明,电流能够激发磁场。那么,磁场对电流是否有力的作用呢? 电动玩具、电动剃须刀中都装有一个小的直流电动机,你知道直流电动机是怎样工作的吗?

(二) 基本知识

1. 磁场对电流的作用

磁场的基本性质是对处于磁场中的磁体有力的作用,磁极之间的相互作用就是通过磁场

实现的,即:

类似地,电流可以激发磁场,磁场对电流也一定存在作用力,即:

在磁场对电流作用的研究中,法国物理学家安培(1775—1836)做出了杰出的贡献。为了纪念他,人们把磁场对电流的作用力通常称为"安培力"。通过图 3-36 所示的实验可以证明安培力的存在。图中以细线悬挂的直导线与磁场方向垂直,受到磁场力的作用时可以摆动,摆角的大小反映了直导线受磁场力的大小。实验中,改变电流的大小和直导线的长度,都会使直导线摆角大小随之变化。改变直导线中电流的方向或改变磁极的方向,直导线的摆动方向相应改变。实验证明,垂直于磁场方向的通电直导线,受到磁场作用力的大小跟导线中的电流、导线的长度成正比。

安培力不仅有大小而且有方向,安培力的方向可用左手定则来判定:在磁场中平摊开左手,拇指与其余四指垂直,手心面向 N 极,让四指指向电流方向,拇指的指向就是导体受力的方向。如图 3-37 所示。

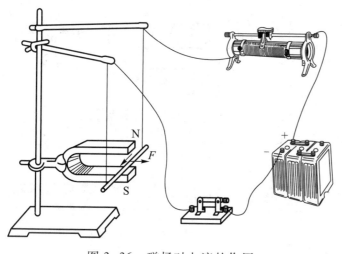

图 3-36　磁场对电流的作用

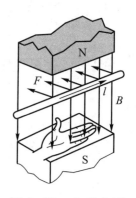

图 3-37　左手定则

2. 直流电动机的工作原理

通电直导线在磁场中受力运动,在这一过程中电能转化为直导线的机械能。图 3-38 表示一个放在磁场中的矩形通电线圈,图中 c、d 边与磁感线平行,不受磁场的作用。根据左手定则,在磁场力的作用下,a、b 两边的运动方向相反。a 边转向纸面内,b 边转向纸面外。线圈在磁场中转过 90°位置后,a、b 边受力在同一直线上,线圈就会在这一位置停止,这个位置叫作平衡位置。

　　为使线圈能够连续转动,必须在线圈刚转过平衡位置的瞬间,立刻改变线圈中电流的方向。能够起这个作用的装置叫作换向器,如图 3-39 所示。

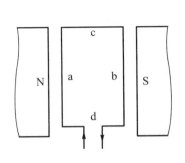

图 3-38　磁感线圈旋转

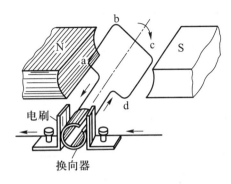

图 3-39　直流电动机的工作原理

　　图 3-39 是直流电动机工作原理的模型。转动部分叫转子,由电枢绕组(线圈)、换向器(两个铜半环)和转轴组成。固定部分叫定子,主要是磁极。装在底座上的两个电刷跟换向器保持接触,使电流由直流电源经电刷、换向器流入线圈,使线圈 ab 边和 cd 边受到一个转动力矩,从而使线圈沿顺时针方向转动起来。但是应特别注意的是线圈平面处在跟磁力线平面垂直的时候,ab 边和 cd 边所受力的作用线都通过转轴,这时两边受力大小相等、方向相反,使线圈处在平衡位置。由于线圈靠惯性保持继续沿着顺时针方向转动,这样就必须设法使线圈一转动到平衡位置时就能自动地改变线圈里的电流方向,这一工作可以由换向器来完成。改变 ab 边和 cd 边中的电流方向,即可以改变它们的受力方向,进而保证线圈能继续沿着顺时针方向转动下去。

　　要想使直流电动机能带动工作机平稳地运转,需要线圈有许多匝,并均匀地绕在圆柱形铁心的槽里。换向器由互相绝缘的许多铜片组成,定子的磁场由电磁铁产生,使电动机产生很大的转动力矩,发出很大的功率。直流电动机的优点很多,如启动和停止都比较方便灵活、构造简单、制造容易、占地面积小、效率较高,因此,广泛应用在电车、电力机车、轧钢机等方面。

(三)解释问题

　　磁体之间通过磁场发生相互作用,用类比的方法可以推论:电流与磁体之间必然存在相互作用,这一推论已经得到实验的证实。将通电线圈放在磁场中,线圈会在磁场力矩作用下转动,这就是直流电动机的工作原理。

(四)趣味探索

小实验

1. 观察灯丝的颤动

用一块蹄形磁铁逐渐接近正通电发光的白炽灯泡,如图 3-40 所示,你会发现灯丝会发生强

烈的颤动。你能用学到的知识解释这种现象吗？在实验过程中不要使磁
铁太靠近灯泡，以免损坏灯丝。(提示：灯丝中通过的是 50 Hz 的交流电)

2. 观察缝衣针磁性的消失

取一根缝衣针和几枚大头针。用缝衣针去接近大头针时，大头
针不被吸引，缝衣针不具有磁性。用磁铁的一极沿同一方向摩擦缝
衣针十几次后(不要来回摩擦)，缝衣针能够吸起几枚大头针，表明缝
衣针被磁化。

用钳子夹住缝衣针，划一根火柴对其加热几秒钟后，再次让它靠
近大头针，大头针又不被缝衣针吸引，缝衣针又回到不具有磁性的状
态。请你查阅有关资料，为这一现象做出合理的解释。

图 3-40   颤动的灯丝

练习与思考

1. 垂直于磁场方向的通电直导线，受到磁场作用力的大小跟通电电流的大小成
_____比，跟导线的_____成正比。

2. 垂直于磁场方向的通电直导线受磁场力的方向跟_____方向垂直，跟导体中电
流的方向_____。

3. 在磁场中有一通电导体，磁场方向垂直纸面向里，电流方向如图 3-41 所示，关于该通
电导体受磁场力情况的说法中正确的是(　　　)。

A. 不受磁场力

B. 受磁场力，方向垂直导体向左

C. 受磁场力，方向垂直导体向右

D. 条件不足，无法判断

4. 图 3-42 中是放置在磁场中的通电直导线。图中只标出了电流方向、磁场方向和导线
受力方向中的两个，试标出另外一个的方向。

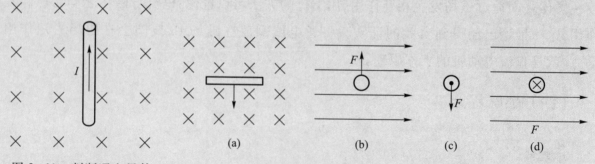

图 3-41   判断通电导体
　　　受磁场力的情况

图 3-42   试标出另一个物理量方向

九、电磁感应

（一）提出问题

我们生活中使用的电,大部分是来自于发电厂的交流电。跟直流电相比,交流电有许多优点,它能提供较大的功率,电压容易改变,便于远距离输送,它使人类进入了电气化时代。那么,交流电是怎样产生的呢?

（二）基本知识

1. 电磁感应

电流可以激发磁场,那么磁场能不能激发电流呢? 在奥斯特发现了"电生磁"现象后的几年时间里,许多物理学家根据对称性原理推测,磁场也应该能引起电流,并进行了大量的研究探索。1831 年,英国科学家法拉第通过大量的实验发现:在一定的条件下,磁场可以引起导体中的电流,这就是电磁感应现象,所引起的电流叫作感应电流。

按图 3-43(a)所示,将线圈和电流表连接成闭合回路。在磁铁插入线圈和从线圈中拔出的瞬间,电流表的指针发生偏转,表明线圈中有感应电流产生;磁铁静止于线圈外部和线圈内部时,电流表指针不偏转,说明线圈中没有感应电流。

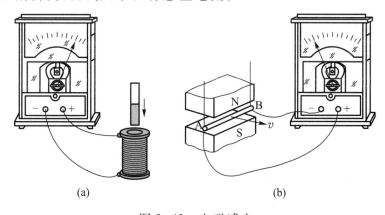

(a)　　　　　　　　　　　　(b)

图 3-43　电磁感应

利用图 3-43(b)所示的实验也可以观察到电磁感应现象。把与磁感线方向垂直的导体 AB 两端与电流表连接,组成闭合回路。当导体在磁场中向左或向右做切割磁感线运动时,电流表的指针发生偏转,表明回路中有感应电流流过。

感应电流的方向可以用右手定则来判定:在磁场中平摊右手,使拇指跟其余四指垂直,让磁感线穿过掌心,拇指指向导体运动方向,那么其余四指的指向就是感应电流的方向,如图 3-44所示。

2. 交流电的产生

图 3-45 是交流发电机的模型,小灯泡和电流表串联在模型发电机的两端。转动发电机的手柄,处在磁极之间的线圈随之转动。我们可以看到:小灯泡会一闪一闪地发光,同时电流表的指针会时而向左、时而向右地来回摆动。这说明,发电机产生了电流,电流的大小和方向在不断地变化,这种大小和方向不断变化的电流叫作交流电。

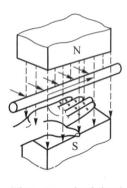

图 3-44   右手定则

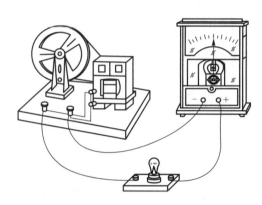

图 3-45   交流电的产生

图 3-46 表示交流发电机的工作原理图,N 和 S 是磁体的两极,矩形线圈 abcd 可绕 *OO′* 转动。当线圈沿着逆时针方向转动到图 3-46(a)所示位置时,ab 边向下运动,cd 边向上运动,产生感应电流的方向如图中所示。线圈转过半周,当线圈平面转到图 3-46(b)所示位置时,ab 边变为向上运动,cd 边向下运动,这时产生感应电流的方向发生了改变。当线圈平面转到跟磁感线垂直的位置时,ab 边和 cd 边的速度方向跟磁感线平行,都不切割磁感线,因而没有感应电流产生,我们把跟磁感线垂直的这个平面叫作中性面。

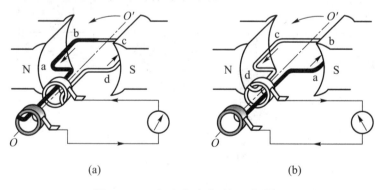

图 3-46   交流发电机的工作原理

从上面分析可以知道,线圈平面每经过中性面一次,感应电流的方向就改变一次。因此,线圈转动一周,感应电流的方向就改变两次。

3. 交流发电机

发电厂里交流发电机的构造比图 3-45 所示复杂得多,但是基本组成部分也是产生感应电动势的线圈(通常叫电枢)和产生磁场的磁极。电枢转动、磁极不动的发电机,叫作旋转电枢式发电机。如果磁极转动,电枢不动,线圈依然切割磁感线,电枢同样会产生感应电动势,这种发电机叫作旋转磁极式发电机。不论哪种发电机,转动的部分都叫转子,不动的部分都叫定子。

旋转电枢式发电机,转子产生的电流必须经过裸露的滑环和电刷引到外电路,如果电压很高,就容易发生火花放电,滑环和电刷很快会被烧坏。同时,转动的电枢不能太大,线圈匝数不能很多,产生的感应电动势也不能很高。这种发电机产生的电压一般不超过 500 V。旋转磁极式发电机克服了上述缺点,能够产生几千伏到几万伏的电压,输出功率可过几百兆瓦。所以大多数发电机都是旋转磁极式的。发电机的转子是由蒸汽轮机、水轮机或其他动力机带动的。动力机将机械能传递给发电机,发电机将得到的机械能转化为电能输送给外电路。

（三）解释问题

你大概会注意到物理学中的一个有趣的现象,就是许多物理概念和物理规律都是成对出现的。例如运动和静止、作用力和反作用力、液化和汽化、电场和磁场等,这充分体现了物理学的对称之美。对称性曾引导物理学家发现了许多新的物理规律,电磁感应规律的发现就是一个很好的例子。由电流的磁现象和电磁感应现象我们可得到这样的事实:运动的电荷(电流)产生磁场,而运动的磁场产生运动的电荷(电流),即电和磁在本质上是统一的。法拉第的发现开始了人类利用电的历史,发电机就是根据电磁感应的原理工作的。

（四）趣味探索

小实验

观察电磁感应现象

前面我们已经介绍了两种电磁感应现象,现在来观察一个通电线圈在另一线圈中引起感应电流的实验。如图 3-47 所示,在铅笔刀或大铁钉上用漆包线绕上两个线圈 A 和 B,线圈 A 两端和电池相接,线圈 B 两端接在一起,把 CD 段漆包线拉直放在静止的指南针的正上方,接通和断开线圈 A 的电源瞬间,指南针都会转动。你能解释这个实验现象吗?

小制作

按图 3-48 所示,将旧荧光灯启辉器的铝壳顶在针尖上,把针插在较大的软木塞上,让蹄形磁铁在它上面转动,小铝壳就会跟着旋转起来,这是为什么呢? 原来铝壳可以看成由许多闭合的回路组成,蹄形磁铁在它上面转动,产生的磁感线受到铝壳切割,则在铝壳回路中一定会产生感应电流。该电流同时也受到磁场力的作用,使它转动起来。这也是鼠笼式感应电动机的原理。

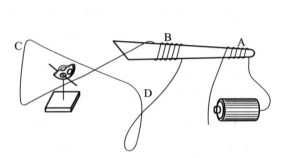

图 3-47　观察电磁感应现象　　　　图 3-48　铝壳回路中感应电流产生

练习与思考

1. 如图 3-49 所示,在通电直导线旁有一矩形线圈。如果线圈以导线为轴旋转时,线圈中是否有感应电流产生？为什么？如果矩形线圈向右(或向左)远离直导线而去时,又会出现什么现象？为什么？

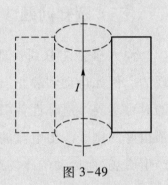

图 3-49

2. 如图 3-50 所示,在匀强磁场中有一个闭合的弹簧线圈,当人的双手离开后,线圈收缩,这时线圈中是否有感应电流产生？为什么？

3. 在图 3-51 所示的匀强磁场中,有一个线圈框,当线圈框在磁场中自下而上运动时,在线框中是否有感应电流产生？当线圈框在磁场中自左向右运动时,在线框中是否有感应电流产生？为什么？

4. 在图 3-46 中,线圈转动到什么位置时,线圈中的感应电流为零？什么位置时感应电流最大？为什么？

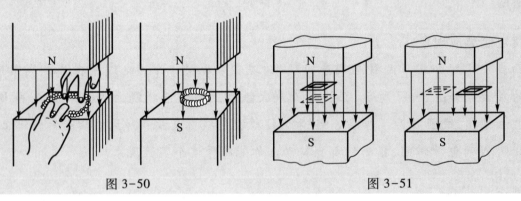

图 3-50　　　　　　　　　　图 3-51

十、电　磁　波

（一）提出问题

我们生活在电磁波的"海洋"中,无线电通信、无线电广播、电视广播、微波传送、卫星遥感

（有可见光、红外线等）、移动通信的信号都是由电磁波传送的。那么电磁波是怎样产生的呢？这个庞大的家族都有哪些成员呢？

（二）基本知识

1. 莱顿瓶实验

莱顿瓶是荷兰莱顿大学的几位科学家在 1745 年制造的,它由一只普通的玻璃圆筒制成,内壁和外壁都贴上一层银箔构成一个电容器。内层银箔和一根伸出瓶口外的带有金属球的金属棒相连接,莱顿瓶能聚集大量电荷。

取两个相同的莱顿瓶:一只莱顿瓶的外层银箔和一个带有金属球的矩形金属棒制成的框相连接;在另一只莱顿瓶的内、外层银箔上分别连接着两根金属棒,在两根金属棒之间接入一个可移动的带有氖管的金属棒。莱顿瓶是电容器,金属棒构成的矩形线框是电感器,它们实际上组成了 LC 振荡电路,如图 3-52 所示。

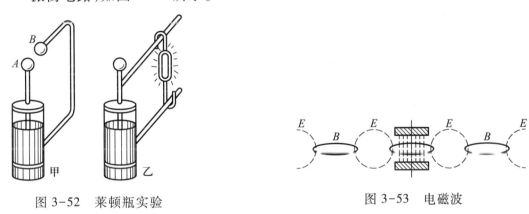

图 3-52　莱顿瓶实验　　　　　　　　　图 3-53　电磁波

首先让莱顿瓶甲充电,当两金属球之间的电压达到一定值时,金属球间开始放电,出现电火花,这时移动莱顿瓶乙矩形线框中的可移动的带有氖管的金属棒,当两个矩形线框的大小相同时,氖管发光。改变带氖管的莱顿瓶乙的位置,发现在周围距离不太远的各个位置上都能看到氖管发光。莱顿瓶乙氖管发光,它的能量显然是由莱顿瓶甲传播过来的,这种能量后来被证明就是电磁波。

2. 电磁场和电磁波

在电磁场理论的研究中,英国物理学家麦克斯韦在 19 世纪 60 年代指出:在变化的电场周围会产生磁场,在变化的磁场周围会产生电场。周期性变化的电场周围会激发周期性变化的磁场,而周期性变化的磁场周围又会激发周期性变化的电场。这样就形成了变化电场和变化磁场的不可分割的统一体,叫作电磁场。周期性变化的电场和周期性变化的磁场的交替产生,并从发生区域向周围空间传播,就形成电磁波,如图 3-53 所示。

麦克斯韦还在理论研究中发现,在真空中电磁波的传播速度跟光速相等,它的传播速度

$$c = 3.00 \times 10^8 \text{m/s}$$

1888年,德国物理学家赫兹在利用莱顿瓶做实验时发现了电磁波,并证实了电磁波的传播速度就是光速,使麦克斯韦的理论为实验所证实。

电磁波在形式上与机械波十分相似,同样可用频率、波长、波速、振幅等来描述,但在本质上完全不同。机械波只能在弹性介质中传播,而电磁波却能在真空中以光速 c 传播。电磁波在空气中的传播速度略小于 c,但一般仍可按 c 计算。在机械波通过的地方使介质中各点的位移在做周期性的变化;而在电磁波通过的地方,却使空间各点的电场强度 E 和磁感强度 B 做周期性的变化。

电磁波的波长、波速和频率同样存在着下列关系,即

$$\lambda = \frac{c}{f}$$

3. 电磁波谱

赫兹的实验,不仅证实了电磁波的存在,而且证明了电磁波与光波一样,能产生折射、反射、干涉、衍射和偏振等现象,进而证明了光波本质上也是电磁波。

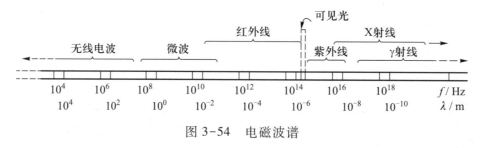

图 3-54   电磁波谱

自赫兹实验以来,人们又进行了许多实验,从而证明了不仅光波是电磁波,而且后来陆续发现的伦琴射线(X射线)、γ射线等也都是电磁波。所有这些电磁波在本质上完全相同,只是频率或波长有很大的差别。按照频率或波长的顺序把各种电磁波排列起来,就构成了电磁波谱。图3-54是按频率和真空中的波长两种标度绘制的电磁波谱,表3-1中列出了各种无线电波的范围和用途。现将各波段的电磁波简介如下:

(1)无线电波。无线电波是由电磁振荡电路通过天线发射的,波长可由几千米到几毫米。

(2)红外线。红外线的波长从7 600 Å(1 Å = 10^{-10} m)到十分之几毫米,在电磁波谱中位于可见光的红光部分之外,波长比红光更长,人的视觉不能感受到。红外线具有显著的热效应,能透过浓雾或较厚的气层。所谓热辐射,主要是指红外线辐射。红外线的发射和探测技术,在工业生产和军事上都有重要的用途。

(3)可见光。可见光的波谱很窄,波长在7 600 Å 到 4 000 Å 之间。在电磁波谱中,只有这部分能使人的眼睛产生光的感受,所以又叫光波。不同颜色的光,实际上是不同波长的电磁波。

表 3-1　各种无线电波的范围和用途

名称	长波	中波	中短波	短波	米波	微波		
						分米波	厘米波	毫米波
波长	30 000～ 3 000 m	3 000～ 200 m	200～ 50 m	50～ 10 m	10～ 1 m	1～ 10 cm	10～ 1 cm	1～ 0.1 cm
频率	10～ 100 kHz	100～ 1 500 kHz	1.5～ 6 MHz	6～ 30 MHz	30～ 300 MHz	300～ 3 000 MHz	3 000～ 30 000 MHz	30 000～ 300 000 MHz
主要用途	越洋长距离通讯和导航	无线电广播	电报通信	无线电广播、电报通讯	调频无线电广播、电视广播、无线电导航	电视、雷达、无线电导航及其他专门用途		

（4）紫外线。紫外线的波长从 4 000 Å 到 50 Å，位于可见光的紫光端之外，波长比紫光更短，人的视觉不能感受到。紫外线具有较强的生理作用，适当地照射紫外线，能促进身体健康，但过强的紫外线会伤害人的眼睛和皮肤。紫外线还具有较强的灭菌能力，医院里常用紫外线来对病房和手术室进行消毒。

（5）X 射线。X 射线是波长比紫外线更短的电磁波，其波长在 10^{-7} m 到 10^{-12} m 之间。X 射线可通过高速电子对金属靶的轰击装置（X 射线管）获得。X 射线具有很强的穿透能力，这一性质已广泛应用于医疗和许多部门。

（6）γ 射线。γ 射线的波长比 X 射线更短，能量比 X 射线更大，穿透本领也更强。γ 射线由放射性物质产生，是研究物质微观结构的有力武器。

（三）解释问题

现在我们已了解到，电磁波是电磁场在空间的周期性变化和传播。电磁波是一个庞大的家族，除无线电波外，还包括可见光、红外线、紫外线等其他成员。

✖ 练习与思考

1. 从地球向月球发射电磁波，经过 2.56 s 的时间才能在地球上接收到反射回来的电磁波，估算一下地球到月球的距离有多远。

2. 某人造地球卫星采用 20.009 MHz 和 19.995 MHz 的频率发送无线电信号，这两种频率的电磁波的波长各是多少？（光速为 $c=2.997\times10^8$ m/s）

十一、光 的 本 性

（一）提出问题

光到底是什么？这曾是一直困扰着人类的问题。经过对光漫长而艰难地探索之后，人们对光有了比较一致的认识，现在我们就一起学习一下光是什么，什么是光的本性。

（二）基本知识

人类来到这个世界上，一睁开眼睛就开始与光打交道，人类对外界的认识绝大部分都是通过视觉系统摄入信息的，对各种自然现象的观察分析研究都离不开光。那么光的本性到底是什么呢？今天我们就来回顾认识和探索光的曲折过程，体验先辈们在实践中探索和追求真理的艰难历程。

17 世纪，牛顿认为光是一股微粒流，并且是沿直线传播的。他以光的折射、反射定律为基础，研究光的直线传播和成像的规律。由于当时的实验条件有限，加之牛顿巨大的声望，人们普遍认可"光的微粒说"。可是到了 19 世纪初，人们观测到了许多光的干涉、衍射和偏振等波动现象，这些事实促使人们对光产生了新的认识。

1. 光的波动性

（1）光的干涉现象。1801 年，英国科学家托马斯·杨以极简单的装置和巧妙的构思，做成了光的干涉装置。如图 3-55 所示，把一支蜡烛放在一张开了一个小孔 a 的厚纸板 S1 前面，这样就形成了一个点光源。在 S1 后面再放一张厚纸板 S2，不同的是 S2 上开了两道平行的狭缝 b 和 c，从小孔 a 中射出的光穿过两道狭缝投到屏幕上，就会形成一系列明暗交替的条纹，这就是光的干涉条纹。实验中出现的干涉条纹是光的波动性强有力的证明。幼儿园小朋友喜欢吹的肥皂泡泡，在阳光下会呈现出彩色条纹，这是因为阳光在泡泡的薄膜上表面反射后得到的第一束光，折射光经薄膜下表面反射得到第二束光，这两束光在薄膜的同侧叠加，从而出现彩色条纹，这就是光的干涉现象。

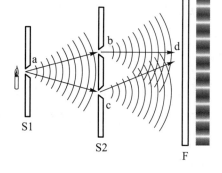

图 3-55　杨氏实验

在现代光学仪器中，为了减少入射光线能量在透镜等元件的玻璃表面上反射时所引起的损失，常在镜面镀一层厚度均匀的透明薄膜（常用氟化镁 MgF_2）。调整薄膜的厚度可使膜的两个表面上的反射光因发生干涉而抵消，于是这种单色光几乎完全不发生反射而透过薄膜，这种使透射光增强的薄膜就是增透膜。例如大多数照相机镜头上就镀有能使黄绿光（波长 $\lambda =$

550 nm)增透的膜,因此一般照相机的镜头呈现出蓝紫色(黄绿色的互补色)。

(2)光的衍射现象。在日常生活中,光的衍射现象不易为人们所察觉,而光的直线传播现象给人们留下了很深的印象。这是由于光的波长很短,通常光的衍射现象不明显。

在图 3-56 所示的实验中,S 为一单色光源,在遮光屏上开一个直径为十分之几毫米的小圆孔,则在观察屏上可观察到所形成的光斑比小圆孔大了许多,而且由明显的明暗相间的环组成。在相同的实验条件下,将遮光屏上的小圆孔换成狭缝再次进行实验。如图 3-57 所示,在遮光屏上开一个十分之几毫米的狭缝,则在观察屏上可观察到许多明暗相间的条纹,并且条纹的宽度比狭缝的宽度宽了许多。

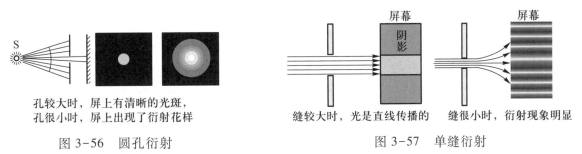

图 3-56　圆孔衍射　　　　　　　　　　　图 3-57　单缝衍射

上述实验说明,光能产生衍射现象,即光能绕过障碍物的边缘传播,而且在衍射后能形成明暗相间的衍射图样。

1815 年,天才的菲涅耳指出光的衍射现象再次为光的波动说提供了有力证据。他定量地计算了圆孔、圆盘等障碍物所产生的衍射花样,发现理论与实验完全符合。他指出,如果障碍物小到可以与光的波长比拟时,就必然产生衍射现象。巴黎大学的数学家和物理学家泊松看到菲涅耳的论文后,经过计算得出推论:如果菲涅耳的理论正确,则在屏后暗影中心应出现一个亮点。当他把这一结论告诉菲涅耳后,后者立即用实验证明了这一推论,史上将这个亮点称为泊松亮斑。

2. 光的粒子性

(1)光电效应。1890 年前后,科学家们开始注意到,当某种光照射在一块金属表面上时,光能够从金属表面打出电子,这就是光电效应(图 3-58)。光电池就是利用光电效应制成的。但是光的波动理论不能解释上述光电效应的实验规律。

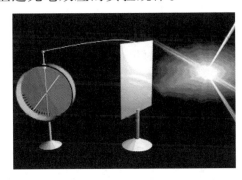

图 3-58　光电效应

正是因为光电效应的实验结果和光的波动说的基本概念之间存在着深刻的矛盾,爱因斯坦才在普朗克的量子理论的基础上提出了光子理论。光子理论可以成功地解释光电效应和其他一些实验结果。

(2)爱因斯坦的光子理论。爱因斯坦在普朗克能量子概念的基础上,在 1905 年指出,不应该将光的辐射能看作连续分布的,光被电子吸收时也是一份一份不连续地被吸收的。他对光的本性提出如下的新概念:光是一粒一粒的、以光速运动着的粒子流,这些光粒子最初被称为光子。每一光子的能量 $E=h\nu$,其中,h 为普朗克常量,ν 为光子的频率。所以不同频率的光子具有不同的能量,而光的强度则取决于单位时间内通过单位面积的光子数目。

按照爱因斯坦的光子理论,当光束照射在金属表面上时,光子一个一个地打在它的表面,金属中的电子要么就吸收一个光子,要么就完全不吸收。当电子吸收一个光子时,由能量守恒定律可得:电子获得的能量与光强无关,但与光子频率 ν 成正比。爱因斯坦用光子理论成功地解释了光电效应。

事物之间是相互联系的。对于光的本性问题,是否能找到一个把两种理论联系起来的理论呢?那就是光的波粒二象性。

(3)光的波粒二象性。光的干涉、衍射等实验证明了光具有波动性,而光电效应又证明了光具有粒子性。由此我们得到的关于光的本性的全面认识应该是:光具有波粒二象性,即光既具有波动性,又具有粒子性。光的波动性主要用光波的波长 λ 和频率 ν 描述,光的粒子性主要用光的质量 m、能量 E 和动量 p 描述。光的两重性质——波动性和粒子性通过 $E=h\nu$ 及 $p=\dfrac{h}{\lambda}$ 联系起来。大量光子运动表现为波动性,例如光的干涉和衍射现象;少量的光子表现出粒子性,例如光电效应。光在传播时显示波动性,而与物质发生作用时,往往显示粒子性。波长长频率小的光波动性显著,波长短频率大的光粒子性显著。

对光的本性的认识,虽然取得了如此成果,但还有待深入,并且光学的发展还没有停止。随着时代的发展与科技的进步,相信人类对于光的本性的认识会变得更加和谐统一。客观世界是无限的,时间是无限的,因此认识也是无限的。所以,我们相信光学还会有更大的发展前景。

(三)解释问题

光的本性是什么?那就是光的波粒二象性。光的干涉、衍射等实验证明了光具有波动性,同时,光电效应证明了光还具有粒子性,这两重性质是并存的。

✖ 练习与思考

1. 雨后公路上面的油膜为什么会出现彩色条纹?
2. 幼儿园小朋友吹的肥皂泡在阳光照耀下为什么会出现彩色条纹?
3. 举例说明光的粒子性。

幼儿园模拟实践

1. 秋天来了,小朋友们都穿上了毛衣裤。午睡时,小朋友们脱毛衣时发现了奇怪的现象。

"我脱毛衣的时候会'啪啪'响。"

"我的也会。"

"哪里的声音?衣服会发出声音吗?"

王老师听到了小朋友们的谈论,下午准备安排一节有趣的科学活动。

"小朋友们,老师会变魔术你们信不信?"

小朋友们瞪大了眼睛看着王老师。王老师拿出根塑料笔杆,说:"你们说塑料笔杆能吸引小纸屑吗?"

"不能。"

"确实不能。"王老师试验了一下说。

"我的头发有魔力,看好了啊!"王老师把笔杆在头发上摩擦了几下,再接近小纸屑时小朋友们都发现小纸屑被吸引起来了。

"哇!老师太厉害了!"

王老师又拿了一个塑料尺子,在丁丁头发上摩擦了几下同样也可以吸引起小纸屑。

小朋友们奇怪极了,问:"丁丁头发也有魔力吗?"

你能帮王老师解释一下这是为什么吗?

2. 电对我们是有利的,但是如果使用不当就会导致触电现象的发生。让小朋友们了解用电安全是非常必要的,因此王老师安排了一次安全用电的科学活动。

"小朋友们,你们知道家里的什么东西需要电吗?"

"电视机。"

"电脑。"

"洗衣机。"

"……"

"小朋友们在家里有没有自己开过电视机、电脑等电器啊?"

"有。"

"那你们有没有自己把插头插入插座呢?"

"妈妈不让,说很危险,会触电,但是什么是触电呢?触电了又会怎么样呢?"

你能给小朋友们讲一讲触电是怎么回事吗?当你发现有人触电后,应该如何急救?

拓展阅读

（一）法拉第的坚持

1822 年的一天,英国物理学家迈克尔·法拉第在实验室做实验。一个叫亨利的年轻人找来,想拜他为师。法拉第最终被年轻人的决心打动,让他留下来做助手。

法拉第拿起一个本子,指着一套装备告诉亨利:"我正在研究磁能否产生电,你以后每天给它通上电,然后看清磁针是否会转动,再把结果记录下来。"亨利照着做了半个月,可实验总是失败,他只能在本子上不停地写下"NO"。

一天,亨利不耐烦地对法拉第说:"这事没什么意义! 您让我做点别的吧!"法拉第摇摇头说:"这事很重要,做成了就是重大发现。"亨利又坚持了几天,最后还是溜走了。

法拉第一直坚持做实验,失败再重来。终于于 1831 年在一次实验中发现了电磁感应规律。

1835 年,法拉第被英国皇室授予爵士称号。一事无成的亨利又来求法拉第收留他。法拉第拒绝道:"这个称号本该属于你。当年我让你做的事,我坚持了 10 年,终于在电磁学方面有了重大发现。"说完,法拉第拿出一个厚厚的本子,那正是亨利当年用过的。亨利看到,在他记录的十几个"NO"后面,法拉第记下数千个"NO",最后才是个大大的"YES"。

法拉第说:"只有靠意志和坚持才能实现理想,这是我最宝贵的人生经验。"

引自网络

（二）认识光的艰难历程

联合国教科文组织将 2015 年定为"国际光年"。几千年来,人类一直在寻找光的本质。光究竟是什么,它是如何产生的,它的构成如何? 这些问题一直困扰着人们。古希腊哲学家就在思考"光的直进、折射和反射"等问题。我国古代《墨经》中也有不少关于光学现象的论述。科学家们争论了长达 300 多年的时间,这场富有戏剧性的学术大辩论,参与的人数之多,时间之久,即使在整个自然科学发展史上也是极为罕见的。而真正对光的本性进行科学探讨,是从 1600 年左右开始的,光学从几何光学、物理光学发展到量子光学的过程中,也极大地推动了物理学其他领域的发展。

在认识光的历程中先后出现过以下学说。

1. 微粒说:以牛顿为主的科学家主张的学说。牛顿认为,光是由无限多的微粒子组成的粒子流。主张微粒说的科学家主要依据的是光的直线传播的特性,利用微粒说可以很轻易地解释前期的光的反射定律,影子的形成以及光的色散等基本的自然现象,但是对于光的干涉实验等不能很好地给出具体的解释。

2. 波动说:以惠更斯为主的科学家主张的学说。根据光的波动说,可以很容易地解释光的独立传播的规律,也能很容易解释光的反射和折射等相关现象,但是针对光的色散等问题却不能给出相应的解释。

3. 电磁说:1860 年,光的波动说已经确立很久了。麦克斯韦在总结前人关于电磁学方面的研究成果的基础上,于 1861 年提出了光本身就是一种电磁扰动的看法。麦克斯韦的观点并没有削弱那时已经建立的波动说的重要地位,因为他提出的电磁扰动具备了波动说所有的标准特征。1865 年,麦克斯韦进一步指出光也是一种电磁波,从而产生了光的电磁理论。

4. 量子说:1905 年,年轻的物理学家爱因斯坦在普朗克能量量子化假设的启发下,提出了光子说,光子说认为光在空间行进不是连续的波,而是一个个光子,根据爱因斯坦的光电效应方程可以圆满地解释光电效应的实验结果,爱因斯坦就是因为发现了光电效应定律而荣获 1921 年度的诺贝尔物理学奖。

光的本性:光具有波粒二象性。经过几代人的努力,人们开始逐渐地认识到光既具有波动性又具有粒子性,即所谓光的波粒二象性。在不同的情况下,光主要表现出来的波动性或者粒子性有所不同,但是光在任何时刻都具有上述两种性质。历经三个世纪,人们对于光终于有了更深的认识。

引自网络

物质与能量

一、物质结构

（一）提出问题

多姿多彩的物质世界,表面纷繁多样,但是你知道它们的内部结构是什么样子的吗?

（二）基本知识

古希腊思想家德谟克利特认为,一切物体均由原子组成,原子是不可再分割的微粒。现代自然科学认为原子是可以再分的,原子有着自己的内部结构,是由一些更加微小的粒子构成。正是由于原子-分子理论的建立,才使得源于"炼丹术"的化学成为一门科学,也正是因为对细胞、核酸、蛋白质等一些复杂物质结构的认识,使得人们开始理解生命现象的本质。可以这样讲,物质结构理论在整个自然科学体系中有着决定性的影响。

1. 对物质微观组成的漫长探索

（1）古希腊时期的原子学说。几千年来,人类祖先对于物质结构的探讨,就十分活跃。水受热化成汽,遇冷凝成冰;木材燃烧后成为炭;花香四处飘散……这些物质的变化和扩散现象使古代哲学家们推测到,物质是由少数基本元素所组成的。古希腊时期,人们就开始研究物质的理论。人们对客观世界的研究从神话慢慢过渡到自然哲学的研究。这个阶段发展了"物质"的概念并试图去解释纷繁的事物的表象,从这时起,人们由寻找"世界从哪里来"的问题转变成为"世界是由什么组成的"问题。

古希腊哲学家留基伯首先提出了关于原子的学说,后经他的学生德谟克利特的进一步发展,形成了欧洲最早的原子论。德谟克利特的原子论论证了世界的物质性,对自然界的本质提出了大胆而有创造性的臆测,比较深刻地说明了物质结构,肯定了运动是物质的属性,因而具有重要的意义。原子论在古希腊还只是思辨的产物,是一种哲学理论,并没有科学依据,但是作为一种杰出的科学思想,有重要的历史地位,对近代物质结构理论的诞生产生了重要影响。

（2）原子模型的发展。原子模型由英国化学家和物理学家道尔顿首先提出,历史上先后出现过道尔顿原子模型、汤姆孙原子模型、卢瑟福原子模型、玻尔原子模型,但这些模型总有这样或那样的问题存在,直到 20 世纪 20 年代以后才诞生了现代较完善的原子模型——电子云模型,如图 4-1 所示。电子云是对电子用统计的方法,在核外空间分布方式的形象描绘。电子它不像宏观物体的运动那样有确定的轨道,因此画不出它的运动轨迹。我们不能预言它在某一时刻究竟出现在核外空间的哪个地方,只能知道它在某处出现的机会有多少。为此,就以单位体积内电子出现概率,即概率密度大小,用小白点的疏密来表示。小白点密处表示电子出现的概率密度大,小白点疏处概率密度小,看上去好像一片带负电的云状物笼罩在原子核周围,因此叫电子云。

图 4-1　原子的电子云模型

　　原子模型从最初古希腊时期哲学上的猜想与假设,经过一代代科学家不断地发现和提出新的原子结构模型的过程,使人们逐渐地真正认识了世间事物的本质。原子模型的不断修正和改进始终伴随着科学技术的进步与发展,模型理论产生于实验研究的结果和现象,又将理论用于解释一定的物理现象,使原子模型有着充分的科学依据。古希腊哲学上的原子论启发了近现代的各种原子模型,明确了物质是由原子组成的,并且在不停地运动。道尔顿原子论使人们真正从科学的角度来看待原子模型,汤姆孙模型中对电子的肯定、卢瑟福模型对原子核的断定、玻尔模型的稳定态假设和辐射频率假设以及现代量子力学模型的出现,正是社会进步的体现。

2. 元素周期表的发现

　　化学家绝不满意元素漫无秩序的状态,逐步对元素知识进行归纳和总结,试图从中找出规律性的东西。由于科学资料积累,元素数目增多,终于在 19 世纪后半期迈尔和门捷列夫同时发现了元素周期律。1867 年,俄国人门捷列夫对当时已发现的 63 种元素进行归纳、比较,结果发现:元素性质随原子量的递增呈周期性变化,这就是元素周期律。依据元素周期律排出了元素周期表,根据周期表,他修改了铍、铈的原子量,并预言了三种新元素。这三种新元素后来陆续被发现,从而验证了门氏周期律的正确性。在元素周期律的指导下,又发现了镓、钪、锗、钋、镭、锕、镤、铼、铪、钫、砹 11 种元素,同时还预言了稀有气体的存在,在 1898 年以后,陆续发现了氖、氪、氙等元素,因而在周期表中增加ⅧA 族。到 1944 年,自然界存在的 92 种元素已全部被发现。

　　如果说,原子-分子理论的建立是对化学的一次总结,那么元素周期律的发现,使元素成了一个严整的自然体系,化学变成一门系统的科学,它是化学史上的一个重要里程碑,它对原子结构、有机化学、原子能、地球化学、生物化学、冶金、新元素的发现与合成都有深远的影响。为了纪念门捷列夫的伟大发现,科学家把 101 号元素命名为钔。恩格斯曾给以高度评价:"门捷列夫不自觉地应用黑格尔的量转化为质的规律,完成了科学上的一个勋业。"

3. 现代化学理论的发展

量子力学对原子、分子的描述是用电子壳层模型和电子云模型进行的,多电子原子中的电子分布是分层的,叫作电子壳层,每个电子壳层有几个不同的亚层,每个亚层又再细分为几个不同的轨道,每个轨道上能容纳两个自旋方向相反的电子。原子的最外层可以最多排布 8 个电子。原子的壳层结构决定了元素的性质,元素性质的周期性变化也是由原子的电子壳层结构的周期性变化决定的,而不是由原子的大小决定的。

物质由分子组成,分子由原子组成,分子中的原子之间存在着强烈的化学结合力,我们称之为化学键,化学键有三种基本类型:离子键、共价键和金属键。

1927 年,海特勒与伦敦用量子力学处理氢分子,解释了氢分子中共价键的实质问题,为化学键的价键理论提供了理论基础,开创了量子化学这门学科。1932 年,由美国化学家密立根及德国物理学家洪特提出分子轨道理论。量子化学可以使我们通过数学计算来研究原子和分子,改变了长期以来依靠实验的研究方法,即纯经验型研究的盲目与被动的局面,提高了化学家研究问题的预见性。

4. 物质结构理论的意义

1824 年,维勒首先用无机物人工合成出了过去只能从有机生物体中才能提取的有机物——尿素,打破了无机物和有机物之间不可逾越的界限。1857 年,以发现苯环结构的凯库勒提出了碳的四价学说,为有机化学结构理论奠定了基础。1862 年,俄国人布特列罗夫系统地提出了化学结构理论,明确指出:通过物质的性质可以了解物质的结构,反过来知道物质的结构就可以预测物质的性质。

在自然科学中,物质结构决定性质的例子比比皆是,金刚石和石墨的物理性质不同,是因为它们的碳原子排列不同;盐酸和硫酸化学性质相似,是因为其溶液中都有 H^+;蛋白质是生物体的主要组成成分,其结构和性质决定着生物体的性状和功能。

建立在量子力学基础上的物质结构理论完成了物理学和化学的统一,在物质结构理论基础上建立的分子生物学也完成了物理学与生命科学的统一。以原子为核心的物质结构理论不仅是物理学科理论的出发点,也是化学和生物学赖以建立的基础。可以这样说,现代物质结构理论既是自然科学的理论基础和实践基础,也是人类智慧最伟大的成果。

（三）解释问题

在自然界中,我们看到物质以各种各样的形态存在:花虫鸟兽、山河湖海、不同肤色的人种、各种美丽的建筑……真是千姿百态、争妍斗奇,但是这一切都是由分子、离子、原子构成的。分子是原子通过共价键结合而形成的,离子是原子通过离子键结合而形成的。归根结底,物质是由原子构成的。大自然自身的发展,造就了物质世界这种绚丽多彩的宏伟场面。世界上千姿百态的物质都是由不同的物质结构决定的,而物质结构决定着其性质。

练习与思考

1. 以金刚石和石墨为例,说明物质结构决定物质的性质。
2. 用原子结构的知识解释元素周期表的排列规律。
3. 简述物质结构理论的意义。

二、分子的运动和热力学能

(一) 提出问题

予人玫瑰,手有余香。为什么玫瑰花已经送给了别人,但手上还有玫瑰花的香味呢?

(二) 基本知识

1. 分子的大小和质量

科学研究已经证明,分子是保持物质化学性质的最小微粒。组成物质的分子很小,不仅不能用肉眼直接看到它们,就是用一般的光学显微镜也观察不到。图 4-2 是利用 200 万倍场离子显微镜拍摄的钨针针尖表面原子分布的照片,图中的每个亮点都跟一个钨原子相对应。

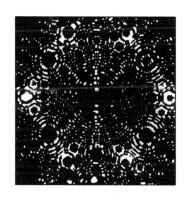

图 4-2

除了一些有机物的大分子外,一般分子直径的数量级都是 10^{-10} m。例如,水分子直径约为 4×10^{-10} m,氢分子的直径是 2.3×10^{-10} m。

知道了分子的大小,就可以估算出阿伏伽德罗常量(1 mol 的任何物质含有的粒子数)。例如,1 mol 水的质量是 0.018 kg,体积是 1.8×10^{-5} m^3,每个水分子的直径是 4×10^{-10} m,体积约为 $\pi/6(4\times10^{-10})^3 = 3\times10^{-29}$ m^3。设想水分子是一个挨一个的,不难算出 1 mol 水中所含的分子数为

$$N_A = \frac{1.8\times10^{-5}}{3\times10^{-29}}\Big/ mol = 6\times10^{23}/mol$$

根据阿伏伽德罗常量,可以很容易算出分子的质量。例如,水分子的质量是:

$$m_{水} = \frac{0.018\ kg/mol}{6.02\times10^{23}/mol} = 3.0\times10^{-26}\ kg$$

采用同样的方法可以算出氧分子的质量是 5.3×10^{-26} kg,氢分子的质量是 3.35×10^{-27} kg。

2. 分子热运动 分子的动能

组成物质的分子是在永不停息地运动着,这个结论是在实验事实的基础上得到的。往一杯清水中滴入一滴红墨水,经过一段时间后,杯子中的水将变成红色,这就是初中时学过的扩散现象。扩散现象说明物体中的分子在永不停息地做着无规则运动,由于这种无规则运动的剧烈程度跟物体的温度有着密切的关系,所以通常把分子的无规则运动叫作分子热运动。能够生动反映分子热运动的一个非常生动的事例,就是布朗运动。

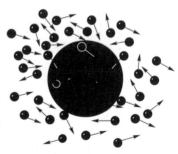

图 4-3

1927 年英国植物学家布朗用显微镜观察悬浮在水中的花粉,发现花粉颗粒不停地做无规则运动,这种运动后来被叫做布朗运动。那么,布朗运动是怎样产生的呢?

由于液体实际上是由许许多多做不规则运动的分子组成的,悬浮的花粉颗粒被液体分子包围着,不断受到液体分子的撞击,如图 4-3所示。如果微粒足够小,某一瞬间来自各个方面的撞击是不平衡的。每个液体分子撞击时都给微粒一定的冲力。如果从某一个方向撞击的分子数多于从其他方向撞击的分子数,微粒将在冲力大的方向产生加速度。下一瞬间,在另外一个方向上受到的冲力大一些,微粒又在那个方向上产生加速度。这样,就引起了微粒的无规则运动。做布朗运动的微粒虽然不是分子,但是它的无规则运动是液体分子无规则运动的反映。

不只是花粉,对于液体中各种不同的悬浮微粒,都可以观察到布朗运动。像一切运动的物体一样,做热运动的分子也具有动能。但由于分子的热运动是无规则的,所以各个分子速度的方向各不相同,速度大小各不一样,使得各个分子的热运动的动能也不一样。在热现象的研究中,我们关心的不是物体里个别分子的动能,而是大量分子动能的平均值,这个平均值叫作分子热运动的平均动能。

物体分子热运动随温度升高而加剧,所以分子热运动的平均动能随温度的升高而增加。从分子动理论的观点来看,温度是物体分子热运动平均动能的标志,这就是温度的微观解释。

3. 分子力 分子的势能

物体都是由分子组成的,而且分子之间有空隙。然而,要把固体的一部分跟另一部分分开却是很困难的。如折断一根铁棍,拉断一根绳子,都要费相当大的力气。这是因为分子之间存在着相互作用的引力,要把物体的一部分跟另一部分分开,必须克服分子之间的吸引力。

物体有时不仅很难分开,而且很难被压缩,例如固体和液体。这是因为,物质分子之间不但存在吸引力,也存在相互排斥的力。拉伸物体时,分子之间的相互作用力表现为引力;压缩物体时,分子之间的相互作用力表现为斥力。

分子间的引力和斥力是同时存在的,实际表现出来的分子力,是引力和斥力的合力。研究表明,当分子间的距离较大时,分子间的相互作用表现为引力;而当分子间的距离较小时,相互作用表现为斥力。分子力的这种性质可以用压缩或拉伸弹簧来

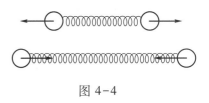

图 4-4

形象地表示,如图 4-4 所示,把小球看作两个分子,当分子间的距离 $r=r_0$(r_0 约为 10^{-10} m)时,斥力等于引力,"弹簧"处于平衡状态;当 $r<r_0$ 时,"弹簧"被压缩,分子力以斥力为主;当 $r>r_0$ 时,"弹簧"被拉长,分子力以引力为主。

地面上的物体由于受地球的引力,它们之间有重力势能。同样的道理,分子之间也有引力和斥力,分子之间也有势能,分子之间的势能叫作分子势能。一个物体,当它的体积改变时,分子之间的距离随之改变,分子势能也随之改变。所以,分子势能跟物体的体积有关。

4. 物体的热力学能

物体里所有分子的动能和势能的总和叫作物体的热力学能。一切物体都是由不停地做无规则热运动并且相互作用着的分子组成的,因此任何物体都具有热力学能。由于物体分子的平均动能的多少跟温度有关系,分子势能跟物体的体积有关系,所以物体热力学能的多少跟物体的温度和体积有关系。因此,物体的热力学能是可以改变的。那么,如何改变物体的热力学能呢?

做功可以改变物体的热力学能。用锯条锯木头,锯条克服摩擦力做功,锯条和木头的温度升高,热力学能增加。所谓摩擦生热,指的就是做功改变了物体的热力学能。

做功并不是改变物体热力学能的唯一方式。灼热的电炉可以使它周围的物体温度升高,内能增加;容器中的热水在不断向外界散热后逐渐变凉,热力学能减少。在这两个例子中虽然没有做功,物体的热力学能却发生了变化,这种没有做功而使物体热力学能改变的过程叫做热传递。做功和热传递在改变物体热力学能上可以收到相同的效果。

虽然做功和热传递在改变物体的热力学能上是等效的,但是它们之间还是有本质的区别。做功使物体的热力学能改变,是其他形式的能和热力学能之间的转化。例如摩擦生热,就是机械能转化为热力学能。热传递则不同,它是物体间热力学能的转移。

（三）解释问题

予人玫瑰,手有余香原来是因为分子的热运动。玫瑰花可以挥发出气味分子,这些气味分子会做无规则的运动,有些分子会扩散到送花者的手上,所以虽然把花送出去了,但手里还留有余香。

（四）趣味探索

小实验

观察分子力的作用

把一块洗净的玻璃板用细绳吊在弹簧秤的下端,使玻璃板水平地接触水面(图4-5)。用手向上提弹簧秤,当拉力足够大时可以使玻璃板离开水面。观察一下当玻璃板即将离开水面的那一时刻,弹簧秤的读数是否大于玻璃板的重力。

图4-5

✖ 练习与思考

1. 分子是很小的,除了一些有机物的大分子外,一般分子直径的数量级都是_____ m。

2. 在下面的事例中,使物体热力学能改变的是哪一种物理过程:冰块放入温水中使水变凉,是_____过程;用打气筒给轮胎打气使筒壁变热,是_____过程;手感到冷时,搓搓手就会觉得暖和些,是_____过程;阳光照射到衣服上使衣服的温度升高,是_____过程。

3. 有人说布朗运动就是分子热运动,这种说法对吗? 为什么?

4. 为什么悬浮在液体中的颗粒越小,它的布朗运动越显著?

5. 什么事例可以说明分子间有引力? 什么事例可以说明分子间有斥力?

三、 能量的转化和守恒定律

（一）提出问题

你知道19世纪自然科学的三大发现吗? 做功需要消耗能量,如果有人说他能设计出一种机器,可以不消耗任何能量和燃料,却能源源不断地对外做功,你会相信吗?

（二）基本知识

我们已经了解了多种形式的能,它们都与物质不同的运动形式相对应。比如,跟机械运动对应的是机械能,跟热运动对应的是热力学能,跟其他运动形式对应的还有电能、磁能、化学能、原子能等。

我们知道,自然界中各种形式的能之间可以相互转化。例如,摩擦生热,机械能转化为热力学能;电流在导体中通过会使导体温度升高,电能转化为热力学能;电流通过电动机使其转动,电能转化为机械能;燃料燃烧产生热,化学能转化为热力学能,等等。由于每种形式的能都是跟物质的某种形式的运动相对应的,因此能的不断相互转化表明了物质的运动不断地由一种形式转化为其他形式。

我们在前面学过,物体如果没有受到摩擦力和其他阻力,它在发生动能和势能的相互转化时,机械能的总量保持不变,即机械能守恒。那么,在各种形式的能相互转化过程中,能的总量是不是守恒呢?大量事实证明,任何形式的能量转化为别种形式的能量时,能的总量都是守恒的。能既不能凭空产生,也不能凭空消灭,它只能从一种形式转化为别的形式,或者从一个物体转移到别的物体。这就是能量的转化和守恒定律。

历史上有不少人都曾想设计一种机器,他们希望这种机器不消耗任何能量和燃料,却能源源不断地对外做功。这种机器被称为"永动机",图 4-6 就是一个"永动机"的设计方案。轮子中央有一个转动轴,轮子边缘安装着 12 个可活动的短杆,每个短杆的一端装有一个铁球。方案的设计者认为,右边的球比左边的球离轴远些,因此右边的球产生的转动力矩要比左边的球产生的转动力矩大。这样,轮子

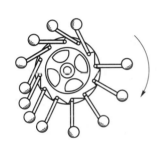

图 4-6　一个"永动机"的设计方案

就会永无休止地沿着箭头所指的方向转动下去,并且带动机器转动。仔细分析一下就会发现,虽然右边每个球产生的力矩大,但是球的个数少,左边每个球产生的力矩虽然小,但是球的个数多。于是,轮子不会持续转动下去而对外做功,只会摆动几下,便停在图中所画的位置上。虽然人们做了各种努力,这种"永动机"却从来也没有制成功过。

能量守恒定律是在工业革命的直接影响下,在近代自然科学发展的基础上,经过许多科学家的长期努力,在 19 世纪中期确立的。它的最后确立,主要是由迈尔、焦耳和亥姆霍兹完成的。

迈尔(1814—1878)是德国医生,1842 年在他的一篇论文中阐述了能量的守恒、转化和不可消灭的思想。他认为能量可以不断地从一种形式转化为另一种形式,在整个转化链条中,任何一个环节都不会凭空产生和消失能量。从量上来说,能量是不可消失的,在质上是可以转化的。

焦耳(1818—1889)是英国物理学家,他一生致力于实验研究。他从 1840 年起先后研究了电流的热效应、气体的热力学性质及电、化学和机械作用之间的联系等,历时近 40 年,做了 400 多次实验,用各种不同方法测定了热功当量,为能量守恒定律的发现奠定了坚实的实验基础。

亥姆霍兹(1824—1894)是德国物理学家,1847 年他提出了能量转化和守恒的基本思想。他研究了无摩擦的力学过程,引力作用下的运动,不可压缩的液体和气体的运动,理想弹性体

的运动等过程中的能量守恒和转化的问题。他还指出光的干涉中出现的明暗条纹,并不表示能量的消失,而是能量的重新分布。亥姆霍兹通过分析和研究不同形式的能的转化和守恒,对能量守恒定律做了清晰而全面的论述。

能的转化表明了物质运动形式的改变,能量守恒表明了运动不会凭空产生和消失。能量的转化和守恒定律揭示了物质不同形式的运动之间的相互联系,是整个自然界都遵从的普遍规律,也是我们认识自然的重要依据之一。

(三) 解释问题

能量的转化和守恒定律是 19 世纪自然科学的三大发现之一,恩格斯把这一定律称为"伟大的运动基本定律",并把它和细胞学说、达尔文的生物进化论一起称为 19 世纪自然科学的三大发现。

人类通过不断的实践研究逐渐认识到:任何机器对外界做功都要消耗能量。不消耗能量,机器是无法做功和运转的。能量守恒定律的发现使人们进一步认识到:任何一部机器,只能使能从一种形式转化为另一种形式,而不能创造能量。因此,虽然人们做了各种努力和尝试,"永动机"始终没有制造出来,"永动机"是不存在的。

(四) 趣味探索

小制作

下面介绍几个验证机械能守恒的小制作。

1. 自来回滚筒

取一个留盖的大号空罐头盒,用电烙铁把开罐头时破坏了的罐头端盖焊好。用锥子和剪刀在罐头筒的侧面对称开两个椭圆孔,如图 4-7 所示,孔边与两端的距离约为 2 cm。

在两个端面上画两条彼此平行的直径,并在这两条直径上用锥子打四个小孔 A、B、C、D,小孔到端面边缘的距离约为 1 cm。把橡皮筋的一头打一个结(比孔要大一些),另一头由 A 穿入,从 C 穿出,接着又由 D 穿入,从 B 穿出,拉紧后系在一小铁丝钩上挂在另一小孔 E 上。E 到 B 的距离可根据橡皮筋的松紧程度来决定,如图 4-8 所示。如果需要把橡皮筋拉得紧一些,E 到 B 的距离就远一些;反之就近一些。可先打几个距离不同的孔,供调节橡皮筋松紧之用。图中的箭头表示穿橡皮筋的方向。为避免橡皮筋在穿孔处被铁皮割断,可在该处套上一小段塑料管。

如图 4-9 所示,用细线把两段橡皮筋的中部系在一起,再用小铁钩挂上一个铁块(铁块不要碰到筒壁)或用螺丝帽吊在细线处。这样,自来回滚筒就做成了。为了美观,可以在筒的外表糊上纸,画上生动活泼的小狗或小猴等自己喜欢的动物。

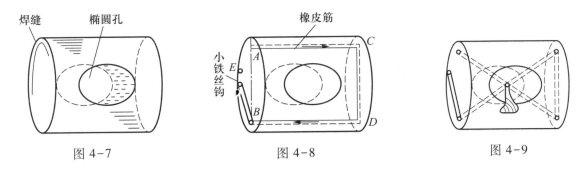

图 4-7　　　　　　　　图 4-8　　　　　　　　图 4-9

握住筒的中部靠近地面水平抛出,使筒得到一个初动能,筒便沿着地面向前滚去。由于筒内的橡皮筋中部悬吊着铁块,因此在筒向前滚动的过程中,会使橡皮筋发生扭曲而被绞紧。这样,筒的一部分动能就转化为弹性势能(另一部分由于克服地面摩擦力做功而损失掉)。当动能变为零时,滚筒停止向前滚动,这时发生弹性形变的橡皮筋要恢复原来的形状,它所获得的弹性势能又转化为滚筒的动能,使滚筒又自动地滚回来,所以我们称它为自来回滚筒。

一般来说,滚筒尺寸长,橡皮筋弹力强,铁块质量大,效果就好。要特别注意铁块质量和橡皮筋粗细的配合,橡皮筋越粗,铁块的质量也必须大。否则当滚筒向前滚动时,铁块将随着橡皮筋的扭转而转动,这样,滚筒就不能"自来回"了。

2. 橡皮筋哑铃摆

把粗铁丝弯成直角形,用手摇钻在厚木板的一头钻一个略小于铁丝直径的小孔,再把弯成直角的铁丝插进去,做成支架。然后用橡皮筋系住木哑铃(或铁制小哑铃)柄的中点,如图4-10所示,悬吊在直角形支架上,这就做成了橡皮筋哑铃摆。

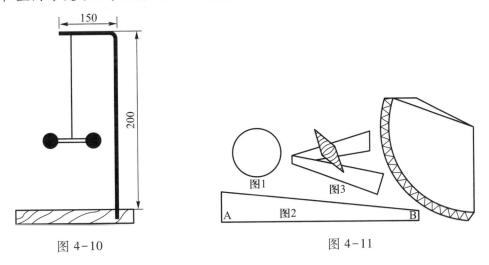

图 4-10　　　　　　　　　　　图 4-11

将哑铃在水平面内转动若干圈,使橡皮筋扭紧,然后放开。我们就会看到哑铃越转越快,直到反方向把橡皮筋又扭紧,哑铃又会向相反方向转动起来。哑铃来回转动很久,才会停止下来。

3. 制作向上滚动的纺锤体

我们知道,无外力作用的情况下,物体因受地球引力的作用,总是由高处向低处运动,物体的重力势能转化为动能。但是如果有人说"物体能自己从静止状态由低处向高处运动",你能相信吗？如果你照图 4-11 所示进行制作和实验，就会发现纺锤体确实是自动向上滚动的。

用图画纸照图 4-11 中的图 1 做两个无底圆锥体，并将它们粘在同一圆片的两侧，成为纺锤体，用彩笔画上螺旋线。再照图 2 用硬卡片纸剪两个滚动支架，支架的 A 端比 B 端高，将两支架的 B 端用胶带纸黏合成可以随意张合的合页形状。按图 3 把支架打开成"V"形，放上纺锤体后，就可以看到纺锤体自动向上滚动。支架角度不同，纺锤体的滚动速度也不同。

当然，这是一种由表象掩盖真实的佯谬，请你仔细研究一下，这是为什么？

✕ 练习与思考

1. 在下列过程中发生了哪些形式的能量转化：

（1）行驶中的电动玩具小汽车；

（2）运转中的机械手表；

（3）运转中的电风扇。

2. 自由摆动的秋千，摆动的幅度越来越小，下列说法中正确的是（   ）。

A. 机械能守恒

B. 能量在逐渐消失

C. 总能量守恒

D. 正在减少的机械能转化为热力学能

3. 水平公路上行驶的汽车，在发动机熄灭后，速度越来越慢，最后停止。这一现象符合能量守恒定律吗？如果符合，汽车失去的动能变成了什么？

四、原子的核式结构

（一）提出问题

在考古工作中，经常需要确定古生物的年代，你知道考古学家是如何做的吗？

（二）基本知识

1. 原子的核式结构

直到 19 世纪末，人们一直认为原子是不可再分的。1897 年英国科学家汤姆孙在对阴极射线的研究中发现了电子，并证明电子是原子的组成部分。从此，人们认识到原子不是组成物质的最小微粒，原子也具有一定的结构。为了研究原子的内部结构，1903 年汤姆孙提出了一种原子模型。他认为整个原子就好像是一个均匀分布正电荷的球，而电子则是一颗颗嵌在其中的负电荷。

为了验证汤姆孙原子模型是否正确,英国物理学家卢瑟福和他的助手们在 1909 年到 1911 年间,研究了由放射性元素放出的 α 粒子通过各种物质的箔片后发生散射的情况。实验结果否定了汤姆孙模型,并确立了原子的核式结构模型:在原子的中心有一个很小的核,叫作原子核,原子的全部正电核与几乎全部质量都集中在原子核里,带负电的电子在核外的空间里绕原子核高速运动。

按照这个模型,原子内部是十分"空旷"的。研究表明,原子直径的数量级为 10^{-10} m,而原子核直径的数量级为 $10^{-15} \sim 10^{-14}$ m,两者相差十万倍。原子的核式结构模型与宇宙的行星模型很相似。

2. 天然放射现象

1896 年,法国物理学家可克勒尔在研究荧光矿物的性质时发现,硫酸钾铀能够发射一种看不见的射线,这种射线的穿透力很强,可以使黑纸包裹着的照相底片感光。这种现象被称为天然放射现象,具有放射性的元素称为放射性元素。

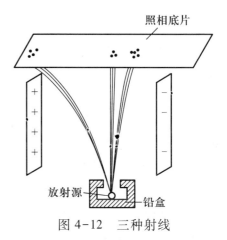

图 4-12　三种射线

研究表明,原子序数大于 83 的所有元素,都能自发地放出射线。原子序数小于 83 的元素,有的也具有放射性。

放射性物质发出的射线有三种:带正电的 α 射线、带负电的 β 射线、不带电的 γ 射线。在图 4-12 中,放射源放在铅盒的底部,通过铅盒上方的小孔向外发出射线,整个装置放在匀强电场中。从照相底片感光的位置可以发现,射线在电场的作用下分成了三束,这说明三种射线在电场中的偏转情况不同。

理论研究和实验都已经证实:α 射线是高速 α 粒子流,α 粒子的电荷数是 2,质量数是 4,实际上就是氦原子核;β 射线是高速电子流;γ 射线不带电,它是能量很高的电磁波,波长很短,在 10^{-10} m 以下。研究表明,射线来源于原子核,也就是说,原子核是有内部结构的。实际上,人们认识原子核的结构就是从天然放射性开始的。

放射性有许多重要的应用。γ 射线的贯穿本领很强,可以用来检查金属内部是否有砂眼或裂痕。γ 射线对生物体有很强的作用,通过 γ 射线的照射可以使种子发生变异,培育出新的优良品种,也可以杀死食物中的细菌,使其长期保鲜。在医疗卫生上,可以应用 γ 射线杀死癌细胞,治疗肿瘤。

过量的射线照射对人体有伤害。在使用放射性物质时要用铅板、含铅玻璃板等把放射性物质与人体隔开,还要防止放射性物质泄漏,以避免对水源、空气的污染。

3. 原子核的组成

天然放射现象使人们认识到原子核是有内部结构的。1919 年,卢瑟福用 α 粒子轰击氮核,从中产生了一种粒子并测定了它的电荷和质量,把它叫作质子(即 α 粒子)。卢瑟福认为,质子是原子核的组成部分,并进一步预言原子核内可能还存在另一种粒子,其质量跟质子相等,但是不带电。他把这种粒子称为中子。卢瑟福的这一预言被他的学生查德威克在1930年用实验所证实。精确的测量表明,中子的质量非常接近于质子的质量,只比质子大千分之一。

原子核是由质子和中子组成的,质子和中子统称为核子。中子不带电,原子核所带的电荷等于核内质子电荷的总和。由于原子核所带的电荷都是质子电荷的整数倍,所以通常用这个整数代表原子核的电荷量,用 Z 表示,叫作原子核的电荷数。原子核的质量等于核内质子和中子的质量的总和,而中子和质子的质量几乎相等,所以原子核的质量近似等于核子质量的整数倍。通常用这个整数代表原子核的质量,用 A 表示,叫作原子核的质量数。例如氦核的核电荷数是2,表示氦核内有2个质子;氦核的质量数是4,表示氦核内有4个核子,其中2个是中子。

原子核的电荷数也决定了核外电子的数目及电子在核外的分布情况,进而决定了这种元素的化学性质。同种元素的原子,质子数相同,核外电子数就相同,也就具有相同的化学性质,但是它们的中子数可以不同。这些具有相同质子数而中子数不同的原子,在元素周期表中处于同一位置,因而被互称为同位素。

在谈到某种元素时,如果需要强调它的核电荷数和质量数,可以在元素符号的左下角和左上角分别标出它的核电荷数和质量数。例如 ^4_2He 代表核电荷数为2,质量数为4的氦核;$^{235}_{92}\text{U}$ 代表核电荷数为92,质量数为235的铀核。

4. 原子核的衰变

原子核放出 α 粒子或 β 粒子后,就变成新的原子核,这种变化叫作原子核的衰变。原子核衰变时,衰变前后的电荷数和质量数是守恒的。

铀-238核放出一个 α 粒子后,核的质量数减少4,电荷数减少2,成为新核钍-234。这种衰变叫作 α 衰变,可以用下面的方程表示:

$$^{238}_{92}\text{U} \rightarrow {}^{234}_{90}\text{Th} + {}^4_2\text{He}$$

这个方程两边的质量数和核电荷数相等。

$^{238}_{92}\text{U}$ 在 α 衰变时产生的 $^{234}_{90}\text{Th}$ 也具有放射性,它能放出一个 β 粒子而变为 $^{234}_{91}\text{Pa}$(镤)。电子的质量比核子的质量小得多,可以认为电子的质量数为零;电子的电荷数为-1。原子核放出一个电子后,质量数不变,电荷数加1。这一过程可以用下面的方程来表示:

$$^{234}_{90}\text{Th} \rightarrow {}^{234}_{91}\text{Pa} + {}^{0}_{-1}\text{e}$$

这个方程两边的质量数和电荷数也是守恒的。这种放出 β 粒子的衰变叫作 β 衰变。

5. 半衰期

放射性元素衰变的快慢有一定的规律。例如在氡-222的 α 衰变(生成新核钋-218)中,如果隔一定的时间测定一次剩余的氡的数量,就会发现,每隔3.8天,就会有一半的氡发生衰变。也就是说,经过第一个3.8天,剩有一半的氡;经过第二个3.8天,剩有四分之一的氡;再经过3.8天,剩有八分之一的氡……因此,可以用半衰期来表示放射性元素衰变的快慢。放射性元素的原子核有半数发生衰变所需要的时间,叫作这种元素的半衰期。

图 4-13 中的纵坐标表示某种放射性物质中未衰变的原子核数(N)占原来总原子核数(N_0)的百分比$\dfrac{N}{N_0}\times100\%$,横坐标表示衰变时间。那么,你从图线中能否找出这种放射性物质的半衰期是多少吗?

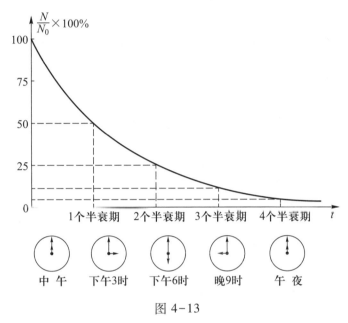

图 4-13

不同的放射性元素的半衰期不同,甚至差别很大。例如,氡-222 衰变为钋-218 的半衰期是 3.8 天,镭-226 衰变为氡-222 的半衰期为 1620 年,铀-238 衰变为钍-234 的半衰期为 4.5×10^{9} 年。放射性元素的半衰期是由原子核内部自身因素决定的,与原子所处的物理、化学状态无关。实验证明,几千摄氏度的高温、百万帕以上的高压及强磁场都不能改变放射性元素的半衰期。

(三) 解释问题

考古学家确定古生物年代的一种方法是利用放射性同位素的半衰期作为“时钟”,来测量漫长的时间,这种方法叫作放射性同位素鉴年法。

自然界中的碳主要是碳-12,也有少量的碳-14。碳-14 是碳的放射性同位素,能够自发地进行 β 衰变,变成氮,半衰期为 5 730 年。碳-14 原子在大气中的含量是稳定的,大约在 10^{12} 个碳原子中有一个碳-14。活的动植物通过与环境交换碳元素,体内碳-14 的比例与大气中的相同。动植物死后,遗体内的碳-14 仍在进行衰变而不断减少,但是不再得到补充。因此,根据碳-14 放射性强度减小的情况就可以推算出动植物死亡的时间。

我国考古工作者用这一方法对长沙马王堆一号汉墓外棺的杉木盖板进行测量,结果表明该墓距今 2 130(±95)年。通过历史文献考证,该古墓的年代为西汉早期,约在 2 100 年前,两者符合得很好。

✖ 练习与思考

1. 碳–14 核内有_____个质子,_____个中子。

2. 放射性物质放出的射线有三种,其中 α 射线是_____;β 射线是_____;γ 射线是能量很高的_____。

3. 铀–238 是放射性的,它放出一个 α 粒子后变成的新元素是_____,它的质量数是_____,原子序数是_____,这一过程的衰变方程是_____。

4. 某元素的原子核放出一个 β 粒子后,对于所产生的新核,下列说法正确的是(　　　)。

A. 质量数减少 1,电荷数增加 1

B. 质量数减少 1,电荷数减少 1

C. 质量数不变,电荷数增加 1

D. 质量数不变,电荷数减少 1

五、核反应和核能的利用

(一)提出问题

你知道原子核中蕴藏着巨大的能量吗?你了解将这些能量释放出来的方法吗?

(二)基本知识

1. 核反应

衰变是原子核的自发变化,而核反应则是用人工的方法使原子核发生变化。1919 年,卢瑟福用 α 粒子轰击氮原子核,产生了氧–17(氧的一种同位素)和一个质子,其核反应方程是:

$$^{14}_{7}N + ^{4}_{2}He \rightarrow ^{17}_{8}O + ^{1}_{1}H$$

质子最初就是通过这个实验发现的。用 α 粒子轰击原子核,不一定只发射质子,也可能发射中子。查德威克就是通过用 α 粒子轰击铍原子核,实现了下面的原子核的人工转变并且发现了中子:

$$^{9}_{4}Be + ^{4}_{2}He \rightarrow ^{12}_{6}C + ^{1}_{0}n$$

在核物理学中,原子核在其他粒子的轰击下产生新原子核的过程,称为核反应。核反应可以用核反应方程来表示。与衰变过程一样,在核反应中,质量数和电荷数守恒。

核反应过程中伴随着能量的变化。例如,一个中子和一个质子结合成氘核时,要放出 2.22 MeV(1 eV = 1.602×10^{-19} J)的能量,并以 γ 射线的形式辐射出去。核反应中释放出的能量称为核能。那么,核能是怎样产生的呢?

研究表明,氘核虽然是由一个中子和一个质子组成的,但它的质量却不等于一个中子和一个质子的质量之和。精确的计算表明,氘核的质量比中子和质子的质量之和略小一些。在进行计算时,常采用原子质量单位 u(1 u = 1.660 539×10^{-27} kg) 表示质量大小,即

中子质量　　　　　　　　　　　m_n = 1.008 665 u

质子质量　　　　　　　　　　　m_p = 1.007 276 u

中子和质子质量和　　　　　　　m = 2.015 941 u

氘核质量　　　　　　　　　　　m_D = 2.013 553u

这表明中子和质子结合成氘核后质量减少了,这种现象叫作质量亏损。

爱因斯坦的相对论指出,物体的能量 E 和质量 m 之间有着密切的联系,其关系是:

$$E = mc^2$$

这就是著名的爱因斯坦质能方程。这个方程告诉我们,物体具有的能量跟它的质量之间存在着简单的正比关系。物体的能量增大了,质量也增大;能量减小了,质量也减小。核子在结合成原子核时出现质量亏损,就一定要放出能量,其大小为

$$\Delta E = \Delta mc^2$$

中子和质子结合成氘核时,质量亏损 Δm = 0.002 388u,根据爱因斯坦的质能方程可以计算出释放的能量为 2.22 MeV。上述计算表明,原子核内部蕴藏着巨大的能量。

2. 重核裂变　链式反应

根据爱因斯坦的质能方程,物理学家已经确信原子核中蕴藏着巨大的能量,但是在相当长的时间里一直没有找到释放核能的实际方法。在 20 世纪,世界上许多优秀的物理学家都致力于原子核内部结构的研究,他们全力以赴地用中子去撞击原子核,引发各种裂变反应,其目的就是要得到更多的能量。

1938 年 12 月,德国化学家哈恩和斯特拉斯曼在用中子轰击铀核的产物中发现了钡的同位素。一个月以后证实,铀核在受中子轰击(或说铀核俘获一个中子)后发生了裂变,变为两个中等质量的原子核和三个中子,并释放大量的能量:

$$^{235}_{92}U + ^1_0n \rightarrow ^{138}_{56}Ba + ^{95}_{36}Kr + 3^1_0n + 能量$$

通过计算可知,反应后质量亏损约 0.3 u,根据质能方程可求出释放的能量约为 280 MeV。这一发现为核能的利用开辟了道路。

铀核的裂变有多种形式,一般分裂成两个中等质量的新核,同时放出 2~3 个中子,但也有三分裂或四分裂的情况(我国物理学家钱三强、何泽慧夫妇及其合作者在 1946—1948 年间首次在实验中观察到铀核的三分裂和四分裂现象,并从理论上进行了精确的分析)。

一般来说,铀核裂变时释放的中子又会引起其他铀核的裂变,使裂变不断地进行下去,释放出越来越多的能量。这就是链式反应,如图 4-14 所示。裂变后的总质量小于裂变前的总质量,质量亏损 $\Delta E = \Delta mc^2 = 201$ MeV。不同的铀核裂变,释放的能量不同。一般来说,铀核裂变时

平均每个核子释放的能量约为 1 MeV。可以估算出 1 kg 铀全部裂变后所释放出的能量将超过 200 t 优质煤完全燃烧时所释放的能量。

链式反应是有条件的,铀块的体积是能否产生链式反应的一个重要因素。由于原子核非常小,如果铀块体积不是足够大,中子从铀块中通过时,可能还没有碰到铀核就跑到铀块外面去了,链式反应就会中断。能够发生链式反应的铀块的最小体积叫作临界体积。

原子弹就是利用链式反应在极短的时间内使大量的铀核裂变而释放核能的爆炸武器,图4-15是原子弹的构造示意图。把浓缩铀制成两个半球形状,分开放置,每个铀块的体积都小于临界体积。当需要爆炸时,利用引爆装置使这两个半球形铀块迅速合并起来,体积就超过临界体积而发生链式反应,在极短时间内可引起强烈爆炸。

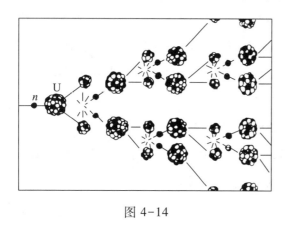

图 4-14

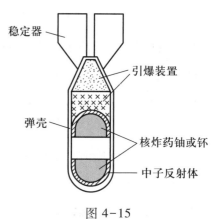

图 4-15

3. 轻核聚变

我们已经知道,重核裂变时能释放出较大的能量。科学家的研究还发现,某些轻核结合成质量较大的核时,能释放出更多的能量。轻核结合成质量较大核的过程叫核聚变。例如,一个氘核和一个氚核结合成一个氦核时,能释放出 17.6 MeV 的能量,其核反应方程是

$$^2_1\mathrm{H} + ^3_1\mathrm{H} \rightarrow ^4_2\mathrm{He} + ^1_0\mathrm{n} + 17.6\ \mathrm{MeV}$$

要使轻核发生聚变,必须使它们靠近到 10^{-15} m 的距离,这样核力才能发挥作用,把它们聚合在一起。但是,两个带正电的原子核靠得越近,它们之间的库仑斥力就越大。如何使核具有巨大的动能以克服斥力而达到反应的程度呢? 有一种办法,就是把它们加热到极高的温度。这时,原子核有了足够的动能,可以克服库仑斥力,互相碰撞而产生聚变。用这种方法引起的反应叫作热核反应。

(三) 解释问题

爱因斯坦的质能方程揭示了质量和能量之间的关系,使人们认识到核反应中的质量亏损必然要伴随着巨大能量的释放。获得核能的途径一般有两种:轻核的聚变和重核的裂变。由于一定的质量 m 总是跟一定的能量 mc^2 对应,中子和质子结合成氘核时总质量减少了,所以总

的能量也要减少。根据能量守恒定律,减少的这部分能量不会凭空消失,它要在核子结合过程中释放出去。同样,当一个较重的核分裂为两个中等质量的核时,核的总质量也要减少,所以重核裂变过程中也会释放出巨大的能量。到目前为止,人们还只能通过核裂变来获得核能。随着科学技术的发展,困扰热核反应的难题将逐一得到解决。那时,利用聚变获得核能将成为人类理想的能源。

✗ 练习与思考

1. 用 α 粒子轰击氩-40 时,产生一个中子和一个新核。这新的核是_____,这一过程的核反应方程为_____。

2. 用中子轰击氮-14,产生碳-14,这一过程的核反应方程为_____;碳-14 具有_____放射性,它放出一个_____粒子后衰变成_____,这一过程的衰变方程为_____。

3. 原子核发生下列反应时,哪些能使原子核变成另一元素的新核(　　　)。

A. 原子核吸收一个中子

B. 原子核放出一个 α 粒子

C. 原子核放出一个 β 粒子

D. 原子核放出一个 γ 光子

幼儿园模拟实践

1. 今天王老师给小朋友们准备了放在大鱼缸中的小水车以及大杯子。

"小朋友们,今天老师给大家带来了一个神奇的宝贝——水车。老师给大家演示一下水车的用法。"

王老师用大杯子舀了一杯水,从水车上的小漏斗中缓缓倒下。

"转了,水车转了。"

"大家有没有发现水车是靠水的力量转动起来的? 小朋友也来试试好不好?"

"好的!"

"水车真好玩儿。"

"我加大了水流,水车转快了。"

"我把水杯升高了水车也能转得快,水杯低了水车就慢下来了。"

"王老师为啥水流大了,水杯升高了就能转得快呢?"

你能帮助王老师告诉小朋友这是为什么吗?

2. 冬天到了,雪花飘飘落了下来,王老师组织小朋友们一起到户外堆雪人。

"我们大家穿上棉衣,戴上帽子和手套一起去堆雪人好不好?"

"好!"

"哇,地上好白啊。"

"雪踩上去咯吱咯吱地响。"

小朋友们在王老师的带领下玩儿得非常高兴。玩了一会儿王老师带小朋友们回教室喝水休息。

"我的手很凉啊,摸着水杯慢慢热起来了。"

"我妈妈说手凉了搓搓手就会热起来。"

"真的,我搓手真的慢慢热起来了。"

"为什么摸着水杯和搓手都能使手热起来呢?"丁丁皱着眉头问王老师。

你能帮助王老师回答这个问题吗?

拓 展 阅 读

(一) 谁发现了原子核的秘密

1908 年,英国物理学家卢瑟福决定对原子结构进行新的探索。当时有的科学家说原子是物质存在的最小单位,是不可分割的;有的认为原子的模样像西瓜,瓜瓣象征原子内均匀分布的正电荷,瓜子是电子。经过长期的思索,卢瑟福认为如果原子果真像个西瓜,那么,如果用比原子更小的粒子当"炮弹"来轰击它,必然很容易穿过它而笔直地前进。于是,他决定用 α 粒子当"炮弹"来轰击原子,看看究竟会发生什么情况。

在年轻助手盖克和其他几个学生的帮助下,卢瑟福终于设计了一个试验装置:一个 α 射线的放射源,就像一挺机关炮;一个金属箔当靶。在它们旁边放一个硫化锌的荧光屏,屏后安上一架显微镜,以便观察实验的情形。α 粒子以 2 000 m/s 的速度穿过金属箔。在漆黑一片的实验室里,荧光屏上出现了闪光。卢瑟福清楚地看到,绝大多数 α 粒子穿过金属靶子飞走了,只有个别的 α 粒子被弹了回来。这意味着什么呢?卢瑟福陷入了深思。

1911 年的一天早晨,卢瑟福受"大宇宙与小宇宙相似"理论的启发,认为原子结构就像一个太阳系。但他的助手盖克觉得不可思议。卢瑟福解释说:"原子既不是台球,也不是西瓜,而是一个空旷的结构,它的中心有个体积极小、带阳电的核,外面是绕着核转动的带负电的电子。打个比方,原子核好比太阳,是它的中心;电子就像行星,绕着太阳转。"那么,α粒子被弹回来的现象怎么解释呢?是因为原子内部大部分是空隙,所以比原子更小的粒子能很容易穿过;又因为当中有一个核,α粒子碰上这个坚硬的核就会被弹回来。就这样,原子的神秘之宫终于被打开了!卢瑟福创立了崭新的原子结构理论。这一理论具有划时代的意义。从此,原子和原子核物理学便诞生并发展起来。

引自网络

(二) 低碳生活

低碳意指较低(更低)的温室气体(二氧化碳为主)的排放,低碳生活可以理解为:减少二氧化碳的排放,低能量、低消耗、低开支的生活方式。如今,这股风潮逐渐在我国一些大城市兴起,潜移默化地改变着人们的生活。低碳生活代表着更健康、更自然、更安全,返璞归真地去进行人与自然的活动。当今社会,随着人类生活的发展,生活物质条件的提高,随之也对人类周围环境带来了影响与改变。对于普通人来说,低碳生活既是一种生活方式,同时更是一种可持续发展的环保责任。

如今低碳生活这种方式已经悄然走进中国,不少网站开始流行一种有趣的计算个人排碳量的特殊计算器,如中国城市低碳经济网的低碳计算器,以生动有趣的动画形式,不但可以计算出日常生活的碳排放量,还能显示出不同的生活方式、住房结构以及新型科技对碳排放量的影响。

低碳对于普通人来说是一种生活态度,同时也成为人们推进潮流的新方式,它给我们提出的是一个"愿不愿意和大家共同创造低碳生活"的问题。我们应该积极提倡并去实践低碳生活,要注意节电、节气、熄灯一小时……从这些点滴做起。除了植树,还有人买运输里程很短的商品,有人坚持爬楼梯,形形色色,有的很有趣,有的不免有些麻烦。但前提是在不降低生活质量的情况下,尽其所能地节能减排。

"节能减排",不仅是当今社会的流行语,更是关系到人类未来的战略选择。提高节能减排意识,对自己的生活方式或消费习惯进行简单易行的改变,一起减少全球温室气体排放,意义十分重大。低碳生活节能环保,有利于减缓全球气候变暖和环境恶化的速度。减少二氧化碳排放,选择低碳生活,是每位公民应尽的责任和义务。

低碳生活是一种经济、健康、幸福的生活方式,它不会降低人们的幸福指数,相反会使我们的生活更加幸福。

引自网络

天文知识初步

一、太 阳 系

（一）提出问题

在太阳系中,存在着包括地球在内的八大行星。他们沐浴着太阳的光辉,有序地围绕太阳运转,形成了漫漫宇宙中一幅壮丽的画卷,那么是什么力量驱使这些行星绕太阳周而复始地运动的呢?

（二）基本知识

1. 太阳系的组成

太阳系是一个庞大的家族,是银河系的一部分。太阳系是由太阳、行星及其卫星、小行星、彗星、流星和行星际物质构成的天体系统。太阳是太阳系的中心,其他天体都在太阳的引力作用下,围绕太阳公转。

（1）八大行星。在这个家族中,太阳的质量占太阳系总质量的99.9%,八大行星以及数以万计的小行星的质量所占比例微忽其微。它们沿着自己的轨道万古不息地绕太阳运转着,同时,太阳又慷慨无私地奉献出自己的光和热,温暖着太阳系中的每一个成员,促使它们不停地发展和演变。如图5-1所示,太阳系中的八大行星都在位于差不多同一平面的近圆轨道上朝同一方向绕太阳公转。表5-1列举出了八大行星的相关数据,可见离太阳最近的行星是水星,向外依次是金星、地球、火星、木星、土星、天王星和海王星。在它们当中,肉眼能看到的行星只有五颗。

（2）卫星。卫星是围绕行星运行的天体,质量都不大。月球是地球的卫星。太阳系的八大行星中,除了水星和金星以外,都有卫星绕转。

（3）彗星。彗星是在扁长轨道上绕太阳运行的一种质量很小的天体,呈云雾状的独特外貌。彗星的主要部分是彗核,一般认为它是由冰物质组成的。当彗星接近太阳的时候,彗核中的冰物质升华而成气体,因而在它的周围形成云雾状的彗发。彗发中的气体和微尘,被太阳风推斥,在背向太阳的一面形成一条很长的彗尾。彗尾一般长几千万千米,最长可达几亿千米。彗星远离太阳时,彗尾就逐渐缩短,直至消失。彗尾形状像扫帚,所以彗星俗称扫帚星。著名的哈雷彗星,绕太阳运行一周的时间为76~79年。

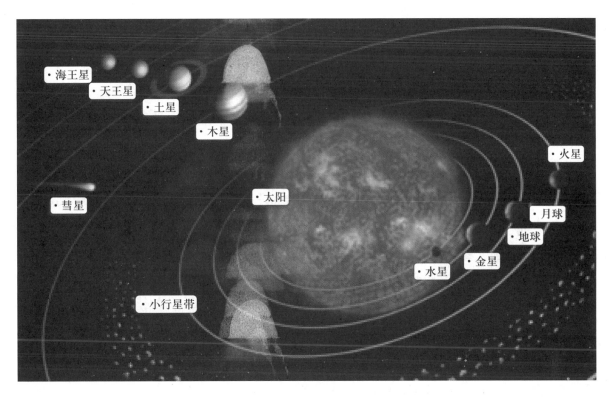

图 5-1　太阳系

（4）流星。流星是行星际空间的尘粒和固体小块，数量众多。沿同一轨道绕太阳运行的大群流星体，叫作流星群。闯入地球大气圈的流星体，因同大气摩擦燃烧而产生的光迹，划过长空，叫作流星现象。未烧尽的流星体降落到地面，叫作陨星。其中石质陨星叫作陨石，铁质陨星叫作陨铁。

（5）行星际物质。太阳系除了上述的天体以外，广大的行星际空间虽然空空荡荡，但是并非真空，其中分布着极其稀薄的气体和极少量的尘埃。这些叫作行星际物质。

表 5-1　八大行星数据表

八大行星	与太阳的距离/10^4km	公转周期	自转周期
水星	5 800	88 天	58.6 天
金星	10 800	225 天	243 天
地球	15 000	1 年	23 时 56 分
火星	22 800	1.9 年	24 时 37 分
木星	77 800	11.8 年	9 时 50 分
土星	142 700	29.5 年	10 时 14 分
天王星	287 000	84.0 年	24 时左右
海王星	449 600	164.8 年	22 时左右

2. 日心说和万有引力

为了解释天体的运动,人类进行了长期的探索。古希腊哲学家亚里士多德最早提出了"地心说"。这一学说认为,大地是球形的,位于宇宙的中心,太阳、月亮等天体围绕地球旋转。由于这一学说恰好符合基督教的教义,所以在神学占统治地位的中世纪的欧洲流行了一千多年。

最早向"地心说"提出挑战的,是波兰天文学家哥白尼。他经过40年的天文观察,从1510年开始,写下了著名的《天体运行论》,提出了"日心说"。哥白尼的基本观点是:太阳是宇宙的中心,水星、金星、地球、火星、木星和土星都在各自轨道上绕太阳公转;月球是地球的一颗卫星,沿轨道每天绕地球旋转一周;地球每天自转一周;由于地球自转的结果,使日、月、星体每天都有东升西落的现象;所有恒星的距离都要比日地距离远得多。

哥白尼"日心说"的诞生,引起了天文学和物理学的一次革命性变革,为天体运动规律、理论的提出奠定了基础。在这些研究中贡献最大的科学家应是开普勒和牛顿。

开普勒在充分研究了其导师、天文学家第谷的观测资料的基础上,推导出行星运动的三条重要规律。它们是:① 行星沿椭圆轨道运动,太阳位于椭圆的一个焦点上;② 行星绕太阳运动时,它与太阳的连线在单位时间内扫过的面积相等;③ 行星公转周期的平方与行星轨道长半轴的立方成正比。这就是著名的开普勒行星运动定律。

开普勒定律解决了太阳系中行星"怎样运动"的问题,而行星"为什么按这样的规律运动"的问题则是由牛顿解决的。他在开普勒研究的基础上提出:宇宙间任何两个质点,都彼此互相吸引,引力的大小与它们质量的乘积成正比,而与它们之间距离的平方成反比,这就是著名的万有引力定律。

根据万有引力定律可计算出,地球与太阳之间有着极其巨大的吸引力。那么,为什么地球又不会掉到太阳上去呢? 这是因为地球是绕着太阳做圆周运动的,而且速度非常大,可达到30 km/s,由此产生的惯性离心力与太阳对地球的引力平衡,所以地球不会掉向太阳。

3. 笔尖下的海王星

万有引力定律的提出,不仅成功地解释了太阳系中已发现了的行星的运动规律,而且还被用来发现了新的行星。

自从发现天王星之后,天文学家们在对天王星的观测中发现它的位置与计算结果总是有偏差。解释这一现象只能有两个原因,一是理论本身有缺陷,二是在天王星之外尚有一颗未知名的行星存在。当时,坚信第二个原因的有两个人——英国的亚当斯和法国的勒威耶。他们两人各自独立地计算出了新行星的质量和轨道。勒威耶将自己的计算结果和关于新行星出现位置的预测写信告诉了柏林天文台。柏林天文台在接到信的当晚就通过望远镜在预测位置附近不到 1° 的地方,发现了这颗新行星——后来被命名为海王星。

（三）解释问题

通过上面的学习我们了解到,太阳是太阳系的中心,行星在各自的轨道上围绕太阳运动。行星的运动规律满足开普勒定律和万有引力定律,使行星运动的动力是存在于天体之间的万有引力。

根据万有引力定律我们可以计算出,地球与月球之间的万有引力是很大的,那么,月球为什么没有因地球的引力作用而坠落到地面上来呢? 主要原因是月球有速度。我们知道月球绕着地球转,每隔 27 天 7 小时 43 分 11 秒绕地球一周,月球受到地球的吸引力正好等于月球做圆周运动所需要的向心力。据此,我们可以计算出月球绕地球运转的速度是 1 km/s。在地球与月球之间的距离不变的条件下,如果月球的运动速度加快 50%,它就会毫不留恋地遗弃地球,飞向宇宙;如果慢一点,不管它愿意不愿意,迟早就会像一个瘪了气的氢气球一样,落到地面上来。

人造地球卫星绕地球运转的道理和月球是一样的。一方面,由于地球引力的作用,人造地球卫星才能环绕地球运行;另一方面,卫星又必须在一定程度上摆脱地球的引力才能上天。航天技术的发展,就是对地球引力既利用,又受其限制。

✖ 练习与思考

1. 1971 年 3 月 3 日,我国曾发射一颗科学实验人造地球卫星,求当此卫星离地面高度为 500 km 时的运行速度是多大? （提示:把卫星运行的轨道看作圆形,且已知地球的质量为 6×10^{24} kg,半径为 6.4×10^6 m）

2. 请你根据太阳系中八大行星数据表 5-1 中的资料分析:

（1）行星公转周期的长短是否相同? 哪颗行星公转周期最长? 哪颗行星公转周期最短? 行星公转周期的长短与什么有关系?

（2）行星自转的周期是否相同? 哪颗行星自转周期最长? 哪颗行星自转周期最短? 由此你可以推想出哪些问题?

二、太　阳

（一）提出问题

有人认为,太阳早晨离我们近,中午离我们远,因为看起来太阳早晨比中午大;而另外有人却认为,太阳早晨离我们远,中午离我们近,因为感觉到太阳中午比早晨热。对这个问题你怎么看?难道太阳和地球的距离在一天中真的在变化吗?太阳到底离我们有多远呢?

(二)基本知识

1. 太阳

太阳是宇宙中离我们最近的恒星,它带给我们日夜和季节的轮回,左右着地球冷暖的变化。太阳是由炽热的等离子体构成的发光气球体,主要成分是氢和氦。太阳的表面温度约6 000℃,内部温度高达1 500万摄氏度。太阳内部的核聚变反应,每时每刻都在供给我们光和热,是地球上一切可用能量的来源。如果太阳的能量减小一半,地面的温度就会下降到零度以下,江河湖海都会冻结。如果太阳的能量增加3~4倍,江河湖海的水又将沸腾变成蒸汽。所以,没有太阳,地球上就不会有姿态万千的生命。

太阳集中了太阳系全部质量的99.9%。根据万有引力定律,我们可以计算出太阳的质量约为1.98×1027吨,这大约相当于我们地球质量的33万倍。太阳的直径约139万千米,比地球直径大109倍。太阳的密度分布是不均匀的,由表面到核心处密度越来越大,它的平均密度为$1.4 \times 10^3 \ kg/m^3$。

太阳离地球的距离是149 500 000 km,这个距离是很大的。假如你要从地球步行到太阳,每小时走5 km,昼夜兼程,需要走3 500年左右。假如声音能够在宇宙空间里传播,那么太阳上的核爆炸声大约要经过13年零9个月才能到达地球。即使宇宙间速度最快的光从太阳照射到地球上,也需要8分18秒的时间。

2. 太阳的构造

太阳的构造十分复杂,很难明确地划分出太阳内部不同层次的明确界限。人们只能根据太阳内部各层物质的不同特征,将太阳粗略地分为太阳大气层和太阳内部两大部分。大气层又细分为光球层、色球层和日冕层。太阳内部是光球层以下至日心的部分,分为对流层、辐射区和日核三部分,如图5-2所示。

平时我们看到的太阳视平面,便是太阳的光球层,它的厚度约500 km,明亮耀眼的太阳光就是从这里发出来的。色球层在光球层的上面,是太阳大气中间的一层,厚度约2 000 km。在日全食的时候,当光球所发出的强烈太阳光被月球遮掩住了,我们就能看见这个具有暗红色的气层。日冕是太阳大气的最外层,这层可以延伸到几十个太阳半径那么远,它的亮度仅为光球的百万分之一,因而它和色球一样,也只能在日全食时,才能用肉眼观看到,如图5-3所示。

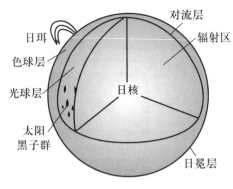

图 5-2　太阳结构示意图

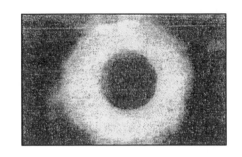

图 5-3　日冕

对流层在光球层内侧,厚度约 14 万千米。对流层内物质的温度、压力和密度变化梯度很大,使这个区域内的气体经常处于升降起伏的对流状态。对流层的内侧为辐射区,厚度约为 0.71 个太阳半径,它把日核产生的能量通过辐射向对流层传输。日核位于太阳中心部分,半径相当于 1/4 个太阳半径,物质密度约为 $160 \times 10^3 \ kg/m^3$,相当于水的 160 倍。日核的中心温度高达 1 500~2 000 万摄氏度,中心压力达 3 300 亿个大气压。在这样的高温、高压条件下,物质处于等离子体状态,并发生剧烈的核聚变,释放出大量的能量,使太阳成为巨大的能源。

3. 太阳黑子

在太阳光球层上有一些较暗的斑点,它的温度比光球表面的温度约低 1 500 ℃(大约 4 500 ℃),在明亮的光球衬托下,显得暗一些,这就是太阳黑子。太阳黑子是一个巨大的涡旋气团,它是太阳大气激烈运动的结果。在太阳黑子上,有个较暗的近于圆形的中央核,叫作"本影";在它的外面绕着一圈较亮的、纤维状的影子,叫作"半影"(图5-4)。

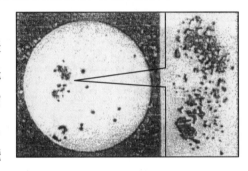

图 5-4　太阳黑子

太阳黑子出现的数目与年份有关,其数目的变化具有一定的周期性。科学家经过不断的观测发现,黑子数从某一年开始逐年增加,增加到极大以后,又逐年减少,从黑子数极小年到下一个黑子数极小年的平均时间约为 11 年,这段时间称为一个太阳活动周期(图 5-5)。

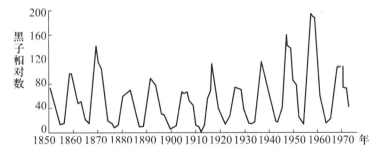

图 5-5　太阳黑子的活动周期

太阳黑子这种数量上的变化,反映了太阳活动的周期性变化。它影响着地球的磁场和大气状况,对农作物的生长也有着重要的影响。

4. 日珥

太阳色球层内,有一股从光球层上射出来的一个个火舌,被称作"日珥"。它们是一团团炽热燃烧的氢气流,常升腾到日冕之中。日珥在光球层外层熊熊燃烧,它们的形状千变万化,有的像鲜红的火舌,有的像炽热的浮云,有的像冲天的喷泉,有的像一个圆环或蘑菇,如图 5-6 所示。日珥的大小不等,一般长度约为 20 万千米,高约 4 万千米,厚约6 000 km。

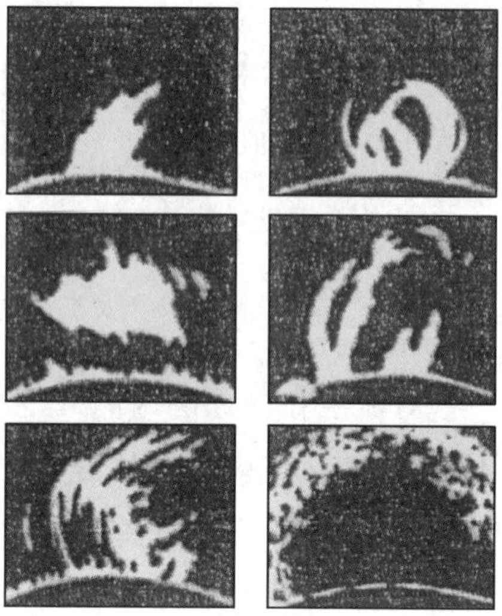
图 5-6　形态各异的日珥

日珥可按其形态和运动特征,分为宁静日珥、爆发日珥和活动日珥。宁静日珥是相对稳定的结构,一般变化较小,日冕停留时间较长,可达数月之久。爆发日珥是由光球以约 700 km/s 的速率喷发到日冕层内的燃烧的氢气流,它的喷发高度可以达到几十万千米。活动日珥则是氢气流不断变化的结果,它们有的从光球喷出,沿着弧形路线呈拱形伸向日冕,然后又回转返回光球层而形成环状日珥;有的则高速喷出,将物质急速抛入宇宙空间。日珥的数目和面积与黑子活动有关,它们也有 11 年的活动周期。

(三)解释问题

本节开头的问题是依据生活中"同一物体近大远小"和"同一热源近热远凉"的经验感受而得到的错误结论。实际上,在一天中太阳和地球的距离是没有变化的。清晨,地平线附近水蒸气较多,对阳光的折射作用加强,使我们看到的太阳(实际上是折射后产生的太阳的"虚像")显得大而扁,呈现红彤彤的景象;而中午,在空旷的天空中水蒸气密度减小,折射现象减弱,我们观察到的太阳便显得小而亮。至于给人早凉午热的感觉,也与太阳与地球的距离无关,而是由于大气层对阳光的吸收和地面对阳光的反射的原因。早晨阳光斜射大地,阳光穿过大气层的路径较长,阳光被大气层和地面吸收较多,而被地面反射给大气的则很少,所以早晨感到凉爽;而中午太阳对地面形成直射,通过大气层的路径较短,阳光被大气层和地面吸收较少,而被地面反射的较多,所以气温升高较多,使人感到比较热。

练习与思考

1. 举例说明太阳是地球上一切可用能量的源泉。

2. 我国古代有一个"夸父追日"的神话故事。说的是有个叫夸父的人,很奇怪太阳的东升西落,便想到太阳落下的地方看个明白,于是急步踏上了追逐太阳的旅程。现在,我们已知道日地距离是 1.496×10^{8} km,假设夸父的行进速度为 5 km/h,夸父追上太阳需多长时间?

三、地　球

（一）提出问题

地球是太阳家族八个弟兄中的老三,也是我们人类生息繁衍的地方。你了解你的家园——地球吗? 你知道地球上为什么有昼夜交替和四季变化吗?

（二）基本知识

1. 地球的形状

人类对地球形状的认识是逐步加深的。由于古时候人类的生产规模窄小,活动范围又非常有限,所以看到自己周围的地面是平的,也就以为整个大地是平的。后来随着社会生产的发展,人类不再局限在一个地方,视野逐渐开阔了,这样就慢慢地认识到我们的大地原来是一个巨大的圆球。特别是 15 世纪末至 16 世纪初,在哥伦布和麦哲伦完成环球航行以后,"地圆说"得到了进一步的证实。

1672 年,有人发现从法国巴黎带到南美洲靠近赤道的地方的摆钟,每昼夜要慢 2 分28 秒,这究竟是为什么呢? 当时牛顿根据自己发现的万有引力定律,认为:由于地球绕轴自转时所产生的离心作用,越靠近赤道离心作用越强,所以地球上的物体有向赤道方向移动的趋势,结果造成了地球形状由原来的圆球形变成了赤道附近向外突出、两极地区趋于扁平的地形。

根据牛顿的预言,人们进行了多年的大规模的测量,证明了地球的确是个扁球。

说到这里,有人可能会问:既然地球是个圆球,那么住在我们地球对面的人不就是头冲下、脚朝上了吗? 其实地球上的人都是正立的。这是由于万有引力作用的缘故,庞大的地球把地面上的所有物体,包括我们人类在内都牢牢地吸住,使我们能够安安稳稳地站立在地面上。所谓"上"和"下",都是相对地心来说的,向着地心的方向是"下",背着地心的方向是"上"。所以说,生活在地球上任何一个地方的人,都可以认为自己是头冲上、脚朝下的,也就是都可以认为自己是正立的。

2. 地球的大小和质量

地球的大小通常用它的半径来表示。既然地球是一个"扁球",那么它在赤道方向和两极方向的半径就不会相同。较新的测量结果告诉我们:地球的赤道半径,也就是长半径是 6 378.245 km;两极半径,也就是短半径是 6 356.863 km,长短半径相差约 21 km。

地球表面是高低不平的,既有山又有水,总面积约有70.8%是海洋,29.2%是陆地,陆地面积又有 20%是沙漠或半沙漠。"世界屋脊"在我国青藏高原的喜马拉雅山区,它的最高峰珠穆朗玛峰高出海平面 8 848 m;地球的最低点在太平洋西部的马利亚纳海沟,它深达 11 022 m,图 5-7 是宇宙飞船从太空拍摄的地球照片。

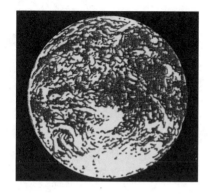

图 5-7   从太空拍摄的地球照片

地球的质量是 595 000 亿亿吨,大约是太阳质量的三十三万分之一。

因为地球对表面上的一切物体都有吸引作用,所以能够保留住围绕地球的大气和水分。地球表面的大气成分中,最主要的是氮气和氧气,其余是二氧化碳和少量的氩、氖、氦、氪、氙、臭氧等稀有气体。按体积占比来说,氮气约占空气总量的 78%,氧气约占 21%,二氧化碳约占 0.03%,其他气体约占 0.97%。大气中的氧气和水分是一切生命所必需的。

3. 地球的构造(图 5-8)

(1)地壳。地壳是由许多岩石组成的,它是地球表面很薄的一层,平均厚度约 17 km。若将地球比做一个苹果,按比例来看,地球的地壳厚度还不及苹果的皮厚。地壳厚度不均匀,大陆地壳平均厚度为 33 km,高原处最厚可达 70 km,海洋地壳平均厚度仅为6 km。地壳分为上、下两层。上层含硅和铝较多,叫硅铝层,主要由密度较小的花岗岩类岩石组成;下层含硅和镁较多,叫作硅镁层,主要由密度较大的玄武岩类岩石组成。地壳中含有 90 多种化学元素,其中氧占 50%,硅占 25%,其他还有铝、铁、钙、钠、钾、镁等元素。地壳岩石不是地球的原始壳层,而是由地壳内部的物质通过火山活动和造山运动形成的。

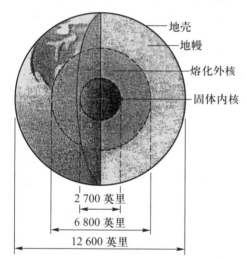

地壳
地幔
熔化外核
固体内核

2 700 英里
6 800 英里
12 600 英里

图 5-8   地球结构剖面示意图

(2)地幔。地幔介于地壳与地核之间,所以又叫中间层。这一层仍为固态,主要成分为铁和镁的硅酸盐类,由上而下,铁和镁含量逐渐增加。地幔分为上、下两层,上地幔主要由橄榄石组成(主要成分为 SiO_2),其上部有一个存有大量岩浆的软流层,它是地面火山喷发时岩浆的发源地;下地幔则是由具有一定塑性的固体物质组成的。

(3)地核。地核的平均厚度约为 3 400 km,它分为两层。地下 2 900~5 100 km 深处,叫作外核,外核的物质是可流动的液态物质;5 100 km 以下的深部为内核,由固态物质组成,主要成分为铁和镍,中心密度为 $13×10^3$ kg/m³,温度高达 5 000 ℃,压力可达 370 万个大气压。

4. 地球的运动

地球是运动的,它不但绕着固定的地轴自转,而且还绕着太阳公转。

地球自转的结果,产生了天然的时间单位——日(即天)。地球自转一周为一日(即一天),也就是 23 小时 56 分 4 秒,若取整数即为 24 小时。

地球绕太阳公转一周所需时间为一年。一年等于 365 日 5 时 48 分 46 秒,这样一个数字在实际应用上是很不方便的,应该取整数,所以现在阳历就规定一年是 365 天。每年 12 个月,除二月为 28 天以外,其余大月为 31 天,小月为 30 天。而一年余下的零头——5 时 48 分 46 秒,凑上 4 年,就多了 23 时 15 分 4 秒,约等于一天。于是每隔四年就增加一天,加进二月里,二月变成 29 天,这一年等于 366 天,叫作"闰年"。

地球自转时,各地方的线速度是不同的,越靠近两极速度越小,趋近于零;越靠近赤道线速度越大,最大可达 460 m/s,要比火车快几倍甚至几十倍。北京位于赤道和北极之间,由于地球自转产生的线速度是 350.9 m/s。

地球绕太阳公转的速度达到 30 km/s,比步枪射出的子弹速度还快好几倍。

(三) 解释问题

地球上为什么有昼夜交替? 我们知道,在同一个时间,地球总是有半面向着太阳,另外半面背着太阳,向着太阳的半面是白天,背着太阳的半面是黑夜。因为地球在不停地自转,所以地球上各个地方都有昼夜交替的现象(图 5-9)。

地球在不停地自西向东自转,白天黑夜连续交替,地球上的东面总是比西面早看见太阳,所以东面总是比西面早进入新的一天。可是,地球是一个圆球,它哪里算是最东面,哪里算是新的一天的起点呢? 地球上本来并没有划分"今天"和"昨天"的界限,这条界限是由人们为了划分日期方便起见经协商一致确定的,取名叫"日期变更线"。"日期变更线"从北极开始,经过白令海峡,穿过太平洋,直到南极(图 5-10)。"日期变更线"是国际上公认的地球上的最东面,也就是地球上新的一天的起点和终点。一个新的日子从这里开始,慢慢地向西"环球旅行"走完一圈,回到这里,一天就算终了,新的一天又从这里开始。

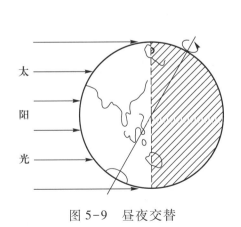

图 5-9　昼夜交替

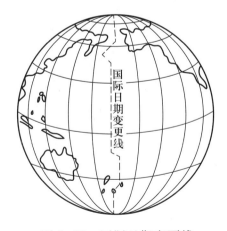

图 5-10　国际日期变更线

"日期变更线"的西面是"今天",线的东面还是"昨天"。船只向西航行,越过这条线时要增加一天;船只向东航行,越过这条线时要减少一天。例如,如果日期是 9 月 30 日,由东向西越过这条线时,马上要从日历上撕下一页变成 10 月 1 日;反之,本来已经是 10 月 1 日,由西向东越过这条线时就变成 9 月 30 日,第二天还要再过一个 10 月 1 日。

我们平时使用的时间,是以太阳的方位作标准的。每当太阳升到正南方上空的时刻,就算当地正午 12 时。又因为地球在不停地自转,东面地方的太阳总是比西面地方的太阳早到正南方上空,所以东面地方的时间总是比西面地方的时间要早些。如果我们这个地方现在是正午 12 时,那么在我们西面的某个地方现在一定还不到 12 时,而在我们东面的某个地方却已经过了 12 时。

为了解决这个时间上的"纠纷",人们经过协商以后一致决定,把整个地球按东西方向划分成 24 个时区,同一时区里的各个地方都采用统一的时间标准。在这 24 个时区里每相邻两个时区的时间正好相差一小时,时区与时区之间,只是小时数的不同,分秒数还是相同的。

我国把北京时间作为全国的统一标准时间。

一年四季是怎样来的? 我们已经知道,地球既自转又公转,自转产生了昼夜,公转带来了四季。

地球绕着太阳公转的时候,姿势不是直立的,而是侧着身的。也就是说,地轴同轨道平面之间不是直角关系,而是斜交成一个 66°33′ 的角。不论地球在公转轨道上的什么地方,地轴的这种倾斜方向始终保持不变(图 5-11)。

由于地球是一个圆球,垂直地轴的赤道面把地球分成南北两个半球。当地球侧着身绕着太阳

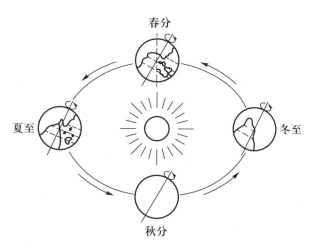

图 5-11　四季的产生

公转时,总是有一个半球比另一个半球倾向太阳,受到阳光照射的方向比另一个半球更垂直。结果这个半球接收到太阳照射的热量多,时间也长,所以气候比较炎热;相反,另一个半球接收到太阳的照射热量少,时间也短,所以气候比较寒冷。

我们处在地球的北半球,尽管太阳每天都是东升西落,可是在不同季节的同一时间里,太阳在天空中的位置是不一样的。夏天的中午,烈日当空,几乎直晒头顶,太阳光直射地面,昼长夜短,天气很热。到夏至那天,太阳在中午的位置最高,白昼最长,往后太阳就慢慢地斜向南,天气也逐渐地凉起来。秋分这一天,昼夜相等。过了秋分,夜开始比昼长了。进入冬天,同样是中午时刻,太阳的位置却已经偏南很多,这时候阳光斜射地面,所以昼短夜长,天气很冷。到了冬至那天,太阳在中午的位置最低,夜最长。冬至以后,太阳又渐渐地移向头顶,天气又慢慢地暖和起来。春分这一天,又是昼夜时间平分。过了春分,又开始一天比一天昼长夜短了,直到夏至。这样,随着地球环绕太阳公转,南北半球交替地倾向太阳,昼夜消长,寒来暑往,循环不已,地球上的一年四季就形成了。

显然,在我们北半球的人看来,太阳总是在南方上空。越往北方,太阳越斜,天气越冷,夏季越短,冬天越长,直到北极,干脆是终年寒冷的冬天了;相反越往南方,太阳越高,天气越热,夏季越长,冬季越短,直到赤道,干脆是终年炎热的夏天了。

南半球的情况正好和北半球相反。北半球春夏时,南半球是秋冬;北半球秋冬时,南半球是春夏。在南半球的人看来,太阳总是斜挂在北方上空的。

练习与思考

1519 年 9 月 20 日,葡萄牙海员麦哲伦率领由 5 艘破旧海船、256 人组成的远航队,从西班牙出发,开始了绕地球一周的环球航行。他们渡过大西洋,绕道南美洲,通过后来被命名的"麦哲伦海峡",横跨太平洋,到达菲律宾。在菲律宾,麦哲伦在同当地土著人的冲突中被杀死在海滩上。他的船队继续前进,沿着亚洲和非洲海岸回到西班牙,终以非凡的毅力完成了人类历史上第一次环球航行,此次航行前后经历了 3 年之久。从此,人们不再怀疑地球是球体了。

但是,当胜利归来的水手们踏上西班牙海岸和当地居民狂欢的时候,却发现了一件惊人的事情:西班牙日历上为 1522 年 7 月 7 日,而他们的航海日记上却清楚地写着 1522 年 7 月 6 日,少了一天。

怎么少了一天呢? 水手和当地居民发生了争论。这个消息很快传到了神父那里,神父认为这是犯了弥天大罪,认为少了一天,就说明航海途中必然把宗教节日过错了,水手们一定在吃斋的日子里开了荤! 水手们知道,每度过一天,航海日记就记录着这一天的大事,按理是不会出错的,真是有苦难言啊!

后来,由于环球航行的功劳和人们的喜悦,水手们才没有被定罪。但他们为了免受宗教的惩罚,还是到附近的教堂里去虔诚地忏悔,一直到死,水手们也不明白这到底是怎么一回事。失去的那一天究竟哪儿去了呢? 这个谜在很长一段时间里一直困惑着人们。

同学们,你们能帮助水手们揭开这个谜吗?

四、 地球的卫星

(一) 提出问题

千百年来,我国民间流传着很多关于月宫的神话故事,其中"嫦娥奔月"是最著名的一个。人们把月宫想象成一个瑰丽无比的世界,那里有翩翩起舞的嫦娥仙子,有吴刚在不停地挥斧砍伐那永远也砍不倒的桂树,还有一只小小的蟾蜍和一个捣药的白兔……那么,皎洁明亮的"月宫"里究竟是一番怎样的景象呢? 你观察过月亮吗? 怎样观测才能掌握月亮的变化规律?

（二）基本知识

1. 地球的天然卫星——月球

（1）月球的自然状况。近百年来,人们先后通过望远镜、雷达、激光等先进的科学手段,对月球进行观察、测量和拍摄。美国"阿波罗"宇宙飞船曾将宇航员送上月球表面,他们在月球上行走、拍摄、安放一些仪器并采集了矿石标本,最后安全返回地球。通过这些努力,人们逐步揭开了月球的神秘面纱。

图 5-12   地球和月球

月球是离地球最近的天体（图 5-12）,它们之间中心的距离是 384~400 km。一束激光从地球表面发射到月球上再反射回来,只需 2 s 多一点的时间。

月球的直径是 3 475.8 km,质量大约等于地球质量的1/81,即7 350亿亿吨。月球的引力只相当于地球的1/6,一块沉甸甸的大石头,在月球上可以轻轻拨动,毫不费力。一个体重 75 kg 的人,到月球上称一称只有 12.5 kg。在月球上,我们个个"身轻如燕""力大如牛"。

月球的表面,并不像我们想象的那样光滑平整,而是坑坑洼洼、高低不平的。它有好多一圈圈蜂窝似的环形山（图5-13）,大小不等,直径在 1 km 以上的有 3 万多个。大的环形山,都以地球上已故的科学家的名字命名。月球上还有不少险峻的山峰,有的比地球上的珠穆朗玛峰还高。月球上的黑暗部分是平原和低于平原的没有水的"海"。整个月球上没有水、没有空气,因此月球上没有生命,没有树木花草、飞禽走兽,当然也就没有传说中的桂花树和玉兔,嫦娥和吴刚也无法在此生活。"美丽的月宫"实际上是个万籁无声的不毛之地、死气沉沉的荒凉世界。

图 5-13   月球环形山

因为没有水和空气,在月球上没有刮风下雨,天气永远晴好。太阳和星星同时出现,太阳显得特别明亮。月球上昼夜的温度相差悬殊,白天太阳晒到时,温度高达 127 ℃;夜晚背着太阳时,一下子降到零下 183 ℃。

没有空气,声音也无法传播。月球上静得出奇,即使在你身边鸣枪放炮,你也只能看到火光,听不到声音。宇航员在月球上,即使离得很近,也只得用无线电对讲机相互交流。

这样看来,月球是个死寂的、荒凉的、毫无生趣的世界。那里暂时还不能住人,现在还没有生命。但月球上有丰富的资源,有太阳能、有特殊的空间物理条件。经过对宇航员从在月球上采集的岩石土壤分析,人们了解到月球上有铅、钙、铁、硅、钛、镁、钾等66种元素,可以建设成优良的空间工业基地。

（2）月相变化。月球和地球一样,本身并不发光,它由于反射太阳光而发亮。它被太阳照射的半球是亮的,背着太阳的半球是暗的。当月球绕着地球公转时,它和太阳、地球的相对位置不断变化,我们从地球上看到月亮的明亮部分就会发生有规律的圆缺改变,这种改变称为月相变化(图 5-14)。

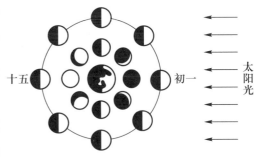

图 5-14　月相变化

当月球位于太阳和地球之间时,它的暗面正对着地球,我们便看不到月球,这时候的月相称为"朔",也就是农历的初一。朔后一两天,我们便可以看到镰刀状的月牙出现在傍晚的西方天空中,称为新月。新月以后,我们看到月球的明亮部分逐日增加,再过五六天后,它的暗面与亮面各有一半对着地球,我们便看到半个明月,这样的月相称为上弦月,也就是农历的初七或初八。上弦月的亮面朝西,再过七八天,月球运行到正好相反的位置,这时候地球正位于太阳和月球之间,月球被照亮的一面正对着地球,我们便看到圆圆的满月,称为"望",是农历的十五或十六。满月时月球傍晚东升,清晨西落,整夜可见。满月以后我们看到月球的明亮部分逐渐变小,七八天以后,月球又以半明半暗的半球对着地球,我们又只看到半个明月,这时的月相称为下弦月。下弦月一般在农历廿二或廿三,下弦月的亮面朝东,半夜升起。下弦月后,月球继续亏缺,到了廿六或廿七,我们又看到镰刀状的月球,称为残月。残月后一两天,月球又回到朔的位置上。月球圆缺变化的周期称为朔望月,约为 29.5306 个太阳日,它是我国农历月份长短的基础。

（3）"闰月"的由来。注意一下农历每年所包含的月数,我们会发现,有的年是 12 个月,有的年是 13 个月。这是怎么回事呢? 原来一个太阳年是 365.2422 日,而一个朔望月是 29.5306 日。如果 12 个朔望月构成一个农历年,这个农历年就是 29.5306×12 = 354.3672 日,比一个太阳年少 11 天左右;如果 13 个朔望月构成一年,那么 29.5306×13 = 383.8978 日,又比一个太阳年多了 18 天左右。为了解决这一矛盾,必须同时兼顾到太阳和月亮的运动。我们的祖先在辛勤的天文观测的基础上规定"19 年 7 闰法",也就是在 19 个阴历年中设 12 个平年,每一平年为 12 个朔望月;设 7 个闰年,每一闰年为 13 个朔望月。这就是说,19 年中总共 12×12+13×7 = 235 个朔望月,总共的日数为 29.5306×235 = 6 939.6910 日;另一方面 19 个太阳年的总日数为 365.2422×19 = 6939.6018 日。比较这个总日数,相差仅为 0.0892 日。这表明,按照"19 年 7 闰法"可以把太阳和月球的运动很好地协调起来,便制定出精度相当高的并与天象密切符合的阴阳历——日历。

2. 人造地球卫星

夕阳西下,暮色苍茫。随着夜色逐渐深沉,点点闪烁的繁星布满了天穹。这时人们仰望天空,常常会发现一些星辰在晶莹的星群中蠕动,时明时暗、或快或慢,这是些什么星辰呢? 原来这些就是人造地球卫星。今天已有两千多颗大小不一的人造地球卫星和宇宙飞船云游于广阔的太空之中,成为太阳系家族中的特殊成员。

人造地球卫星从结构上看大同小异,可是从外形上看,却是形态各异。人造地球卫星一般由卫星壳体、控制设备、通信系统及能源装置四个部分组成;外形有球形、圆柱形、圆锥形、球形多面体和柱状多面体等,它们有的张着几块挺大的扇叶,有的则伸出几根很长的探针。人造地球卫星用途广泛,这里仅就几个与我们密切相关的方面介绍如下:

(1)观测天体。天文学的发展,要求人们能观测到更多的宇宙天体。但厚厚的大气层里悬浮着的尘埃、流动的气流造成的闪烁星空,使一些星球传来的光被吸收、被扭曲。星体不仅能发出光线,还能发出电波,可是地球周围的大气层妨碍了某些波长电磁波的传播,使地面上的射电望远镜的观测范围大受限制。因此,在地球表面,人们只能尽可能设法将天文台设在高山上,以减少大气层对电磁波的干扰。然而这种高度毕竟是有限的,目前世界上最高的夏威夷岛上的穆纳基高山天文台,海拔也不过 4 148 m,远远没有摆脱大气的束缚。

天文工作者早就渴望到太空中观测,而通过发射天文观测卫星就能实现人们的这一夙愿。卫星高处太空,外部空气稀薄,星光明亮清晰,能看到比在地球上看到的最暗的星星还暗的星体。如果使用望远镜观察,就能接收到更丰富的宇宙信息,看到更多的星体,因而它为天文学的研究开辟了一条广阔的道路。

(2)预报气象。专门用于执行气象任务的卫星叫气象卫星(图5-15)。在气象卫星上安装一些仪器,就可以获得高空大气的温度、湿度、压力等资料。如果装上电视摄像系统、图片自动传输系统和自

图 5-15　气象卫星

动存储装置等仪器,就能给大面积的云层拍照,自动传输地球每一部分云层的图片,也就是我们每天都可以看到的中央电视台天气预报中的卫星云图。气象卫星还可以测量臭氧的分布数据,观测热带风暴的形成、演变和运动。

(3)广播通信。地球大气的上层,有一个天然屏蔽——电离层,其中有许多带电颗粒,它能反射短波波段的无线电波,所以用普通的收音机就可以听到远地电台的广播。可是,电视广播信号是利用微波传输的,微波不能被电离层反射,它沿直线传播,或穿过电离层,或被电离层吸收。

地球表面是圆弧形的,信号的发射和接收之间距离如果太远,电波就被凸出的地表面所阻挡,因此一般电视的有效发射半径只能在 60 km 左右。为了扩大广播范围,只好增加电视塔的高度。有的国家已把电视塔增高到 536 m 了,但发射半径也只有 100 km 左右,于是人们采取微波接力的办法来传输电视信号。由于微波一般是沿直线传播的,两个中继站要彼此看得见,就需要每隔 50 km 左右设一个收发接力站,把信号一站站地传送到很远的地方去。

如果在人造地球卫星上建立电视转播站,就能把地面电视台发出的电磁波发射到卫星上去,再由卫星发射到地面来。凡是在卫星视角范围内的地面站,都能利用卫星进行通信和转播

电视节目(图5-16)。

担负转播任务的卫星叫作通信卫星。世界上已经用同步卫星建立了国际性的卫星通信网,用来进行全球性的卫星通信和电视转播。

同步卫星高处35 860 km的赤道上空,一颗卫星就可以垂直俯视地球1/3的表面。我们只要在地球赤道上等间隔地放上三颗同步卫星,就能将通信业务扩大到除南北极地区以外的整个地球表面,这就是同步卫星通信系统(图5-17)。

(4)空中城郭。为了让更多的科学工作者到空间去开展长时间的研究工作,科学家们提出了建立"空间站"的建议。1973年5月14日,美国发射了巨型宇宙飞船"太空实验室"(图5-18),这是人类发射到太空的一个最大最重的物体。它的外形呈圆柱状,长30余米,直径7 m,质量接近80 t。宇航员和科学家可以在太空实验室里对太阳、地球及

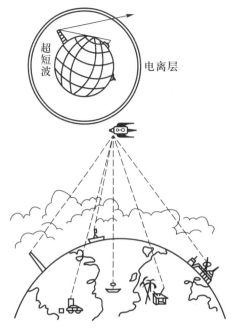

图5-16　卫星通信示意图

其他天体进行观测,可以进行人体在长期失重条件下生活情况的试验。

"太空实验室"的试验成功,说明人类可以在宇宙中长期生活。现在人们正计划在空中建立更大的基地——"卫星式星际航天站"(图5-19)。

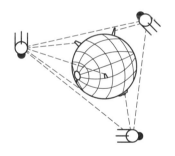
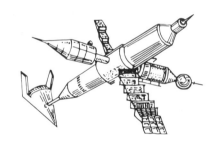

图5-17　同步卫星通信系统　　　　图5-18　太空实验室　　　　图5-19　卫星式星际航天站

星际航天站不但能给科学工作者提供星空研究基地,而且能给宇航员飞向别的星球提供良好的条件。这样的航天站,几乎是一座"空中城郭"、一个地球之外的人类居民点。

(三)解释问题

为了掌握月相变化的全过程,要连续观测一个月的时间,观测要从农历月初开始到月底止。从月初到满月这段时间里,观测月相可以在太阳刚下落的时候进行。每天把月相和位置记录下来,如图5-20所示,如果能画下月面的明暗形状,那就更好了。

从满月到月底这段时间里,观测月相可以在太阳升起之前进行,同样把月相和位置记录下来,如图5-21所示。

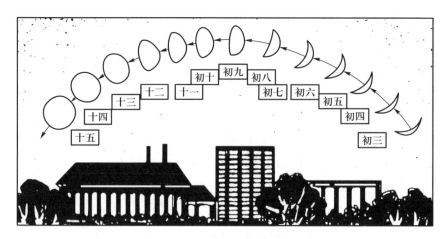

图 5-20　从月初到满月的月相观测

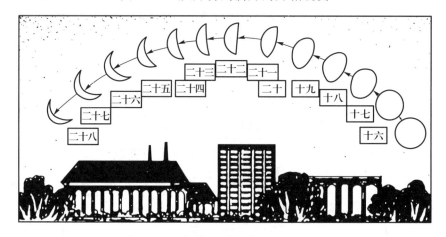

图 5-21　从满月到月底的月相观测

若每晚都进行多次观测,每次都记下观测的准确时刻和看到的月相,就能够求出朔望月的时间来。其方法是:做两个月的连续观测,找出相邻两个月中完全相同的月相之间的时间间隔,这个时间间隔就是一个朔望月的时间。

五、日食和月食

（一）提出问题

你听爷爷、奶奶等长辈说过"天狗吃日"吗?

白天,正当一轮红日高悬空中,突然一个黑影闯了过来,慢慢地将太阳的光辉吞没。人们开始感觉到,好像黄昏突然降临。但是,稍过一会,等我们眼睛适应以后,又会觉得如同上、下弦时的月夜一样,星星在昏暗的天空中闪烁。几分钟过后,黑影移开,天空恢复光明,大地重新喧闹起来,一切又恢复到白天的情景。这就是日食,也就是老人们所讲的"天狗吃日"。在我国境内很少看到日全食,但日偏食却经常发生。那么,日食是怎样发生的呢?

（二）基本知识

1. 日食

（1）日食的成因。我们知道,地球绕太阳公转,一年转一周;而月球则绕地球转动,一个月转一周。太阳、地球和月球三者在天空的位置,是每时每刻都在变化着的。

当我们看到太阳和月球在同一方向的时候,也就是太阳黄经与月球黄经相等时,这种相对位置一般称为"朔"。

当我们看到太阳和月球在相反方向的时候,也就是太阳和月球的黄经相差180°时,这种相对位置称为"望"。

地球和月球都是本身不发光而又不透明的球体,它们仅反射太阳光。地球和月球在太阳光的照射下,背着太阳光的一面都会拖着一条长长的影子。当朔的时候,月球运行到太阳和地球之间,如果这时太阳、月球、地球三者恰好或几乎在一条直线上,月球的影子就会扫到地面上来,那么,被月影扫过的地区的人们就会看到太阳被黑东西遮住,这样就发生了日食。显然,日食必定发生在"朔"日,即农历初一。

但是,不是每次"朔"日都发生日食,因为在"朔"的时候,月球虽然位于太阳和地球之间,但日、月、地三者不一定恰好或几乎呈一条直线。这是因为月球绕地球运行轨道平面(白道面)和地球绕太阳公转的轨道平面(黄道面)并不重合,而是有一个平均为5°09′的交角。所以只有当月亮运行到黄道和白道的升交点和降交点附近时才有可能发生日食(图5-22)。

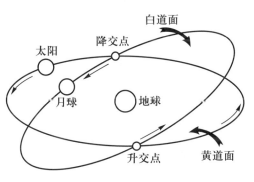

图5-22　黄道和白道交角

（2）日食的种类。当太阳、月球、地球三者恰好或几乎在一条直线上时,月球的影子落在地球的表面上,在影子里的观测者就会看到太阳被月球遮蔽的现象,这就是日食。

月球的影子可分为本影、伪本影和半影三部分。在本影的范围内,观测者看到太阳全部被月球遮住,这叫日全食;在伪本影的范围内,观测者看到月球不能全部遮住太阳,太阳边缘还剩下一圈光环,这叫日环食;在半影的范围内,观测者看到太阳只有一部分被月球遮住,这叫日偏食,如图5-23所示。

本影或伪本影在地球表面扫过的区域叫作日食带。在本影扫过的区域内可以看到日全食,这个区域叫做全食带(图5-24);在伪本影扫过的区域内可以看到日环食,这个区域叫作环食带。日食带两旁是半影扫过的区域,可以看到日偏食,看到偏食的地区比看到全食或环食的地区广得多。

为什么月球的影有时是本影部分扫过地球表面,有时是半影部分扫过地面,有时又是伪本

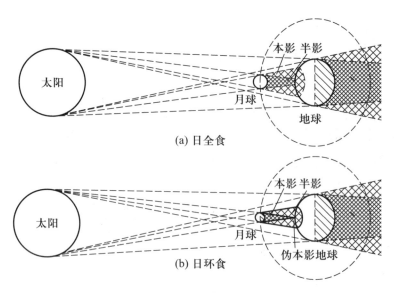

图 5-23   日食的种类

影扫过地面呢？这是因为在日食发生时，地球、月球、太阳相互距离的变化而造成的。地球围绕太阳运行的轨道不是正圆形，而是椭圆形。同样，月球绕地球运行的轨道也是椭圆形。所以，太阳、地球、月球三者的相互距离随时都在变化。月球离太阳越远，月球的本影越长；月球离太阳越近，月球的本影就短。计算表明，月球的本影最长可达 379 660 km，最短时是 367 000 km，平均长度为 373 330 km。而月球到地球的距离平均为 384 400 km，减去地球半径 6 378 km，月球到地面的距离平均为 378 022 km，最近时为 350 422 km，最远时为 400 522 km。因此，当月球的本影长度超过月球和地球的距离时，本影就扫过地球表面，人们就会看到日全食。半影扫过的区域则只能看到日偏食。但是，如果月球本影的长度小于月球和地球的距离时，本影就扫不到地球表面，而是由本影尖端延长出来的伪本影扫到地面。这时，被伪本影扫过的地带（即环食带）的人们就会看到日环食（表 5-2）。

（3）日食的过程。日食发生时，根据月球圆面同太阳圆面的位置关系，可以分成五个阶段（图 5-25）。

① 初亏。月球东边缘刚刚同太阳西边缘相接触的时刻叫初亏。初亏是第一次外切，是日食的开始。

② 食既。初亏后大约一个小时，月球的东边缘和太阳的东边缘相内切的时刻叫食既。食既是第一次内切，是日全食的开始，从这时候开始月球把整个太阳都遮住了。

③ 食甚。月球中心移到同太阳中心最近的时刻叫食甚。食甚是太阳被食最深的时刻。

④ 生光。月球西边缘和太阳西边缘相内切的时刻叫生光。生光是第二次内切，是日全食的结束。从食既到生光一般只有 2~3 分钟，最长不超过 7 分半钟。

⑤ 复圆。生光后大约一个小时，月球西边缘和太阳东边缘相接触的时刻叫作复圆。复圆是第二次外切，从这时候起，月球完全脱离太阳，日食结束。

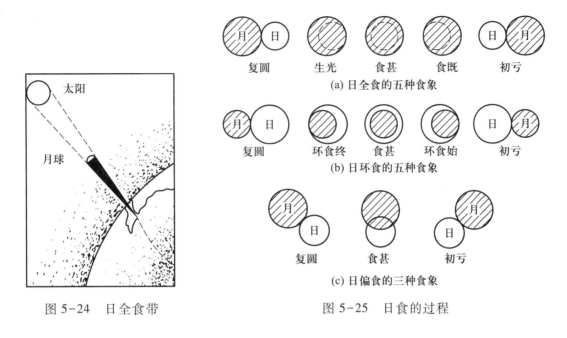

图 5-24　日全食带　　　　　图 5-25　日食的过程

表 5-2　2005—2015 年我国可见的日食表

日期	类型	见食情况	日期	类型	见食情况
2005.10.3	环	我国可见偏食	2010.1.15	环	环食带从云南到山东
2006.3.29	全	我国可见偏食	2011.1.4	偏	我国可见
2007.3.19	偏	我国可见	2011.6.2	偏	我国可见
2008.8.1	全	全食带从新疆最北部到河南	2012.5.21	环	环食带从广西到台湾
2009.1.26	环	我国可见偏食	2015.3.20	全	我国可见偏食
2009.7.22	全	全食带从西藏南部到长江口			

2. 月食

（1）月食的成因。月食的基本原理和日食原理类似。当月球运行到和太阳相反的方向，从地球上看去，日、月方向相差180°，即"望"。这时，如果太阳、地球、月球三者恰好或几乎在一条直线上，则射向月面的太阳光被地球挡住，也就是月亮走进地影里，使得部分月面或整个月面照射不到太阳光，于是就发生了月食（图 5-26）。

显然，月食只能发生在"望"日，即农历的十五或十六。但并不是每次"望"日都会发生月食，只有当月球在"望"日运行到白道和黄道的交点附近才会发生月食。

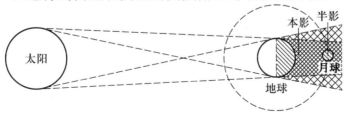

图 5-26　月食的形成

（2）月食的种类。地球在背着太阳的方向有一条阴影,这条阴影分本影和半影两部分(图5-27)。本影没有受到太阳直接照射的光,半影受到一部分直接照射的光。月球在绕地球运行的过程中,有时会进入地影,在背着太阳一边的观测者就会看到地影遮蔽月球的现象,即形成月食。月球整个进入地球本影,发生月全食;月球部分进入地球本影,发生月偏食;月球只进入地球半影,发生半影月食。月全食和月偏食都叫作本影月食,本影月食是肉眼可以看到的,通常所说的月食即是指本影月食。对于半影月食,由于地球半影里仍有太阳光线,月面仍然是亮的,只是比平时暗些,用肉眼不容易觉察到。

与日食不同,月食的种类只有全食和偏食两种,而没有月环食。由于地球的体积大,地球的本影很长,最短时也可达到 1 360 000 km,这比月球和地球之间的距离大得多。所以,发生月食时,月球只能进入地球的本影内,而永远也不会进入地球的伪本影中去,即永远不会有月环食发生(表5-3)。

表5-3 2005—2015 年我国可见的月食表

日期	类型	日期	类型	日期	类型
2005.10.17	偏	2010.1.1	偏	2012.6.4	偏
2007.3.4	全	2010.6.26	偏	2013.4.26	偏
2007.8.28	全	2011.6.16	全	2014.10.8	全
2008.8.17	偏	2011.12.10	全	2015.4.4	全

（3）月食的过程。月食的过程可以分成七个阶段:

① 半影食始。月食发生时总是月球的东边缘首先进入地影,当月球与地球半影两圆面第一次外切时叫作半影食始。

② 初亏。当月球和地球本影第一次外切时叫作初亏。

③ 食既。初亏后,月球慢慢进入地球本影内,当月球和地球本影两圆面第一次内切时,标志着月全食的开始,此时被叫作食既。

④ 食甚。月球深入到地球本影里面,月球中心与地球本影中心距离最小的时刻,叫作食甚。

⑤ 生光。这是月球东边缘与地球本影东边缘相内切的时刻,这时候月全食结束。

⑥ 复圆。这是月球西边缘与地球本影东边缘相外切的时刻,这时候本影月食结束。

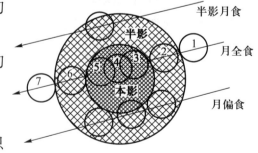

图 5-27   月食的过程

⑦ 半影食终。这是月球离开地球半影的时刻。

如果只考虑本影月食,那么月全食和日全食一样,只有初亏、食既、食甚、生光、复圆五个阶段。在月偏食的整个过程中,由于月球没有整个进入地球本影中,因此没有食既和生光的情形,所以只能观察到初亏、食甚、复圆三个过程(图5-27)。

（三）解释问题

现在我们知道，日食和月食是一种自然现象，它是由于地球、月球的运动而引起的太阳、地球和月球三者之间相互位置变化的结果。

日食差不多每年都发生，我们如何对它进行观测呢？日食发生的时候，千万不能够用肉眼直接进行观察，以免太阳光灼伤眼睛。通常采用以下几种简单的方法进行观测：

（1）油盆或墨水观测法。用一盆油或在一盆清水里滴几滴墨汁，放在院中地面上，日食的时候从盆里看太阳的倒影。

（2）曝光底片观测法。找几张过光的120照相底片，把它们重叠起来，日食的时候隔着这些底片看太阳，用这种方法观测日食时，要根据太阳光的强弱增减底片的张数。

（3）黑玻璃观测法。找一块玻璃板，用煤油灯或蜡烛火焰将它均匀地熏黑，日食的时候隔着这块黑玻璃观测太阳。

（4）望远镜观测法。用附带中性减光板的望远镜，可以直接观测或拍摄日食的全过程。特别要注意，当望远镜没有减光措施时，千万不能通过望远镜直接观测太阳，否则强烈的阳光会灼伤人的眼睛。只有食甚发生时才可去掉减光板，用肉眼直接观看，过后不要忘记罩上减光板。用几张曝过光的照相底片重叠在一起也可以代替减光板。

（四）趣味探索

小实验

模拟日食和月食

准备两个大小不同的球和一盏去掉灯罩的台灯，小球当作月球，大球当作地球，台灯当作太阳。把小球放在灯泡与大球之间，当灯泡、小球和大球三者恰好在一条直线上时，小球的影子就落在大球上。这时，从阴影的地方向灯泡看过去，就看不见灯泡了，这种现象就跟月球遮挡住太阳一样，这就是日食的原理。如果把大球放在灯泡和小球之间，当三者恰好在一条直线上时，则大球的影子遮住了小球，这就相当于月食。

观察与思考

每年日食的次数比月食多，但就某一地点来说，看到月食的机会要比日食多得多。这是因为每次日食在地面上只有一条窄长的区域才能看到，而每次月食半个地球上的人都可以看到。你观测过月食吗？请你根据月食表中月食的时间来进行观测并做好观测记录。

六、恒 星 世 界

（一）提出问题

仲夏初秋的夜晚,我们仰望天空,可以看到一条白茫茫的"天河","天河"的里面有一个发着白色光芒的亮星,这就是"织女星";靠近织女星有四个小星,组成一个菱形,传说是织女织布用的梭子。天河的东面,与"织女星"隔河相望的一个微微发黄的亮星就是"牛郎星",它的两旁有两个小星,三星连成一线,好像一条扁担。传说农历七月初七是"牛郎和织女鹊桥相会"的日子,那么,"牛郎"和"织女"能够在一夜之间相会吗?"天河"真的是天上的长河吗?

（二）基本知识

1. 星星的数目

"天上星,亮晶晶,数也数不清。"其实,在晴朗无月的夜晚,只要耐心观察是可以数出星星的数目来的。整个星空的星星,用肉眼大约能看到六千多颗。在某一固定地点,即使是一个目光敏锐的人,也只能看见三千多颗。

如果用望远镜观测,那看到的星星就多了。使用的望远镜越大,看到的星星就越多。一架小的望远镜能看到差不多五万颗星星,而一台大的望远镜能看见十亿颗以上。其实,天上的星星是无限多的,十亿颗也还只是其中极小的一部分。而在这些星星之中,除了太阳系中的八颗行星之外,其余全部都是能够自己发光发热的恒星。

2. 星座

天空中明暗不同的星星基本上维持一定的相对位置,构成特殊的形象。古代人为了观察方便,把天上的星星分类编组,以明亮的星星为主,用想象的线条将它们连接起来,叫作星座。按照星座中主要星星的排列,编成各种各样的动物、器具等图形,并且用它们的名字来称呼这些星座。比如,大熊星座、小熊星座、大犬星座、小犬星座、白羊星座、金牛星座、船底星座、圆规星座等。1928 年,国际天文学联合会公布了 88 个星座方案并被公认。

3. 星名

每个星座包含肉眼可见的星数有多有少,多则一百多颗,少则十几颗。组成星座的星星都有各自的名称,一般是按照星座内星星的亮度减小的顺序排列,用希腊字母 α、β、γ……命名。如小熊座 α 星(北极星)、天琴座 α 星(织女星)、天鹰座 α 星(河鼓二即牛郎星)等。

4. 星等

天上的星星有亮有暗,人们根据星星的亮暗程度划分等级,星星越亮星等的数字越小。天文学家把用肉眼勉强看到的星定为 6 等星,比 6 等星稍亮的是 5 等星,再稍亮依次是 4 等星、3 等星、2 等星、1 等星、0 等星。为了更精确地比较星星的亮暗程度,又使用了带小数的星等,对于少数比 0 等星还亮的星,使用了负等星。例如,织女星是 0.0 等;天狼星是-1.4 等;行星中最亮的金星是-4.4等;满月是-12.5 等;太阳是-26.7 等。

全天空星等<2 的亮星只有 20 来颗,其余无数星星都是星等≥2 的比较暗的星星。

5. 星星的远近

人们总以为天上的星星好像是嵌在天穹上的银灯,离我们都是一样的远近。其实不对,星星离我们有近有远,离我们最近的恒星是太阳。太阳离我们约一亿五千万千米,太阳光经过大约 8 分 18 秒到达地球。除了太阳,离我们最近而且能用肉眼看得见的星星是"南门二",离我们 4.3 光年。

离开我们在 20 光年以内且用肉眼能看得见的星星总共不过十几颗。比如,"天狼星"离我们 8.7 光年;"南河三"离我们 11.3 光年;"牛郎星"离我们 15.7 光年。

另外还有一些星星,比如"织女星"离我们 27 光年;"大角星"离我们 36 光年;"北斗七星"离我们 100~150 光年;"参宿四"离我们 652 光年。这些也还都是离我们较近的星星。

(三)解释问题

"牛郎"和"织女"能够在一夜之间相会吗?

在我们看来,"织女星"和"牛郎星"好像相距很近。其实,它们之间的距离有 16.3 光年。如果真的要在它们之间架一座桥,这座桥的长度就可以在地球和太阳之间往返五十万个来回。步行走这座桥要花两亿年;喷气式飞机要飞几千年;即使双方通一个无线电话,一方传出去以后,要隔三十多年才能听到对方的回音。你想想,这么远的距离,"牛郎"和"织女"能够在一夜之间相会吗?

"天河"究竟是什么?

古时人们以为"天河"就是天上的长河,也有说是水汽凝成的白雾,其实都不是。用望远镜观看"天河",那白蒙蒙的光带原来是由数不清的密密麻麻的星星组成的。因为星星又多又密,离我们又远,用肉眼不能把它们一一分开,所以看起来才成为白蒙蒙的一片。由此看来,"天河"实际上是一个庞大的恒星集团,天文学上把它叫作银河系。实际上我们看到的满天星斗都属银河系,包括太阳系在内。

整个银河系约有一千亿颗恒星,这些星星都围绕着银河系的中心运动着。

随着观测设备和技术的提高,人们进一步发现:在宇宙中银河系并不是唯一的,在银河系外面还有很多和银河系一样庞大的恒星集团,例如仙女座星系、猎犬座星系,人们叫它们河外星系。目前,已经发现了 10 亿多个河外星系。

（四）趣味探索

观察与思考

北斗七星自古以来就为生活在北半球的人所熟悉。它是大熊星座的一部分，由七颗星组成一个大勺的形状，它像古代量粮食用的斗。你观察过北斗七星吗？请你利用北斗七星找到北极星。每个季节都观察，看看北斗七星是怎样绕着北极星运动的，并写出观察报告。

七、四季星空

（一）提出问题

晴朗的夜晚，天空中繁星密布，镶嵌在夜幕上，闪闪发光。你观察过星星吗？一年四季的星空相同吗？你认识人们用来确定时间的"三星"吗？为什么北极星不分季节、不分昼夜总是待在北方上空的一个固定地点不动呢？

（二）基本知识

1. 春季的星空

立春以后，严寒引退，大地生机勃勃。太阳西沉以后，天空便出现闪闪烁烁的点点繁星，组成千姿百态的美丽图案。春季的主要星座如图 5-28 所示。北斗七星位于头顶上空，它是大熊星座的一部分，七颗星正好分布在大熊的屁股和尾巴上。大熊星座附近还有小熊星座，小熊星座尾巴尖上的一颗 2 等星就是有名的北极星（α），人们夜间都用它来判别方向，因为它的位置是不变的。通过北斗七星可以找到北极星。沿北斗勺头的两颗星向前引一条大约 5 倍于这两星之间的距离处有一颗星，这便是北极星。顺着北斗七星斗柄三星的弧形弯曲向东南延长约一个北斗全长的地方，就会遇上一颗橙红色的亮星，这就是牧夫座的大角星（α）。牧夫座另有五颗 3 等以下的暗星组成一个五边形，加上大角，很像一个风筝，大角就像挂在风筝下边的明灯。牧夫座也叫赶熊夫，正位于大熊尾巴（北斗的斗柄）的后边。

紧靠牧夫座的东边，有七颗 3 等以下的暗星，排列成一个小小的半环形，开口对着东北方向，形似一串珠子，这就是北冕星座，俗称贯索。古代人把它想象成一顶王冠，其中最亮的一颗 3 等星是北冕星座的贯索四（α）。我国民间还把这一串星起名为天上的八角琉璃井，传说西王母上井打水踩掉了一个角（即一颗星），剩下七个角（即七颗星）。

顺着北斗七星斗柄三星的弧形弯曲到大角星以后，再继续向南弯曲延伸约一个北斗全长的位置上，又会遇上一颗白色亮星，这就是室女座的角宿一（α）。

由北斗七星中的天枢(α)向天璇(β)作连线并延长大约这两颗星间距的七倍处,就是以九颗星为骨干的狮子座。狮子座有两颗亮星,一颗是白色亮星轩辕十四(α),另一颗是黄色的亮星五帝座一(β)(图5-29)。

在春夜星空中,狮子座是最引人注目的角色。

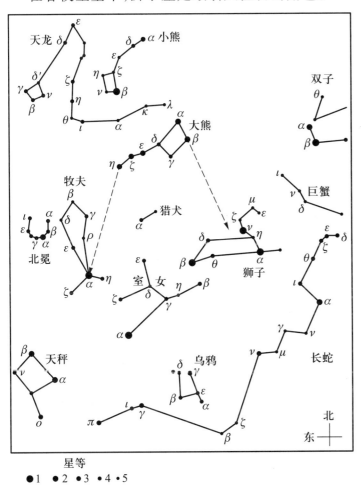

图5-28　春季的主要星座

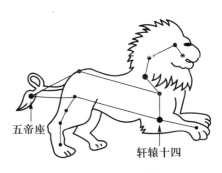

图5-29　狮子座

2. 夏季的星空

告别春天,地球载着人们奔向夏天,夏夜的星空舞台将更加热闹非凡(图5-30)。黄昏以后,北斗七星在西北方向的半空中,斗柄指向南方。

这时期的星空特点是:银河挂在大空,"牛郎""织女"在银河两旁脉脉相望。天琴座中的织女星(α)差不多位于我们头顶上,由织女星向东南方看,隔着淡奶色的银河有一颗微黄色的亮星——天鹰座中的河鼓二(α),就是人们常说的牛郎星。紧靠牛郎星西北和东南各有一颗暗星,俗称扁担星。

在牛郎、织女两星附近的银河背景上,有一个十字形的星座,叫天鹅座。十字东北端那颗白色的1等星是天鹅座中的天津四(α)。

通过织女、牛郎和天津四三颗星作连线,得出一个巨大的直角三角形,织女星正好位于直角顶上,这三颗亮星和它们所在的天琴座、天鹰座、天鹅座是夏夜星空舞台上的主角。

在南方天空中的正中,有一颗很容易辨认的火红色的亮星——天蝎座中的心宿二(也叫大火)(α)。心宿二和它所在的天蝎座是夏夜星空舞台中的另一重要角色(图5-31)。在天蝎座的东面有一群密集的亮星,组成人马座。人马座附近的银河区域是整条银河最明亮的部分。

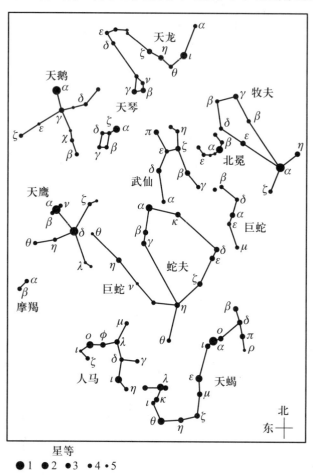

星等
● 1 ● 2 ● 3 · 4 · 5

图5-30　夏季的主要星座

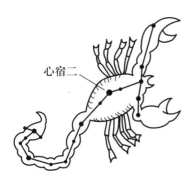

图5-31　天蝎座

3. 秋季的星空

夏季渐渐离去,秋季悄悄来临。秋天玉宇无尘、秋高气爽、晴夜较多,是观星的大好时机。秋季的主要星座如图5-32所示。北斗七星横在地平线上,斗柄指西,不容易找到。

这时期的星空特点是:明亮的星座不算多,只有飞马座最引人注意,银河静静地横穿夜空,仙后座正好位于头顶上空,而仙女座和飞马座是秋夜星空的主要角色。

4. 冬季的星空

冬季的主要星座如图5-33所示。在冬季,北斗七星在东北低空,斗柄指向北方。

这个时期的星空特点是:夜空恬静,繁星点点,争相辉映,像一颗颗镶嵌在深远无际的天幕上的宝石。南部天空最引人注目的是猎户座。你看,猎户座的星星多像一个左手持着盾牌、右手高举大棒、腰间挂宝剑的威武猎人呀!在猎人的左下方不远的地方,有一颗属于大犬座的全天空最亮的星,叫天狼星(α)。"大犬"是"猎人"带着的"猎狗",在猎户座的右上方是金牛座。这三个星座组成的画面好像"猎人"正带着"猎狗"在跟"金牛"打仗(图5-34)。"猎人"腰带上等距离地排列着三颗2等星,俗称"猎户三星"。每逢春节期间,黄昏以后,猎户三星位于正南方高空。我国民间有"三星高照,新年来到"的说法。

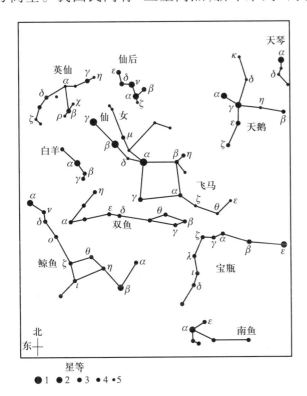

图 5-32　秋季的主要星座

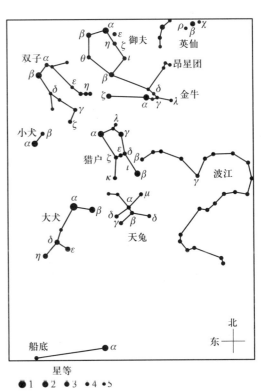

图 5-33　冬季的主要星座

图 5-34　大犬、猎户与金牛座

(三) 解释问题

在四季星空中你已经熟悉了北极星,那么为什么北极星老是呆在北方上空不动呢? 原因很简单,就是因为北极星的位置刚好在地球自转轴线北端所指的方向上。既然地球自转轴线所指的方向总是不变,也就是总指着北极星所在的位置,那么看起来北极星当然就总待在一个地方不动了。我们夜间出门走远路,可以根据北极星确定方向。

(四)趣味探索

观察与思考

在表5-4中列出了21颗星等<2的亮星的星名、星等、星星的颜色及与我们之间的距离,请你在各季星座图中找到它们并在各季的星空中观察它们。

表5-4 21颗亮星表

星名	中名	星等	距离(光年)	颜色	星名	中名	星等	距离(光年)	颜色
波江 α	水委一	0.5	118	青白	南十字 β	十字架三	1.3	490	青白
金牛 α	毕宿五	0.8	68	橙	室女 α	角宿一	1.0	220	青白
猎户 β	参宿七	0.1	900	青白	半人马 β	马腹一	0.6	490	青白
御夫 α	五车二	0.1	45	黄	牧夫 α	大角	-0.1	36	橙
猎户 α	参宿四	0.4	520	红	半人马 α	南门二	-0.3	4.3	黄
船底 α	老人	-0.7	约200	白	天蝎 α	心宿二	0.9	520	红
大犬 α	天狼	-1.4	8.7	白	天琴 α	织女一	0.0	26.5	白
小犬 α	南河三	0.4	11.3	淡黄	天鹰 α	河鼓二	0.8	46.0	白
双子 β	北河三	1.2	35	橙	天鹅 α	天津四	1.3	1 600	白
狮子 α	轩辕十四	1.3	84	青白	南鱼 α	北落师门	1.2	22.6	白
南十字 α	十字架二	0.8	370	青白					

幼儿园模拟实践

1. 在绘画课上,小朋友们正在给图片涂色。

丁丁问琪琪:"你为啥不给太阳涂颜色?"

琪琪:"太阳是又白又亮的,就不用涂颜色了。"

丁丁:"太阳怎么是白色的呢,太阳是火红火红的,你看我把太阳涂上了红色。"

琪琪:"咱们户外活动的时候,我一抬头就看到了太阳是白亮白亮的,还很刺眼呢。"说着琪琪用小手蒙上了眼睛。

丁丁:"早上我来幼儿园的路上,看到的太阳就是火红火红的,还特别大呢。"

琪琪:"太阳不是很大,但是很亮。"

丁丁和琪琪就这样吵了起来。

如果你是老师,你会如何给小朋友解释这个问题呢?

2. 王老师问小朋友:"昨晚小朋友们去看月食了吗?"

丁丁:"妈妈带我去看了,我刚开始看到的是圆圆的月亮,后来月亮慢慢地变成了月牙。"

王老师:"后来月牙又变回圆圆的月亮了吗?"

丁丁:"嗯,后来月牙又变成了圆圆的月亮。"

丁丁很神秘地跟王老师说:"老师,我告诉你个秘密:奶奶告诉我月亮是被天狗吃了,后来天狗害怕了,又把月亮吐出来了。老师,天上真的有天狗吗?"

如果你是王老师,你如何回答小朋友的问题呢?

拓 展 阅 读

(一)中国探月工程

中国探月工程,又称"嫦娥工程"。2004 年,我国正式开展月球探测工程。嫦娥工程分为"无人月球探测""载人登月"和"建立月球基地"三个阶段。

2007 年 10 月 24 日 18 时 05 分,"嫦娥一号"成功发射升空,在圆满完成各项使命后,于 2009 年按预定计划受控撞月。2010 年 10 月 1 日 18 时 57 分 59 秒,"嫦娥二号"顺利发射,也已圆满并超额完成各项既定任务。2011 离开拉格朗日点 L2 点后,向深空进发现今仍在前进,意在对深空通信系统进行测试。2013 年 9 月 19 日,探月工程进行了"嫦娥三号"卫星和"玉兔号"月球车的月面勘测任务。"嫦娥四号"是"嫦娥三号"的备份星。"嫦娥五号"的主要科学目标包括对着陆区的现场调查和分析,以及月球样品返回地球以后的分析与研究。

图 5-35　中国探月
工程标志

中国探月工程标志以中国书法的笔触,抽象地勾勒出一轮圆月,一双脚印踏在其上,象征着月球探测的终极梦想,圆弧的起笔处自然形成龙头,象征中国航天如巨龙腾空而起,落笔的飞白由一群和平鸽构成,表达了中国和平利用空间的美好愿望(图 5-35)。

引自网络

（二）天文学家和星座的故事

1. 天文学家赫歇耳的故事

赫歇耳是英国物理学家、天文学家,恒星天文学的创始人。他在光学和天文学等方面做出了很大的成就,是历史上最杰出的天文学家之一。在光学方面,他研究了光和热的关系,从而发现了红外线;在天文学方面,为了观察宇宙星空,他亲自制造了很多反射天文望远镜,成为当时最杰出的望远镜制造大师,并利用自制的望远镜观测天象,发现了天王星及其两颗卫星、土星的两颗卫星,还发现了太阳的空间运动等。

赫歇耳出生在德国,1758 年迁居英国。他在少年时期爱好音乐,在青年时期就成为一名职业乐队队员。他既能谱曲又能演奏,单簧管和风琴演奏都很有水平。

一般科学家的业余爱好是音乐或者体育,赫歇耳却和一般情况正好相反,他本职是搞音乐,而业余爱好科学。他利用演奏的一切业余时间进行刻苦自学。由于他对数学、物理和天文学非常爱好,求知欲旺盛,不怕艰苦,肯下功夫,所以最后取得了科学上的辉煌成果。

有人说热爱是成功的开始,赫歇耳正是这样一个典范。他本来是一名音乐师,却非常热爱自然科学。由于热爱科学,才使他迈进了科学的百花园。在百花争艳的科学海洋中,他的兴趣很快转移到自然科学领域中,他的精力很快集中到光学和天文学方面来,所以才出现了一个音乐师变成制造望远镜的一代宗师之奇迹。

制造反射望远镜的关键是磨制镜片。为了磨制一个理想的镜片,他经常需要连续紧张地工作十几个小时。一次,他为了磨制一个较大的镜片,一连工作了一整天,也腾不出手来吃饭,可是他也没觉得饿,也不知要饭吃。后来还是比他小十二岁的小妹妹卡罗林发现哥哥已经一天多没吃东西,于是,她端来了米饭,亲手喂哥哥。此后,凡是赫歇耳磨镜片腾不出手时,都是卡罗林喂他吃饭,后来她成了哥哥的终身助手。

赫歇耳就是这样废寝忘食地研制望远镜的,他一生磨出了近四百块反射镜,其中最大的口径为 122 cm,用它制成的望远镜,长为 12.2 m,像一尊大炮,人可以爬到镜筒里去调节焦距。

天王星是一颗很大的行星,它的直径是地球直径的 3.75 倍。它绕太阳一周需要 84 年,质量为地球的 14.55 倍,与太阳的距离是地球与太阳距离的 19.2 倍。这颗行星用肉眼是很难发现的,正因为如此,100 多年前人们一直认为太阳只有六颗行星。据说,有一个人为了找天王星,从 1750 年至 1769 年,用了 19 年的时间,进行了大量观测才看到 12 次,然而还把它误认为是一颗恒星。

1781 年 3 月 13 日晚,赫歇耳正用望远镜观察金牛和双子两个星座交界处的一些恒星时,突然发现一颗从未见过的星体。他经过仔细观察,认定这是一颗新星。又连续观察多日,发现这颗星在缓慢地移动着,这说明它不是彗星就是行星。起初,由于当时认为太阳系中只有六颗行星,土星离太阳最远,所以,赫歇耳把这颗新星当作是彗星。后来,因为找不到彗星的尾巴,经过计算又知道此星绕太阳运行的轨道偏心率很小,几乎可以视为正圆形,而彗星的轨道是偏心率较大的椭圆形,从这两点才认定此星不是彗星而是一颗新发现的行星。当时西方有个用神的名字来命名行星的习惯,所以这颗新行星就被命名为天神伏拉纳斯,译成中文就是天王星。

正是由于赫歇耳建立了如此成绩,所以英国国王才决定每月发给他 200 镑的津贴以表彰他的努力和贡献。从这以后赫歇耳不再参加乐队演奏,而专心致力于科学研究。

2. 大熊星座和小熊星座的故事

在北天的星空中,有两个著名的星座——大熊星座和小熊星座。同学们熟悉的"北斗七星"是大熊星座的一部分,勺把的三颗星恰好是人熊的尾巴,勺头的四颗星是大熊身子的一部分。小熊星座主要由七颗亮星组成,像把小勺子,尾尖的那颗亮星就是北方天空中最著名的星——北极星(图5-36)。

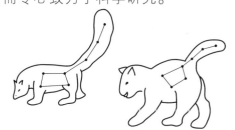

图 5-36　大熊星座与小熊星座

那么,这两个星座的名字是怎么来的呢? 在希腊神话传说中有一个叫阿卡斯的小伙子,他是一个出色的猎手,不仅身体健壮而且还十分勇敢,可是从阿卡斯能记事的时候起,他就没有见过自己的母亲,更不知自己的父亲是谁。原来阿卡斯的父亲是被称为众神之王的雷神宙斯,母亲是一位温柔美丽的女猎手。在阿卡斯出生后不久,宙斯的王后赫拉得知了这个消息,她非常生气,就恶狠狠地施展了法术,把阿卡斯的母亲变成了一只大母熊。阿卡斯一直不知道自己的身世。一天,阿卡斯正在森林中打猎,突然,一只大熊伸着双爪向他扑过来,这就是阿卡斯的妈妈,她认出了自己的孩子,想好好地拥抱他。可是阿卡斯以为大熊要伤害自己,便拿起锋利的长矛对准大熊的胸部,用尽全身的力气刺过去。就在这一瞬间,雷神宙斯看到了这即将发生的悲剧,他立即用法术把阿卡斯变成了一只小熊,使阿卡斯认出了大熊正是自己朝思暮想的妈妈。他扑进妈妈的怀抱,紧紧地偎依着她。母子之间的深情使宙斯受到了感动,于是宙斯便把他们提升到天界,并给了他们两个荣耀的宝座,这就是大熊星座和小熊星座。大熊和小熊团聚之后,再也不愿分离。王后赫拉很生气,就派了一个牧人带着两只猎犬追逐他们。因此,熊妈妈一年四季不知疲倦地围绕着小熊的尾巴尖上的北极星旋转,逃避牧人和猎犬的追逐。

引自网络

有关酸、碱、盐和常见元素的知识

一、常见的酸

（一）提出问题

同学们,你们知道自己胃液中含有的极稀的酸是什么酸吗?它在胃中起什么作用?胃酸过多会有什么感觉?

判断某种化合物是不是酸时,为什么不能用是否有酸味来判断?

（二）基本知识

解离时生成的阳离子全部是氢离子(H^+)的化合物叫作酸,或者溶于水并能释放质子形成 H_3O^+(水合氢离子)的物质也是酸。酸具有腐蚀性。H_3O^+的浓度越高,溶液酸性越强。

1. 酸的组成

通常酸的分子由氢离子和酸根离子组成。例如,一个硫酸分子由两个氢离子和一个硫酸根离子(SO_4^{2-})组成。

2. 酸的命名

（1）含氧酸的命名。含氧酸里除氢和氧两种元素外,还含有另一元素,一般按照这一元素的名称而称为某酸。例如,磷酸(H_3PO_4)、硫酸(H_2SO_4)、氯酸($HClO_3$)等。如果组成酸的元素具有可变化合价,按成酸元素化合价的高低来命名,把较稳定的常见化合价的酸叫某酸(正酸);比正酸少 1 个氧原子(低二价)的酸叫亚某酸;比亚某酸少 1 个氧原子(又低二价)的酸叫次某酸。例如,H_2SO_4 是硫酸,H_2SO_3 叫亚硫酸;$HClO_3$ 叫氯酸,$HClO_2$ 叫亚氯酸,$HClO$ 叫次氯酸(次氯酸是一种强氧化剂,能杀死自来水中的病菌,还可做漂白剂)。

含氧酸是酸性氧化物的水化物。例如:

$$SO_3 + H_2O =\!=\!= H_2SO_4$$

（2）无氧酸(不含氧酸)的命名。无氧酸一般是指非金属氢化物的水溶液,它的命名方法是在氢字后面加上另一元素的名称,称为"氢某酸"。如 HCl 的水溶液叫氢氯酸(盐酸),H_2S 的水溶液叫氢硫酸(硫化氢)(硫化氢是一种没有颜色、有臭鸡蛋气味的气体,有剧毒,是一种大气污染物。空气里如果含有微量的硫化氢,就会使人头痛、头晕和恶心;吸入较多的硫化氢,会使人昏迷甚至死亡)。

3. 酸的分类

（1）采用不同的分类方法，可将酸分为不同的类型。

根据组成元素来分，可以分为无机酸和有机酸。有机酸是指一类具有酸性的有机化合物。最常见的有机酸是羧酸，其酸性源于羧基(—COOH)。磺酸 (—SO$_3$H) 等也属于有机酸。有机酸可与醇反应生成酯。

（2）根据是否含氧，可以分为含氧酸和无氧酸。含氧酸如硫酸 H$_2$SO$_4$、碳酸 H$_2$CO$_3$；无氧酸如盐酸 HCl、氢氟酸 HF。

（3）根据从酸分子中解离出的 H$^+$ 的个数，可以分为一元酸(HCl)、二元酸(H$_2$SO$_4$)和三元酸(H$_3$PO$_4$)。

（4）根据在水溶液中能否完全解离，可以分为强酸、中强酸和弱酸。强酸如 HCl，中强酸如 H$_3$PO$_4$，弱酸如 H$_2$CO$_3$。

（5）根据是否具有强氧化性，可以分为氧化性酸和非氧化性酸。氧化性酸如 HNO$_3$。

4. 酸的通性

（1）酸能使酸碱指示剂变色。在两个盛有稀硫酸的试管中，分别滴入 2~3 滴紫色石蕊试液和橙色甲基橙试液，观察溶液颜色的变化。可看到稀硫酸溶液能使紫色石蕊试液变成红色，使橙色甲基橙试液变成红色。另外，酸的水溶液还能使蓝色石蕊试纸变成红色，但不能使无色酚酞溶液变色。

（2）酸能和金属氧化物反应。酸和金属氧化物反应生成盐和水，例如：

$$6HCl+Fe_2O_3 =\!=\!= 2FeCl_3+3H_2O$$

$$H_2SO_4+ZnO =\!=\!= ZnSO_4+H_2O$$

这个性质常用于工业生产中。例如，电镀前镀件的处理，常利用这个性质来除去金属镀件表面的氧化层如铁锈，然后再进行电镀而获得结合牢固的金属镀层。

（3）酸能和碱起中和反应。酸和碱起中和反应生成盐和水，例如：

$$2HCl+Ca(OH)_2 =\!=\!= CaCl_2+2H_2O$$

$$H_2SO_4+2NaOH =\!=\!= Na_2SO_4+2H_2O$$

（4）酸能和盐反应。酸和盐反应生成一种新的酸和盐，例如：

$$HCl+AgNO_3 =\!=\!= AgCl\downarrow+HNO_3$$

此反应很有价值，我们可以利用其生成白色氯化银沉淀且不溶于硝酸的性质，来鉴定氯离子的存在。

（5）酸能和活泼金属起置换反应。酸和活泼金属反应生成盐并放出氢气，例如：

$$2HCl+Zn =\!=\!= ZnCl_2+H_2\uparrow$$

$$2HCl+Fe =\!=\!= FeCl_2+H_2\uparrow$$

在金属活动顺序表中,位于氢前面的金属原子都能置换出酸分子中的氢原子,并放出氢气。位于氢后面的金属原子则不能置换出酸分子中的氢原子。如铜就不能与硝酸发生置换反应,但能与硝酸发生氧化反应(没有氢气产生,但有一氧化氮气体生成)。

各种酸由于解离出氢离子的难易程度不同,因而酸性强弱也不同,盐酸、硫酸、硝酸是强酸,磷酸是中强酸,碳酸是弱酸。不仅如此,不同的酸,也具有各自的特性,如浓硫酸和硝酸具有很强的氧化性。但所有的酸都是电解质。

5. 常见酸的性质

(1)盐酸(氢氯酸)(HCl)。盐酸具有挥发性,有刺激性气味,有酸味,有腐蚀性。大多数氯化物均溶于水,在金属活动顺序表中的排位在氢之前的金属及大多数金属氧化物和碳酸盐都可溶于盐酸中,另外 Cl^- 还具有一定的还原性,并且可与很多金属离子生成配离子而利于试样的溶解。盐酸常用来溶解赤铁矿(Fe_2O_3)、辉锑矿(Sb_2S_3)、碳酸盐、软锰矿(MnO_2)等样品。

(2)硝酸(HNO_3)。硝酸具有较强的氧化性,几乎所有的硝酸盐都溶于水。除铂、金和某些稀有金属外,浓硝酸几乎能溶解所有的金属及其合金。在常温下,浓硝酸不能溶解铁、铝、铬等金属。这是硝酸的强氧化性使这些金属表面生成一层致密的氧化膜,保护金属不再受到酸腐蚀的缘故。这种现象称为"钝化"。在溶解这些金属时,可加入非氧化性酸(如盐酸),除去氧化膜,这样就能将这些金属溶解。几乎所有的硫化物都可被硝酸溶解,但应先加入盐酸,使硫以 H_2S 的形式挥发出去,以免单质硫将试样包裹,影响溶解。除此之外,硝酸还很不稳定,在加热或光照的条件下能够分解成水、二氧化氮和氧气,并且硝酸浓度越高,就越容易分解。硝酸还有强氧化性,它能跟一些金属、非金属及还原性物质反应,反应结果是氮元素化合价降低,变为二氧化氮或一氧化氮(浓硝酸与金属、非金属等反应生成二氧化氮,稀硝酸则生成一氧化氮)。另外硝酸还可与蛋白质反应,使之变黄。

(3)硫酸(H_2SO_4)。硫酸具有强腐蚀性,触及皮肤会造成严重的灼伤。如不慎溅在衣服或皮肤上,应立即用大量清水冲洗,再用稀碳酸钠溶液冲洗。硫酸是一种难挥发性的酸,并具有强烈的吸水性、脱水性和氧化性。在加热条件下,硫酸能与多种金属发生化学反应,生成盐、二氧化硫和水;和非金属发生化学反应,生成非金属氧化物、二氧化硫和水。由于存在钝化现象,在常温下,浓硫酸不能溶解铁、铝等金属。因此,浓硫酸可以用铁或铝的容器储存。

(4)乙酸。乙酸又称醋酸(CH_3COOH),是一种有机一元酸,是食醋内酸味及刺激性气味的来源。纯的无水乙酸(冰醋酸)是无色的吸湿性固体,熔点为 16.6 ℃,凝固后为无色晶体。它虽是一种弱酸,但是具有腐蚀性,其蒸汽对眼和鼻子有刺激性作用。在家庭中,乙酸稀溶液常被用作除垢剂。在食品工业中,乙酸可作为食品添加剂使用,是规定的一种酸度调节剂。

（三）知识与实践

1. 花儿变色

方法：摘几朵紫色牵牛花(其他紫色花也可以)放在碗里捣烂,向碗里倒点白酒,使之溶解,再用纱布过滤后,将滤液分别倒在两个碗里(如花少,可将紫色花的花瓣直接放在碗里),在一个碗里倒一点醋,另一个碗里倒一点碱水(浓度不要过大),很快两个碗里的紫色溶液都会变色——倒醋(酸性溶液)的变成了红色,倒碱水的变成了蓝色。

原理：因为在这些紫色花瓣的细胞中存在"花青素"。"花青素"是一种有机色素,是紫色的,它的主要成分是石蕊精,它遇碱变蓝,遇酸变红。

2. 鸡蛋壳变气体

方法：把一个鸡蛋壳碾碎后,倒在玻璃杯里,然后往杯内倒白醋,淹没蛋壳即可。过一会儿,你会发现,杯里的白醋"沸腾"起来,产生大量的气泡,这时划一根火柴放在杯口,火柴会熄灭(图 6-1)。

图 6-1　鸡蛋壳变气体

原理：鸡蛋壳的主要成分是碳酸钙,遇到醋酸后立即发生化学反应,生成二氧化碳气体,使火柴熄灭。化学反应方程式如下：

$$CaCO_3 + 2CH_3COOH \Longrightarrow Ca(CH_3COO)_2 + CO_2\uparrow + H_2O$$

3. "男孩"变"女孩"

方法：预先在一张白纸上画一个男孩头像,在男孩头上用棉签蘸稀硫酸画上女孩短发,晾干后,女孩短发会消失。然后打开电吹风,在男孩头像两侧,边吹风边做出梳头的动作。一会儿,男孩头像就变为女孩头像了(图 6-2)。

原理：稀硫酸经风一吹,水分不断蒸发,逐渐变为浓硫酸。浓硫酸具有强烈的脱水性,使纸张脱水,变成了黑色碳素(即女孩的"头发"),于是"男孩"就变成了"女孩"。

图 6-2　"男孩"变"女孩"

（四）解释问题

人的胃液里含有的极稀的酸是稀盐酸(0.45%～0.6%),它在胃中起着促进胃蛋白酶消化蛋白质和杀菌等作用,但胃酸过多会使人胃疼、胃灼热、吐酸水。如服用适量胃药(含碳酸氢钠或氢氧化铝)能治疗胃酸过多,因为氢氧化铝或碳酸氢钠(是碱性盐)能与胃酸(盐酸)发生中和反应,其反应式如下：

$$HCl+NaHCO_3 \overline{\qquad} NaCl+CO_2\uparrow+H_2O$$
$$3HCl+Al(OH)_3 \overline{\qquad} AlCl_3+3H_2O$$

所以胃痛就会缓解。

另外,判断一种化合物是不是酸,是不能用酸味去判断的。例如做炸药的苦味酸(三硝基苯酚,有毒),做防腐剂的水杨酸(有甜味),做味精的谷氨酸(味道特别鲜美)都没有酸味。为此要看它电离后生成的阳离子是不是全部是氢离子,而不能用酸味去判断。

(五)趣味探索

小实验

醋能"生气"

在水杯里放两汤匙小苏打(NaHCO_3),再倒入适量的醋。杯里立刻发生剧烈反应,翻腾起大量泡沫,说明有气体产生。这时,把点燃的火柴放到杯口,火焰熄灭。

练习与思考

1. 酸有哪些共同的化学性质?为什么?
2. 选用以下词语填空来完成句子。
蓝色、醋、品尝、红色、氢气、石蕊试纸、盐酸
(1) 只有在确切知道某一物质是无害的情况下,才可以_____。
(2) _____石蕊试纸不会在酸里变色。
(3) 醋使_____变红。
(4) 当酸腐蚀金属时,放出的是_____。
(5) 醋酸可在家用的_____里找到。
(6) 人的胃液里含有_____。
3. 废水和废气中有时有臭鸡蛋味的气体,它是什么物质?它有哪些危害?

二、常见的碱

(一)提出问题

人被蚊虫叮咬后又痒又痛,为什么涂氨水或肥皂水,很快会感觉舒服些?

为什么氢氧化钠溶液要现用现配制,而且装氢氧化钠的玻璃瓶的瓶塞要用橡皮塞,而不能

用玻璃瓶塞?

(二) 基本知识

1. 碱

同学们在初中已经学过,电解质电离时所生成的阴离子全部是氢氧根离子的化合物叫作碱。通常碱的分子是由一个金属离子和一个或几个氢氧根离子组成的。氢氧化钠、氢氧化钾、氢氧化钡都属于碱。

2. 碱的通性

由于碱类在水溶液里或熔融状态时能电离出相同的氢氧根离子,因此碱类都具有相似的性质。例如,碱类的水溶液都有涩味和油腻感。碱通常具有以下化学性质。

（1）碱能使酸碱指示剂变色。可进行如下实验:在两支试管中,各加入少许氢氧化钠的稀溶液,然后分别滴加2~3滴紫色石蕊试液和无色酚酞试液,观察溶液颜色的变化。

我们可以看到,在上述实验中,氢氧化钠溶液能使紫色石蕊试液变成蓝色、使无色酚酞试液变成红色。碱的水溶液还能使红色石蕊试纸变蓝色。但不能溶于水的碱,是不能使酸碱指示剂变色的。

像石蕊和酚酞等遇酸或碱的溶液能改变自身颜色的这类化合物,称为酸碱指示剂。酸碱指示剂在碱性、中性或酸性溶液里可呈现出不同的颜色,所以常用来鉴别溶液的酸碱性。除石蕊、酚酞、甲基橙等化学上常用的酸碱指示剂外,自然界中可用来鉴别溶液酸碱性的天然物质称为代用指示剂。一般来说,自然界的植物根、茎、叶和花,只要其汁液具有色素,大多可用作代用指示剂(表6-1)。

表 6-1　代用指示剂

代用指示剂	代用指示剂在酸、碱中的颜色			备注
	原液颜色	在酸中颜色	在碱中颜色	
牵牛花汁	紫色	红色	蓝色	
胡萝卜皮浸液	紫色	红色	绿色或黄色	在弱碱性溶液中呈绿色,在强碱性溶液中呈黄色
杨梅果皮浸液	红色	红色	蓝色	
紫萝卜花汁	紫红色	红色	绿色	
月季花汁	红色	红色	草绿色	
石榴花浸液	浅红色	浅黄色	橙色	对强碱性溶液灵敏,在酸性溶液中颜色变化不显著
蔷薇花浸液	几乎无色	绯红色	橙黄色	
丝瓜花浸液	黄色	土红色	大黄色	

续表

代用指示剂	代用指示剂在酸、碱中的颜色			备注
	原液颜色	在酸中颜色	在碱中颜色	
南瓜花浸液	黄色	褪色	黄色	
白菜叶汁	绿色	黄色	黄绿色	
梨树叶汁	土色	暗红色	黄绿色	
紫草液	红色	红色	蓝色	在中药房有售,需用酒精浸取

（2）碱能和非金属氧化物反应,生成盐和水。例如:

$$2NaOH+CO_2 =\!=\!= Na_2CO_3+H_2O$$

$$2NaOH+SiO_2 =\!=\!= Na_2SiO_3+H_2O$$

（3）碱能和酸起中和反应,生成盐和水。例如:

$$NH_3 \cdot H_2O+HCl =\!=\!= NH_4Cl+H_2O$$

$$Cu(OH)_2+2HCl =\!=\!= CuCl_2+2H_2O$$

（4）碱能和盐反应,生成新盐和新碱。例如:

$$3NaOH+FeCl_3 =\!=\!= 3NaCl+Fe(OH)_3\downarrow$$

（5）碱能发生分解反应。不溶性碱大都是不稳定的,受热容易分解,生成金属氧化物和水。例如:

$$Cu(OH)_2 \overset{\triangle}{=\!=\!=} CuO+H_2O$$

碱类的这些通性,实质上是由氢氧根离子（OH^-）所决定的。由于组成碱的金属离子的不同,因而不同的碱具有各自的特性。例如:各种碱的碱性强弱不一。$NaOH$、KOH 是强碱（腐蚀性强,使用时要注意）;$Ca(OH)_2$ 是中强碱;而 $NH_3 \cdot H_2O$ 是弱碱。各种碱在水中的溶解性也不相同。$NaOH$、KOH、$Ba(OH)_2$、$NH_3 \cdot H_2O$ 属于易溶性碱;$Ca(OH)_2$ 属于微溶性碱;$Fe(OH)_3$、$Cu(OH)_2$ 等属难溶性碱,但是它们都是电解质。

某些氢氧化物［如 $Al(OH)_3$ 或 $Zn(OH)_2$］既能跟酸反应又能跟碱反应,都生成盐和水,这种氢氧化物叫作两性氢氧化物。

3. 常见碱的性质

（1）氢氧化钠。氢氧化钠化学式为 $NaOH$,俗称烧碱、火碱、苛性钠。它是一种具有强腐蚀性的强碱,易溶于水（溶于水时放热）并形成碱性溶液。$NaOH$ 具有潮解性,易吸取空气中的水蒸气（潮解）和二氧化碳（变质）,可加入盐酸检验其是否变质。$NaOH$ 是化学实验室的一种必备的化学品,亦为常见的化工原料之一。$NaOH$ 纯品是无色透明的晶体,密度 2.130 g/cm^3,熔点 318.4 ℃,沸点 1 390 ℃。$NaOH$ 工业品含有少量的氯化钠和碳酸钠,是白色不透明的晶体,常见形态有块状、片状、粒状和棒状等。$NaOH$ 相对分子质量为 39.997（在一般计算中,可简化为 40）。NaOH 溶于乙醇、甘油，不溶于丙醇、乙醚，与氯、溴、碘等卤素发生歧化反应，在水处理中可作为碱性清洗剂。NaOH 与酸起中和反应而生成盐和水。

氢氧化钠在国民经济中有广泛应用。使用氢氧化钠最多的部门是化学药品的制造，其次是造纸、炼铝、炼钨、人造丝、人造棉和肥皂制造业。另外，在生产染料、塑料、药剂及有机中间体、旧橡胶的再生、制金属钠，水的电解以及无机盐生产中，制取硼砂、铬盐、锰酸盐、磷酸盐等，也要使用大量的氢氧化钠。同时氢氧化钠是生产聚碳酸酯、超级吸收质聚合物、沸石、环氧树脂、磷酸钠、亚硫酸钠和大量钠盐的重要原材料之一。

（2）氨水。氨水可用 $NH_3 \cdot H_2O$ 来表示，是氨气（没有颜色、具有刺激性气味的气体，极易溶解于水）的水溶液。由于 $NH_3 \cdot H_2O$ 可以部分解离成 NH_4^+ 和 OH^-，所以氨水呈弱碱性。氨在水中的反应可用下式表示：

$$NH_3 + H_2O \Longleftrightarrow NH_4^+ + OH^-$$

氨水很不稳定，受热就会分解而生成氨和水：

$$NH_3 \cdot H_2O \stackrel{\triangle}{=\!=\!=} NH_3 \uparrow + H_2O$$

氨水对多种金属（如铜、铁等）有腐蚀作用。另外氨水在储存时应放在阴凉之处，以免受热分解。

（三）知识与实践

1. 清水变浑

方法：取一个透明度较好的玻璃杯（或一支大试管），在其中盛入澄清的石灰水（外观与清水一样），然后再用细玻璃管（或喝冷饮用的细管）插入液体中吹气，杯里的水即变浑浊。

原理：人呼出的气体中含有大量的二氧化碳，通入澄清石灰水后发生了化学反应，生成了不溶于水的碳酸钙，所以溶液变得浑浊。化学反应方程式如下：

$$Ca(OH)_2 + CO_2 =\!=\!= CaCO_3 \downarrow + H_2O$$

建筑上用熟石灰、黏土和沙子制成三合土，也是利用熟石灰和空气中二氧化碳作用，生成坚固的碳酸钙这一性质。

注意：石灰水的量不能太少，否则溶液又会变澄清，即

$$CaCO_3 + CO_2 + H_2O =\!=\!= Ca(HCO_3)_2$$

生成的碳酸氢钙是可溶性的物质，故溶液又变清了。

2. 空杯进烟

方法：取两个不透明的杯子，分别倒入微量的浓盐酸和浓氨水溶液，然后把杯子转一转，使杯壁上都附着一层溶液（注意：倒好溶液后的两个杯子要离得远些，以免发生反应）。然后将两个杯子口对口放在桌上（欲借此表演魔术，可赶快在上面盖一块大手绢以增强效果；表演时可

用一根点着的香在手绢周围绕一圈,然后将手绢拿去)。再把杯子
打开,空杯子就会冒出浓浓的烟来(图6-3)。

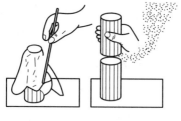

原理:盐酸和氨水都是很容易挥发的物质,它们挥发出来的氨
气和氯化氢气体在空中相遇,就会生成氯化铵的小颗粒,这就是浓
烟的由来。化学反应方程式如下

图6-3 空杯进烟

$$NH_3+HCl =\!=\!= NH_4Cl$$

(四)解释问题

人被蚊虫叮咬后又痒又痛,当涂上氨水或肥皂水后就会感觉舒服些。这是因为,蚊虫叮人
时,在人的皮肤上留下一种叫甲酸的物质(使人感到又痒又痛),当甲酸遇到碱性物质时就会发
生变化,这种变化在化学上叫中和反应,即甲酸与碱的反应。

$$HCOOH+OH^- =\!=\!= HCOO^-+H_2O$$

所以,被蚊虫叮咬后,涂点氨水或肥皂水就不那么痒痛了。

另外,通过上面介绍的知识,同学们已经知道氢氧化钠和二氧化碳反应生成碳酸钠和水,
所以配制氢氧化钠溶液时要现用现配制,而且不宜配制太多,以避免损失浪费。此外,装氢氧
化钠溶液的玻璃瓶之所以要用橡皮塞,而不能用玻璃瓶塞,是因为它能与玻璃成分之一——非
金属氧化物二氧化硅(SiO_2)作用,生成黏性的硅酸钠(Na_2SiO_3),而使玻璃瓶塞和瓶口粘在一
起,所以装氢氧化钠的玻璃瓶一定要用橡皮塞。

(五)趣味探索

小实验

奇妙的印泥

方法:把稀释好的氢氧化钠溶液均匀地涂在白纸上,晾干,再在一团脱脂棉球上滴上酚酞
溶液,放在洗净的清凉油空盒中,一种无色、奇妙的印泥就制成了。这时你把图章擦干净,在印
泥中按一下,然后就可以在晾干的白纸上盖章了。

✕ 练习与思考

1. 碱有哪些共同的化学性质? 为什么?

2. 根据句子正确与否,在句首空格处写出对(√)或错(×)的记号。

(1) _____ 碱溶液的味道是酸的。

(2) _____ 碱的稀溶液摸起来感觉油腻。

（3）＿＿＿＿＿碱使红色石蕊试液变蓝。

（4）＿＿＿＿＿碱使蓝色石蕊试液变红。

（5）＿＿＿＿＿酚酞在碱溶液里变成红色。

3. 被蚊子或蜜蜂叮咬后可不可以擦浓碱溶液？为什么？另外，带小朋友到室外玩耍时，如他们被昆虫叮咬，在没有肥皂水或氨水的情况下，应该怎么办？

三、常见的盐

（一）提出问题

盐都有咸味吗？为什么说食盐是人体不可缺少的物质？吃东西越咸，身体就越好吗？

（二）基本知识

1. 盐的组成

盐是由金属阳离子（正电荷离子）与酸根阴离子（负电荷离子）所组成的中性（不带电荷）的离子化合物，如氯化钠、硝酸钙、乙酸铵。

2. 盐的命名

（1）按照盐分子里金属离子的种类来命名，可分为钠盐、钙盐、钡盐等。例如，硫酸钠（Na_2SO_4）、硫酸钙（$CaSO_4$）、硫酸钡（$BaSO_4$）。

（2）按照盐分子里酸根离子的种类来命名，可分为硫酸盐、碳酸盐、硝酸盐等。例如，硫酸铵$[(NH_4)_2SO_4]$、碳酸钠（Na_2CO_3）、硝酸铜$[Cu(NO_3)_2]$。

（3）多价酸与金属组成的盐，根据金属原子置换的氢原子个数来命名，可分为以下三种：正盐（Na_3PO_4 磷酸钠、K_2SO_4 硫酸钾等）、酸式盐（$NaHCO_3$ 碳酸氢钠、NaH_2PO_4 磷酸二氢钠等）和碱式盐$[Cu_2(OH)_2CO_3$ 碱式碳酸铜$]$。

（4）盐分子中金属元素的化合价不同，可以组成不同的盐。金属元素显示高价的命名为"某酸某金属"；金属元素显示低价的命名为"某酸亚某金属"。例如，$Fe_2(SO_4)_3$ 称为硫酸铁，$FeSO_4$ 称为硫酸亚铁。

（5）无氧酸盐的命名，根据分子里金属元素名称，命名为"某化某金属"。如果金属由于不同的化合价而生成几种盐，金属元素显高价的，仍命名为"某化某金属"；显示低价的，命名为"某化亚某金属"。例如，$MgCl_2$ 称为氯化镁，$FeCl_3$ 称为氯化铁，FeS 称为硫化亚铁。

3. 常见盐的性质

（1）食盐（$NaCl$）。纯净的食盐为无色晶体，可溶于水，不潮解。食盐常发生潮解现象,是由于它含有易潮解的氯化镁、氯化钙等杂质的缘故。食盐是氯化钠的俗称。氯化钠用途很广,除供食用外(调味和腌渍蔬菜、鱼肉、蛋类等),也用于医疗,如生理盐水是0.9%的食盐水。此外,氯化钠也大量用于化工生产,制取金属钠、氯气、烧碱、纯碱、盐酸和某些化学试剂等。

我国蕴藏着极为丰富的氯化钠资源,但大多数是海盐。海盐中80%以上是氯化钠(有咸味),此外还含有氯化镁、硫酸镁(有苦涩味)等。

(2)纯碱(Na_2CO_3)。纯碱即碳酸钠,俗称苏打。无水碳酸钠为白色粉末,易溶于水,溶于水后其水溶液呈碱性。

日常生活所用的面碱是含有结晶水的碳酸钠,主要为十水碳酸钠($Na_2CO_3 \cdot 10H_2O$),是透明晶体,在干燥空气中易失去结晶水而变成粉末。

纯碱的用途很广,用量也很多,冶金、纺织、玻璃、染料、国防以及肥皂、食品等工业的生产都需要纯碱。不过,家庭使用时要注意,切不可多用。纯碱用多了,会破坏食物中的维生素;会中和胃酸引起消化不良;会使衣服褪色等。

(3)碳酸氢钠($NaHCO_3$)。碳酸氢钠俗称小苏打,是一种粉末状的白色晶体,水溶液显碱性,在医疗上可用来治疗胃酸过多症。

碳酸氢钠受热易分解并放出二氧化碳,能使面团胀大而疏松多孔。

$$2NaHCO_3 = Na_2CO_3 + H_2O + CO_2 \uparrow$$

这个反应也可以用来鉴别碳酸钠和碳酸氢钠。

(4)碳酸钙($CaCO_3$)。碳酸钙在自然界里分布很广,以石灰石、大理石等多种形态存在。大理石可作建筑材料;石灰石是炼铁的溶剂,也是生产生石灰、水泥、玻璃等的原料。

由于盐类电离时不一定有共同的离子生成,因而它不像碱和酸那样有显著的通性。下面介绍盐类的化学性质。

4. 盐的化学性质

(1)盐能和金属反应,生成一种新盐和新的金属(可根据金属活动顺序表判断是否反应)。例如:

$$Fe + CuSO_4 = FeSO_4 + Cu \downarrow$$

(2)盐和碱起反应,生成新盐和新碱。例如:

$$(NH_4)_2SO_4 + Ca(OH)_2 = CaSO_4 \downarrow + 2NH_3 \uparrow + 2H_2O$$

因此施用硫酸铵肥时,不要跟石灰或草木灰等碱性物质混合,否则,由于氨气的逸出,含氮量会降低而失去肥效。

(3)盐和酸起复分解反应,生成新盐和新酸。例如:

$$CaCO_3 + 2HCl = CaCl_2 + H_2O + CO_2 \uparrow$$

生成的碳酸很不稳定,易分解释放出二氧化碳,所以此反应常用来鉴别 CO_3^{2-}。

（4）盐和盐起复分解反应，生成两种新盐。例如：

$$NaCl+AgNO_3 \xrightarrow{\quad\quad} AgCl\downarrow +NaNO_3$$

（三）知识与实践

1. 泡沫灭火

方法：选择一个洗发水空瓶（塑料瓶盖具有小孔），盛 3/5 的清水，加入 4 匙碳酸氢钠，使之溶解，再加一匙肥皂粉（或几滴洗涤剂）搅拌均匀。另找一支小玻璃药液瓶（蜂王浆补液等小瓶均可），加入 4/5 体积饱和硫酸铝溶液（或明矾溶液），然后小心地把小玻璃瓶放进大瓶中（用细绳悬吊在洗发水瓶中），洗发水瓶盖要盖上、拧紧，并压住细绳，免得小玻璃瓶落下浸入小苏打（$NaHCO_3$）溶液。操作时不要让硫酸铝溶液洒出来。然后找一个安全的地方，点燃一些小木条或其他易燃物。灭火时，把洗发水瓶倒置，拧下大瓶盖，使喷嘴朝向燃烧物，马上便有大量白色泡沫喷洒在燃烧物上，火干是会垂头丧气地向灭火器"投降"（图 6-4）。

图 6-4　泡沫灭火

灭火器一般有下列几种：酸碱式灭火器，药剂是硫酸铝、碳酸氢钠，可以扑灭油类的着火；固态二氧化碳（干冰）、四氯化碳灭火剂，可以用来扑灭纺织品、汽油、电器等的着火。

原理：碳酸氢钠电离生成 HCO_3^-；硫酸铝水解，生成胶状的 $Al(OH)_3$，形成泡沫和 H^+。硫酸铝水解生成的 H^+ 和碳酸氢钠电离生成的 HCO_3^- 作用，生成水和二氧化碳（该实验的药剂用量需演示定量）。二氧化碳生成时，伴随着肥皂水形成的泡沫喷出，即可灭火。

$$6NaHCO_3 \xrightarrow{\quad\quad} 6Na^+ +6HCO_3^-$$

$$Al_2(SO_4)_3+6H_2O \xrightarrow{\quad\quad} 2Al(OH)_3+3SO_4^{2-}+6H^+$$

$$CO_2\uparrow +6H_2O \xleftarrow{\quad\quad} 6H_2CO_3$$

明矾和小苏打的混合物又是化学发酵剂，可以用于面食的发酵，例如做馒头、油条。

2. 火球跳舞

方法：先取 3~4 g 干燥的硝酸钾固体，放入试管中，用酒精灯加热，待硝酸钾熔化成液体以后，取赤豆大小的木炭粒投入试管中。不一会儿，木炭粒突然跃出管内液面，发出灼烧的火光。当跃起的木炭粒落入液体不久，会又一次地跃出液面，如此反复不断。木炭粒为什么会在试管内反复跳跃，并发出明亮的火光呢（图 6-5）？

原理：由于 KNO_3 在加热情况下分解为 KNO_2 和 O_2，使木炭粒在氧气里燃烧得更为剧烈。因反应中有 CO_2 气体生成，使燃着的木炭粒不断地在气流中跳动，形成"火球跳舞"。

$$2KNO_3 \overset{\triangle}{=\!=\!=} 2KNO_2 + O_2 \uparrow$$
$$C + O_2 =\!=\!= CO_2 + 394 \text{ kJ}$$

注意:木炭粒不能太大,太大了,反应激烈,可能会跳出试管,甚至把试管炸裂。

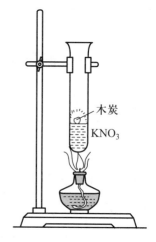

图 6-5   火球跳舞

(四)解释问题

在我们日常生活中,常见的盐有咸味的只有氯化钠(食盐),而大多数盐是没有咸味的。人体中含 0.66% 左右的食盐,人的生活离不开食盐。例如,心脏缺盐,心跳就不正常;肌肉缺盐,会抽筋;胃缺盐,会消化不良。但是长期吃得过咸,反而对人体有害。据研究,高血压、动脉硬化、心肌梗死、中风和肾炎等病,都跟吃得过咸有关,所以要适量吃盐。

(五)趣味探索

小实验

调皮的樟脑丸

方法:在大试管内加入 5~10 mL 醋酸,然后加入 40 mL 水,再加入 1~2 g 碳酸钠(食用碱)。此时,试管内便发生反应,产生大量二氧化碳气泡,待生成气泡的速度略有缓慢时放入一粒樟脑丸。这时会看到:樟脑丸十分调皮,一会儿上浮,一会儿又下沉(如给幼儿做,最好多用几个试管同时做,其景象更有趣)。

✕ 练习与思考

1. 选用下列词语来完成句子。

水、酸、食盐、反应、中和、盐、碱

(1)酸、碱、盐各有许多种,柠檬汁就是_____类的一种,烧碱是_____类的一种,纯碱是_____类的一种。

(2)_____是中性液体。

(3)酸和碱混合发生化学_____。

(4)当我们混合适量的酸和碱,会得到_____和_____。

(5)生成盐和水的酸碱反应叫作_____反应。

(6)日常生活中用量最多的盐是_____。

2. 下列说法是否正确?如不正确,加以改正。

（1）在酸的组成中，有氢原子和酸根，所以 H_2SO_4、$NaHCO_3$ 都是酸。

（2）在碱的组成中，有金属原子和氢氧根，所以 $NaOH$、$Cu_2(OH)_2CO_3$ 都是碱。

（3）由金属离子和酸根离子组成的化合物叫作盐。

3. 配置波尔多液时，硫酸铜溶液不能用铁器盛放，否则会发生"铜咬铁"现象，使药液失效。为什么？并写出化学反应方程式。

四、卤　素

（一）提出问题

你知道自来水用什么消毒吗？为什么漂白粉能漂白？

你知道卤素和人体健康的关系吗？

（二）基本知识

1. 氯气

（1）氯气的物理性质。氯气，化学式为 Cl_2。氯气在常温常压下有强烈刺激性气味，呈黄绿色，为剧毒气体。氯气密度是空气密度的 2.5 倍，在标准温度和压力下 $\rho = 3.21$ kg/m^3。氯气易液化，熔沸点较低。常温常压下，熔点为 -101.00 ℃，沸点为 -34.05 ℃，常温下把氯气加压至 $600\sim700$ kPa 或在常压下冷却到 -34 ℃都可以使其变成液氯。液氯的化学式与氯气相同。液氯是一种油状液体，其与氯气物理性质不同，但化学性质基本相同。可溶于水，且易溶于有机溶剂（如四氯化碳），难溶于饱和食盐水。氯气主要用于生产塑料（如 PVP）、合成纤维、染料、农药、消毒剂、漂白剂溶剂及各种氯化物。

（2）氯气的化学性质。氯常见的化合价是 -1 价，它是一种化学性质相当活泼的非金属元素。它除了能和大多数金属元素及许多非金属元素直接化合外，还能和许多化合物起反应。

① 助燃性。氯气支持燃烧，许多物质都可在氯气中燃烧（除少数物质，如碳单质）。

② 氯气与金属反应生成盐（金属氯化物）。例如：

$$2Na+Cl_2 == 2NaCl$$

$$2Fe+3Cl_2 == 2FeCl_3$$

③ 氯气与氢气反应生成氯化氢。氢气在氯气中会安静地燃烧；氢气与氯气的混合物在强光照射或点燃条件下会剧烈反应，发生爆炸。

$$H_2+Cl_2 == 2HCl+热量$$

生成的氯化氢水溶液就是盐酸。

④ 氯气与其他化合物的反应。氯气与水反应生成盐酸和次氯酸。

$$Cl_2+H_2O \underline{\quad\quad} HCl+HClO$$

生成的次氯酸具有杀菌的能力。自来水厂运用次氯酸的杀菌消毒作用,在每立方米的水中加入 $1.0\sim2.5$ g 液态氯就能达到对水消毒的目的。

氯气与氢氧化钙的水溶液反应生成氯化钙和次氯酸钙。

$$2Cl_2+2Ca(OH)_2 \underline{\quad\quad} CaCl_2+Ca(ClO)_2+2H_2O$$

次氯酸钙具有漂白能力。

2. 氟

氟是最活泼的非金属元素。单质氟的分子式是 F_2,通常情况下氟是一种几乎无色的气体。氟气跟氯气有相似的刺激性气味,有剧毒。它的化学性质比氯更活泼。氟气具有很强的氧化性,几乎能跟所有的金属反应。氟气与氢气即使在黑暗处和很低的温度下,也能进行剧烈反应并引起爆炸。

$$F_2+H_2 \underline{\quad\quad} 2HF+热量$$

氟气与水能进行剧烈反应并释放出氧气。

$$2F_2+2H_2O \underline{\quad\quad} 4HF+O_2\uparrow$$

氟化氢的水溶液叫氢氟酸,它是一种弱酸,能和玻璃的主要成分二氧化硅反应,生成气态的四氟化硅。所以,氢氟酸能腐蚀玻璃。

3. 溴与碘

(1) 溴。

① 溴的物理性质。溴是卤素的一种,是唯一在室温下呈液态的非金属元素。溴分子在标准温度和压力下是有挥发性的红棕色液体,活性介于氯与碘之间。纯溴也称溴素。溴蒸气具有腐蚀性,且有毒。溴与其化合物可用来作阻燃剂、净水剂、杀虫剂、染料等。

② 溴的化学性质。氧化还原性。溴最外层电子为 $4s^24p^5$,有很强的电子倾向,因此具有较强的氧化性。而溴的 4d 轨道是全空的,可以接受电子,因此也表现出一定的还原性。

有机反应。乙醇可与 HBr、PBr_3 发生取代反应;CH_3COOH 可与 PCl_3、PCl_5、$SOCl_2$ 等发生羟基位的取代反应。例如:

$$CH_3COOH+SOCl_2 \underline{\quad\quad} CH_3COCl$$

CH_3COOH 可以在 P 作催化剂的条件下与卤素发生 α-卤代反应。例如:

$$CH_3COOH+Cl_2 \underline{\quad\quad} ClCH_2COOH+HCl$$

(2) 碘。

① 碘的物理性质。碘是一种卤族化学元素,单质碘为紫黑色晶体,易升华。碘具有毒性和腐蚀性。碘易溶于乙醚、乙醇、氯仿、四氯化碳等有机溶剂,形成紫红色溶液。碘单质遇淀粉会变蓝色。碘主要用于制作药物、染料、碘酒、试纸和碘化合等。碘是人体的必需微量元素之一,

缺碘会导致碘缺乏症,影响甲状腺。健康成人体内的碘总量为 30 mg,其中 70%~80% 存在于甲状腺。国家规定在食盐中添加碘的标准为 20~30 mg/kg。

② 碘的化学性质。碘可与大部分元素直接化合,但不像其他卤族元素(F、Cl、Br)反应那样剧烈。

碘与金属的反应。一般能与氯单质反应的金属(除了贵金属)同样也能与碘反应,只是反应活性不如氯单质。如碘单质常温下可以和活泼的金属直接作用,与其他金属的反应需要在较高的温度下才能发生。

$$I_2 + 2Na == 2NaI$$

碘与非金属的反应。一般能与氯单质反应的非金属同样也能与碘的单质反应。由于碘单质的氧化能力较弱,反应活性不如氯,所以需要在较高的温度下才能发生反应。

如它与磷作用,只生成三碘化磷:

$$3I_2 + 2P == 2PI_3$$

碘与水的反应。卤素在水中会发生自身氧化还原反应。碘在水中的溶解度最小,仅微溶于水,溶解度是 0.029 g/100 g 水。I_2 与水不能发生像 F_2 与水发生的氧化还原反应。将氧气通入碘化氢溶液内会有碘析出:

$$4HI + O_2 == 2I_2 + 2H_2O$$

I_2 在碱性条件下,可以发生自身氧化还原反应,生成碘酸根与碘离子:

$$3I_2 + 6OH^- == 5I^- + IO_3^- + 3H_2O$$

(三)解释问题

自来水消毒可以在每立方米的水中加入 1.0~2.5 g 的液氯来进行,主要是通过氯与水反应生成次氯酸而产生消毒作用。漂白粉所以能够漂白,是因为它含有次氯酸钙,次氯酸钙具有漂白作用。

人体的胃液含有盐酸,能帮助人体消化和吸收食物营养。人体如果缺碘,会引起地方性甲状腺肿等疾病。

练习与思考

1. 试举出你周围的含氯化合物,并简单说出它们的用处。
2. 氯气有毒,却可以用来消毒,你如何理解?
3. 举例说明氟的化学性质与氯相似,但比氯更活泼。
4. 生活中,人们在什么情况下必须食用加碘盐?
5. 什么是升华?

五、硫 与 氮

（一）提出问题

你知道燃烧煤会污染空气的原因吗？为什么会下"酸雨"？

氨为什么能作为冷冻剂在冷冻技术领域中得到应用？

（二）基本知识

1. 硫

硫是一种非金属元素。硫是人体内蛋白质的重要组成元素，对人的生命活动具有重要意义。硫主要用于肥料、火药、润滑剂、杀虫剂和抗真菌剂的生产。对人体而言，天然单质硫是无毒无害的，而稀硫酸、硫酸盐、亚硫酸和亚硫酸盐有毒，硫化物通常有剧毒。浓硫酸能腐蚀人体的皮肤。

（1）硫的物理性质。纯硫呈浅黄色，质地柔软、轻，粉末有臭味。硫不溶于水但溶于二硫化碳。硫存在于所有的物态中（即固态、液态和气态）。它的导热性和导电性差，性松脆，不溶于水。无定形硫主要有弹性硫，它是由熔态硫迅速倾倒在冰水中所得，不稳定，可转变为晶状硫。晶状硫能溶于有机溶剂（如二硫化碳）。

（2）硫的化学性质。硫是一种非金属性比较强的元素，它能和大多数金属及非金属发生反应。

① 硫与金属的反应。硫能与铁直接反应生成黑褐色的硫化亚铁（FeS）。

$$Fe+S \xrightarrow{\triangle} FeS$$

硫不仅能与铁直接反应，还能与铜、汞等大多数金属反应，生成金属硫化物。

$$2Cu+S \xrightarrow{\triangle} Cu_2S$$

$$Hg+S \Longrightarrow HgS$$

汞对人体有害，它与硫的反应很容易进行，所以在工作和生活中，常用硫粉来处理散落的汞滴。

② 硫与非金属的反应。硫在空气或氧气中燃烧，生成无色、有刺激性气味的气体二氧化硫。

$$S+O_2 \xrightarrow{点燃} SO_2$$

生成的二氧化硫在空气中的金属氧化物粉尘作用下，被进一步氧化成三氧化硫。三氧化硫溶于水形成硫酸，硫酸是"酸雨"的主要成分。煤中含有有机硫化物，在燃烧过程中，有机硫化物被氧化成二氧化硫释放到空气中。酸雨对人体和社会都具有极大的危害。

$$2SO_2+O_2 =\!=\!= 2SO_3$$

$$SO_3+H_2O =\!=\!= H_2SO_4$$

硫还能和其他非金属反应,例如硫蒸气能与氢气直接反应生成硫化氢气体。

$$H_2+S \xrightarrow{\triangle} H_2S$$

硫化氢是一种有臭鸡蛋气味的无色气体,比空气重,有毒。硫化氢能溶于水,它的水溶液叫氢硫酸,显弱酸性。

（3）硫的应用。硫在工业中很重要,如被用来制取硫酸。硫还被用来制造火药,在橡胶工业中作硫化剂。硫还可用来杀灭真菌,制造化肥。硫化物在造纸业中用来漂白。硫酸盐在烟火中也有用途。硫代硫酸钠和硫代硫酸氨在照相中用作定影剂。

2. 氮

氮是一种非金属元素,它的化学符号是N,原子序数是7。氮以气态存在于空气中,是空气中最多的元素。氮在自然界中存在十分广泛,在生物体内亦有极大作用,是组成氨基酸的基本元素之一。氮及其化合物在生产生活中应用广泛。

（1）氮气的物理性质。氮气的化学式是N_2。氮气在常温常压下是一种无色无味的气体,占空气体积分数约为78%（氧气约为21%）。1体积水中大约只溶解0.02体积的氮气。氮气是难液化的气体,在极低温下会液化成无色液体,进一步降低温度时,会形成白色晶状固体。

（2）氮气的化学性质。一般条件下,氮气分子的化学性质很不活泼,很难与其他物质发生化学反应。但在适当条件下,它还是能与氢气、氧气、某些金属等物质发生化学反应。

① 氮气与某些金属的反应。在高温条件下,氮气能与钾、钠、镁、钙等金属化合,氮的化合价是-3价。例如:

$$3Mg+N_2 \xrightarrow{高温} Mg_3N_2$$

② 氮气与氧气的反应。在放电条件下,氮气与氧气能直接化合生成无色的一氧化氮（NO）。

$$N_2+O_2 \xrightarrow{放电} 2NO$$

③ 氮气与氢气的反应。氮气与氢气在高温、高压和催化剂存在的条件下,可以直接化合生成氨（NH_3）。

$$N_2+3H_2 \xrightarrow[催化剂]{高温、高压} 2NH_3$$

工业上就是利用这个反应来合成氨的（自然界中的氨主要是由动植物体内的蛋白质腐败产生的）。

氨是无色、具有刺激性气味的气体。在常温常压下,1体积的水可以溶解约700体积的氨,氨的水溶液就是氨水。氨及其盐都是农业生产中不可缺少的肥料。

（3）氨气的应用。氮因其惰性被广泛用于电子、钢铁行业，还用作灯泡和膨胀橡胶的填充物，农业上用于保护油类、粮食，在精密实验中用作保护气体。

（三）解释问题

煤含有有机硫化物，在燃烧过程中，硫化物被氧化成二氧化硫释放到空气中。二氧化硫本身就是具有刺激性气味的有害气体，它在空气中的金属氧化物粉尘的作用下，进一步被氧化成三氧化硫。三氧化硫和水反应化合成硫酸，下雨就形成了"酸雨"。

氨很容易被液化，在常压下冷却到 $-33.35\ ℃$ 或在常温下加压到 $788\sim800\ kPa$，气态氨就变为液体，同时放出大量的热。反之，液态氨气化时要吸收大量的热，使周围物体的温度急剧下降。因此，氨可以作为冷冻剂广泛用于冷冻技术领域中。

✎ 练习与思考

1. 你知道燃烧煤产生呛人气味的气体的主要成分是什么吗？

2. 生活中，不慎将汞散落，应如何处理？写出反应方程式。

3. 镁条在空气中燃烧，除生成大量白色的氧化镁之外，还有少量灰色物质产生。试分析该物质可能是什么，并写出有关反应的化学方程式。

六、铝 与 铁

（一）提出问题

铁为什么会生锈？锅、勺、刀都是铁做的，为什么锅那么脆、勺那么韧，而刀那么锋利？

为什么铁容易被腐蚀，而铝不容易被腐蚀？

明矾为什么能净水？

（二）基本知识

1. 铝

（1）铝的物理性质。铝元素在地壳中的含量仅次于氧和硅，居第三位，是地壳中含量最丰富的金属元素。铝为银白色的轻金属，有延展性。商品常制成棒状、片状、箔状、粉状、带状和丝状。铝易溶于稀硫酸、硝酸、盐酸、氢氧化钠和氢氧化钾溶液。铝的密度为 $2.70\ g/cm^3$，熔点为 $660\ ℃$，沸点为 $2\ 327\ ℃$，难溶于水。

（2）铝的化学性质。铝是活泼金属,在干燥空气中铝的表面立即形成厚约 50 Å（1 Å ＝ 0.1 nm）的致密氧化膜,使铝不会进一步氧化并能与水隔离。铝的粉末与空气混合极易燃烧。铝是两性的,极易溶于强碱,也能溶于稀酸。

① 铝与氧气的反应。铝在常温下就能和空气中的氧气反应。

$$4Al+3O_2=\!=\!=2Al_2O_3$$

生成一层致密的氧化物薄膜,这层薄膜阻止了金属铝的继续氧化。所以,我们在生活中可以用铝制品烧水做饭。

② 铝与水的反应。去掉氧化膜的铝,在加热条件下能与水反应。

$$2Al+6H_2O\xrightarrow{\triangle}2Al(OH)_3+3H_2\uparrow$$

③ 铝与酸的反应。铝与稀盐酸或稀硫酸反应生成铝盐,并放出氢气。

$$2Al+6HCl=\!=\!=2AlCl_3+3H_2\uparrow$$

$$2Al+3H_2SO_4=\!=\!=Al_2(SO_4)_3+3H_2\uparrow$$

④ 铝与强碱溶液的反应。铝能与强碱溶液反应生成偏铝酸盐,并放出氢气。

$$2Al+2NaOH+2H_2O=\!=\!=2NaAlO_2+3H_2\uparrow$$

由于铝既能与酸反应又能与碱反应,因此家庭用的铝制品中一般不宜存放酸性或碱性较强的物质。

⑤ 铝盐。常见的铝盐有硫酸铝、氯化铝、硫酸铝钾等。明矾是含结晶水的硫酸铝钾晶体,通常用 $KAl(SO_4)_2 \cdot 12H_2O$ 或 $K_2SO_4 \cdot Al_2(SO_4)_3 \cdot 24H_2O$ 来表示。

明矾是日常生活中应用较多的铝盐,它是无色晶体,易溶于水,在水中完全解离。解离出的 Al^{3+} 与水发生水解反应,使溶液呈酸性。

$$Al^{3+}+3H_2O=\!=\!=Al(OH)_3+3H^+$$

Al^{3+} 水解产物可以吸附水中悬浮的杂质,并形成沉淀使水澄清,所以可溶性的铝盐如明矾、硫酸铝等可以作为净水剂。

（3）铝的应用。铝的密度小,耐腐蚀。铝有多种优良性能,用途极为广泛。铝合金广泛应用于飞机、汽车、火车、船舶等制造工业,此外火箭、航天飞机、人造卫星也使用大量的铝及铝合金。例如,一架超音速飞机的 70% 由铝及铝合金构成,一艘大型邮轮的用铝量常达几千吨。铝表面的氧化膜不仅有耐腐蚀的能力,而且有一定的绝缘性,所以铝在电器制造工业、电线电缆工业和无线电工业中有广泛的用途。铝有较好的延展性（它的延展性仅次于金和银）,在 100～150 ℃ 时可制成薄于 0.01 mm 的铝箔。这些铝箔广泛用于包装香烟、糖果等,还可制成铝丝、铝条,并能轧制各种铝制品。

2. 铁

（1）铁的物理性质。纯铁具有银白色金属光泽,质地软,有良好的延展性和导电、导热性能。纯铁有很强的铁磁性,属于磁性材料,密度为 7.86 g/cm³。在一个标准大气压下熔点为 1 535 ℃,沸点为 2 750 ℃。声音在铁中的传播速率为 5 120 m/s。

（2）铁的化学性质。铁在金属活动顺序表里排在氢的前面,化学性质比较活泼,是一种良好的还原剂。铁在化合物里通常显+2 或+3 价。

① 铁与氧气和其他非金属的反应。铁在氧气中剧烈燃烧,生成黑色的四氧化三铁。

$$3Fe+2O_2 =\!=\!= Fe_3O_4$$

加热时,铁也能与其他非金属如硫、氯等发生反应,分别生成硫化亚铁和氯化铁。

$$Fe+S \xrightarrow{\triangle} FeS$$

$$2Fe+3Cl_2 \xrightarrow{\triangle} 2FeCl_3$$

② 铁与水的反应。常温下,铁与水不反应。但将灼热的铁与水蒸气反应,会生成四氧化三铁和氢气。

$$3Fe+4H_2O =\!=\!= Fe_3O_4+4H_2\uparrow$$

③ 炼铁和炼钢。用铁矿石冶炼成铁,通常是在高温下,用一氧化碳作还原剂把铁矿石里的铁还原出来。

$$Fe_2O_3+3CO \xrightarrow{高温} 2Fe+3CO_2\uparrow$$

如此冶炼出的铁叫生铁,它含有少量的碳、锰、硅等杂质,质地较脆,易腐蚀,以生铁为原料,在高温条件下,用氧气将生铁中的碳、锰、硅等杂质除掉（但是除不尽）,再加入其他各种不同元素,就制成了具有韧性、耐腐蚀等各种性能不同的合金钢。

（3）铁的应用。工业合成氨中主要采用铁作为催化剂。在生物固氮酶中,铁是主要成分。对于人体,铁是不可缺少的微量元素。纯铁具有优良的磁性。纯铁是钢中含碳量最低、含各种元素最少、夹杂物最少的一种金属材料,常用于制造各种仪器、仪表的铁芯。因其强度低,故很少用作机械结构材料,常用的是它和碳的合金。

3. 金属的腐蚀和防护

（1）金属的腐蚀。金属或合金跟周围的气体或液体发生化学反应而损耗的过程,叫作金属的腐蚀。

根据金属腐蚀过程的不同特点,可以分为化学腐蚀和电化学腐蚀两种。

① 化学腐蚀。单纯由化学作用而引起的腐蚀叫作化学腐蚀。例如,金属和干燥气体（如 O_2、H_2S、SO_2、Cl_2）接触时,在金属表面易生成相应的化合物（如氧化物、硫化物、氯化物）。如果所生成的化合物形成一层致密膜覆盖在金属表面,反而可以保护金属内部,使腐蚀速度降低,如氧化铝能保护金属铝使它不致进一步氧化。所以,洗涮铝制品时尽量不要把这层氧化膜破坏。

② 电化学腐蚀。当金属和电解质溶液接触时,由电化学作用而引起的腐蚀叫作电化学腐蚀。它和化学腐蚀不同,是由于形成原电池而引起的。例如,钢铁在潮湿空气里所发生的

腐蚀。

钢铁(除含铁以外,还含碳)在潮湿空气里,由于表面吸附一层薄薄的水膜而促使钢铁腐蚀。水是弱电解质,它能解离出少量的 H^+ 和 OH^-,同时由于空气里二氧化碳的溶解使水里的 H^+ 增多。反应式如下:

$$CO_2 + H_2O \Longrightarrow H_2CO_3 \Longrightarrow H^+ + HCO_3^-$$

结果在钢铁表面形成了一层电解质溶液的薄膜,它跟钢铁里的铁和少量的碳恰好构成了原电池。因此,这些钢铁制品的表面就形成了无数微小的原电池(图6-6)。在这些原电池里,铁是负极,碳是正极。这时,作为负极的铁,就失去电子而被氧化:

$$Fe - 2e^- \Longrightarrow Fe^{2+}$$

在正极,溶液里的 H^+ 得到电子而被还原,最后生成氢气在碳的表面放出:

$$2H^+ + 2e^- \Longrightarrow H_2 \uparrow$$

所以,钢铁在潮湿的空气里通过原电池反应而发生电化学腐蚀(图6-7)。

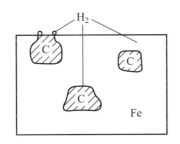
图6-6　钢铁表面形成的微小原电池示意图

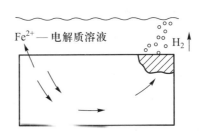
图6-7　钢铁的腐蚀示意图

金属生锈,给人类造成巨大损失。就拿钢铁来说,如果没有有效的防护措施,每年将有占总产量1/10的钢铁被锈蚀,这该是多么可惜!因此必须防止或减缓金属的腐蚀。

(2)金属的防护。影响金属腐蚀的因素包括金属的本性和外界介质两个方面。为此,常用的一些防护方法有:

① 改变金属的内部结构,如把铬、镍等金属加入普通钢里制成不锈钢。

② 在金属表面覆盖保护层,使金属制品跟周围的物质隔离开,以达到防护的目的。常用的方法是:在金属表面涂矿物性油、油漆或覆盖搪瓷、塑料等;用电镀、热镀或喷镀等方法在金属表面镀一层不易腐蚀的金属(如锌、锡、铬、镍);用化学方法使金属表面生成一层致密而稳定的氧化膜(如烤蓝)等。

③ 电化学保护法。这种方法是利用原电池原理来消除引起金属发生电化学腐蚀的反应,可分为阴极保护和阳极保护。应用较多的是阴极保护。例如,在轮船的尾部或在船壳的水线以下部分,装上一定数量的锌块,来防止船壳等的腐蚀,就是应用牺牲阳极保护阴极的方法。另外,此方法还常用于海水或河道中钢铁设备和电缆、石油管道、锅炉等设备的保护。

在日常生活中,最简单、最常用的防护方法就是保持金属制品表面的光洁和干燥。

（三）解释问题

铁在干燥的空气里,长时间不易生锈,但在潮湿的空气里很快就会生锈。这是因为铁暴露于潮湿的空气中时,表面的吸附作用使铁表面覆盖了一层薄薄的水膜。水是弱电解质,但仍能解离成 H^+ 和 OH^-,在酸性介质的大气环境中,H^+ 的数量由于水中溶解了二氧化碳而增加。反应式如下:

$$CO_2+H_2O \rightleftharpoons H_2CO_3 \rightleftharpoons H^+ + HCO_3^-$$

所以,铁和碳(铁除含铁外,还含碳)就像放在含有 H^+、OH^-、HCO_3^- 等的溶液中一样,形成了原电池,使电化腐蚀作用不断地进行,而导致生锈。

锅、勺、刀虽然都是铁做的,但是韧性不同,这是因为它们用的铁含碳量不同。铁锅是用生铁(含碳 1.7% 以上,性质硬而脆)制作的,所以无论是摔或敲都很容易碎;铁勺是用熟铁(含碳 0.2% 以下,性质韧)制作的,所以不容易摔坏;铁刀是用钢(含碳在 0.2%～1.7%,性质是硬度大而韧性和延展性都很好)制作的,所以很锋利。

在金属活动顺序表中,铁列在铝的后面。但铝在常温下与空气中的氧反应后,生成一层致密的氧化铝保护膜,阻碍了里面的铝被继续氧化。铁在常温下与空气中的氧反应,形成的氧化铁不能成膜,保护不了里面的铁免受腐蚀。所以在常温下铁容易被腐蚀,而铝不容易被腐蚀。

明矾是含结晶水的硫酸铝钾,它易溶于水,在水中完全解离。解离出的 Al^{3+} 与水发生水解反应,使溶液呈酸性。

$$Al^{3+} + 3H_2O \rightleftharpoons Al(OH)_3\downarrow + 3H^+$$

Al^{3+} 水解产物可以吸附水中悬浮的杂质,并形成沉淀使水澄清,所以明矾能够净水。

✎ 练习与思考

1. 家庭用铝制品总用钢丝球擦洗好吗？为什么？
2. 铝是活泼金属,为什么它在空气中不易被腐蚀？
3. 生铁和钢的含碳量有什么不同？

幼儿园模拟实践

1. 在今天的科学活动中,王老师拿出一些紫甘蓝榨的汁和两朵小白纸花,准备给小朋友们变一个魔术。

王老师:"小朋友们,这是我们昨天提取的紫甘蓝汁,紫甘蓝汁是什么颜色的?"

小朋友们:"紫色。"

王老师:"如果老师把紫甘蓝汁喷到这两朵小白花上,你们猜,小花会是什么颜色呢?"

小朋友们:"紫色。"

"咦,紫色的紫甘蓝汁喷在小花上,小花怎么变成了一朵粉红色和一朵绿色啦,紫甘蓝汁可真神奇呀!这里面有什么小秘密呢?"

你知道小花颜色变化的原因吗? 如果你是王老师,你会如何带领小朋友进行后续的探究呢?

2. 小朋友们对鸡蛋最熟悉了,今天王老师要利用鸡蛋开展一次科学活动。

王老师:"小朋友们,大家都知道鸡蛋壳是硬的,我们能不能把鸡蛋壳变软呢?"

小朋友们:"不能,那样鸡蛋就破了。"

王老师:"那我们来试一试吧。"

王老师拿出一个透明的玻璃杯,一瓶白醋和一个鸡蛋。王老师让小朋友确认鸡蛋确实是硬硬的感觉后,将鸡蛋放入玻璃杯中,慢慢地向里面倒入白醋。

小朋友们:"哇,鸡蛋冒小泡泡了。"

又过了两天,王老师带着小朋友们去观察鸡蛋。

"鸡蛋冒的泡泡少了。"

王老师拿出鸡蛋,用清水冲洗干净。

王老师:"现在小朋友摸摸鸡蛋是硬的还是软的?"

小朋友们:"鸡蛋变软了,好神奇啊! 这是为什么呢?"

如果你是王老师,你怎样回答小朋友的问题呢?

拓展阅读

(一) 会使人发笑的一氧化二氮

你听说过能使人发笑的气体吗? 它就是一氧化二氮(N_2O)。它是一种无色、有甜味的气体,也是一种氧化剂,在一定条件下能支持燃烧(因为 N_2O 在高温下能分解成氮气和氧气),但在室温下稳定,有轻微麻醉作用,并能致人发笑。因为这种气体能使人发笑,因而人们常称它为"笑气"。它现在主要用于表演,也可用来做赛车加速器中的助燃剂。

那这种笑气是谁最早发现的呢? 我们来看两个故事。

1800 年的一天,英国化学家戴维在实验室中制得了一种气体,为了弄清楚这种气体的一些物理性质,他凑近瓶口闻了闻,突然大笑起来,使得在场的另一位同事觉得莫名其妙。这时戴维也让他的同事闻了一下,那人也大笑起来,于是,戴维便发现了"笑气"。

　　1844 年的一天,有一位自称"化学魔术师"的人别出心裁地利用笑气做了一个广告:"明日上午九时在市政府大厅进行一场吸入笑气的公开表演,本人为公众准备了一些笑气,可以供 20 名志愿者使用,同时派 8 名大汉维持秩序,以防发生意外,望公众踊跃观看。"这幅别致的广告张贴后,果然迎合了无数猎奇者的心理,人们争先恐后地买票来看这场令人捧腹大笑的表演,当场就有 20 名志愿者上台。当他们吸入笑气后,个个都哈哈大笑,有的还放声歌唱、手舞足蹈,做出各种稀奇古怪的动作,观众看了他们的样子,也个个笑得直不起腰来,大厅内一片混乱。当时有一名青年吸了笑气后,不仅大笑大叫,还身不由己地狂蹦乱跳,不顾 8 名大汉的阻挡,从高台上往下跳,结果大腿发生骨折,而那青年却毫无痛苦的感觉,仍然大笑不止。

　　这时会场上有一名年轻的牙科医生,看到这名伤员毫无痛苦的情景,立即想到这种笑气不但能使人发笑,肯定还有麻醉镇痛的作用,不然这名青年腿骨折了怎么不感到疼痛呢? 如果用这种笑气作为拔牙的麻醉剂,一定也能取得同样效果。后来,这位牙科医生在为牙病患者拔除龋齿时也用笑气进行麻醉,果然牙病患者也毫无疼痛感觉。不过,使用剂量要掌握适当,否则会使患者狂笑不止,难以进行手术。从此以后,笑气在麻醉学领域得到了广泛应用。

(二)"愚人金"——化学工业之宝

　　从前,有个爱财如命的人在山谷里发现满地都是亮闪闪、黄澄澄的"金子",这使他高兴坏了。他大把大把地把"金子"往口袋里装,直到装不下了,才把口袋扛回家。

　　有一天,他挑了指甲那么大的一块"金子"到钱庄里去换钱,钱庄的伙计接过"金子"一看,嘲讽他是傻瓜,把"金子"给扔出来了。

　　原来,这根本不是什么"金子",而是一种名叫黄铁矿的矿石。黄铁矿的矿石有一副与金子一样金光闪闪的美丽的外貌,因此,人们又把黄铁矿的矿石叫作"愚人金"。

　　要区别黄金与黄铁矿石并不难,只要把黄金与黄铁矿石在试金石(可用没上釉的瓷板或破碗的碴口代替)上划一下,黄金留下的条痕是金黄色,黄铁矿石留下的条痕是绿黑色。

　　黄铁矿石是铁矿,却不能用来炼铁(FeS_2 中的硫会使钢材受热发脆),但它是制造硫酸的好原料。具体炼制过程所发生的反应是:

$$4FeS_2 + 11O_2 \xrightarrow{\Delta} 2Fe_2O_3 + 8SO_2 \uparrow$$

$$2SO_2 + O_2 \xrightarrow{V_2O_5} 2SO_3$$

$$SO_3 + H_2O = H_2SO_4$$

　　硫酸是现代工业(制造人造棉、人造羊毛、锦纶等化学纤维和染料、药品、洗衣粉、塑料等产品)、农业(制造化肥、农药、除草剂、植物生长调节剂及鲜花的保鲜剂等)与国防(制造炸药和提炼有色金属等)必不可少的原料,为此,人们称硫酸为"化学工业之母"。

有趣的有机化学

一、有　机　物

（一）提出问题

同学们知道人们天天吃的淀粉、蛋白质、油脂和纤维素等物质在化学上应属于哪一类吗？炒完菜不刷锅，接着再炒菜为什么不好？

（二）基本知识

有机物即有机化合物，是含碳化合物（一氧化碳、二氧化碳、碳酸盐、金属碳化物等少数简单含碳化合物除外）或碳氢化合物及其衍生物的总称。有机化合物都是含碳化合物，但是含碳化合物不一定是有机化合物。部分有机物来自植物界，但绝大多数是以石油、天然气、煤等作为原料，通过人工合成的方法制得。有机化合物对人类具有重要意义，地球上所有的生命形式，主要是由有机物组成的。有机物对人类的生命、生活、生产有极重要的意义。地球上所有的生命体中都含有大量有机物，有机物是生命产生的物质基础。

除含碳元素外，绝大多数有机化合物分子中含有氢元素，有些还含氧、氮、卤素、硫和磷等元素。早期有机化合物系指由动植物有机体内取得的物质。自 1828 年维勒人工合成尿素后，有机物和无机物之间的界线随之消失，但由于历史和习惯的原因，"有机"这个名词仍在沿用。

有机物种类繁多，目前从自然界发现的和人工合成的有机物已达数百万种（如糖、蛋白质、油脂、染料、塑料、酒精和乙酸等），而无机物却只有十几万种。

一般来说，有机物具有下列不同于无机物的特点。

（1）有机物难溶于水，易溶于酒精、汽油等有机溶剂；而许多无机物是易溶于水的。

（2）绝大多数有机物受热易分解，且易燃烧；而绝大多数无机物是不易燃烧的。

（3）绝大多数有机物是非电解质，不易导电，熔点低。

（4）有机物所起的化学反应比较复杂，一般比较慢，并伴有副反应发生。所以，许多有机化学反应常常需要加热或应用催化剂以促进反应的进行，这跟许多瞬时就可以完成的无机物的反应显然是不同的。

有机物的许多物理性质和化学性质的特点与其结构密切相关。大多数有机物分子里的碳原子跟其他原子是以共价键相结合的,这些分子聚集时大都是分子晶体;而无机物大多是以离子键结合的,并大都形成离子晶体。这些结构上的不同,会在性质上表现出来。当然,这些性质上的区别也不是绝对的。

有机物如糖类、蛋白质、油脂和染料等,在日常生活中是吃、穿、用等方面的必需品;有机化学在农业、材料等科学技术研究领域里也占重要的地位;有机化学也是研究跟生命有关的生物化学及分子生物学的基础之一。所以,有机物和有机化学对发展国民经济和提高人民生活水平都具有重要意义。

(三)解释问题

人们天天吃的淀粉(多糖)、蛋白质、油脂(植物油和动物油)和纤维素等都属于有机化合物。

另外,前面提到炒完菜不刷锅,接着再炒菜不好,是因为菜肴多含碳化合物(有机物),它们残留在锅中,再经加热后变焦,可转化成致癌物苯并[a]芘。此外,变焦的蛋白质还可产生 γ-氨甲酸衍生物,它的致癌作用比黄曲霉素作用还强。所以长期炒菜不刷锅,会使人食入大量致癌物质,导致癌的发生。

(四)趣味探索

小实验

能飞的火

方法:将一块玻璃板放在桌子上,一头垫高,把一支短蜡烛放在较低一端,给一团棉花滴入 1 mL 汽油,然后放在较高一端(与蜡烛相距 8~12 cm)。将蜡烛点燃,火焰会自动飞向棉团,用玻璃杯把棉团火焰罩灭,揭开玻璃杯后,火又飞向棉团(图 7-1)。

实验说明,汽油这种有机物很易挥发,又很易燃烧,所以使用汽油时一定要严禁烟火,防止可能发生的火灾。

图 7-1 能飞的火

✖ 练习与思考

1. 什么叫有机物?

2. 有机物有哪些特点?

二、天然气与甲烷

（一）提出问题

什么是天然气？液化石油气与天然气的区别是什么？

（二）基本知识

1. 天然气

天然气是蕴藏在地层内的可燃的碳氢化合物气体。它是由有机物经生物化学作用分解而成,常与石油共生,储存于地下岩石孔隙、空洞中,由钻井开采而得,并经管道输送到使用地点(见图 7-2)。我国地下天然气的储量非常丰富。

天然气是多种气体的混合物,其主要成分是甲烷,以体积计,含量一般在 80% ~ 97%。此外还含有乙烷、丙烷、丁烷、戊烷以及氮气、二氧化碳、硫化氢等成分。

（1）天然气的分类。天然气可分为伴生气和非伴生气两种。伴随原油共生,与原油同时被采出的油田气叫伴生气;非伴生气包括纯气田天然气和凝析气田天然气两种,在地层中都以气态存在。

（2）天然气的使用优点。天然气是一种洁净环保的优质能源,几乎不含硫、粉尘和其他有害物质,燃烧时产生的二氧化碳少于其他化石燃料,导致的温室效应较小,因而能从根本上改善环境质量。天然气与人工煤气相比,同比热值价格相当,并且天然气清洁干净,能延长灶具的使用寿命,也有利于用户减少维修费用的支出。天然气无毒、易散发,密度轻于空气,不宜积聚成爆炸性气体,是较为安全的燃气。家庭使用安全、可靠的天然气,会极大改善家居环境,提高生活质量。

（3）天然气的主要用途。

① 工业燃料。以天然气代替煤,用于工厂采暖、生产用锅炉及热电厂燃气轮机锅炉。天然气发电是缓解能源紧缺、降低燃煤发电比例,减少环境污染的有效途径,且从经济效益看,天然气发电的单位装机容量所需投资少,建设工期短,上网电价较低,具有较强的竞争力。

② 工艺生产。如烤漆生产线、烟叶烘干、沥青加热保温等。

③ 化工工业。天然气是制造氮肥的最佳原料,具有投资少、成本低、污染少等特点。天然气占氮肥生产原料的比例,世界平均为 80% 左右。

④ 城市燃气事业。随着人民生活水平的提高及环保意识的增强,大部分城市对天然气的需求明显增加(见图 7-3)。天然气作为民用燃料的经济效益也大于工业燃料。

⑤ 压缩天然气汽车。以天然气代替汽车用油,具有价格低、污染少、安全等优点。

图 7-2   天然气管道   图 7-3   燃烧的天然气

（4）中国的大型气田。苏里格气田，位于内蒙古鄂尔多斯市境内，累计探明 5 336.52 亿立方米的地质储量，成为中国目前第一特大型气田。

普光气田，位于四川省达州市宣汉县普光镇，到 2008 年探明地质储量达到 5 000 亿~5 500 亿立方米，是目前国内规模最大、丰度最高的特大型整装海相气田。

元坝气田，于四川省广元、南充和巴中市境内，第一期探明天然气地质储量 1 592.53 亿立方米，是迄今为止国内埋藏最深的海相大气田。

龙岗气田位于四川省南充市仪陇县，地质储量规模将远超普光气田，目前探明储量超过 3 000 亿立方米。

2. 甲烷

甲烷是最简单的有机物。它是烃（只含碳、氢两种元素的化合物叫作碳氢化合物，简称为烃）中烷烃〔碳原子跟碳原子都以单键结合成链状的烃叫作饱和链烃，或称烷烃，其通式是 (C_nH_{2n+2})〕的代表物。它是组成和结构最简单的烷烃。

（1）甲烷在自然界里的存在。甲烷不仅存在于天然气中，在湖、池塘、死水坑（冒气泡）、煤矿的坑道里产生的气体中也含有大量的甲烷（由植物残体经过某些微生物的发酵作用而生成）。因此，甲烷又叫作沼气或坑气。

（2）甲烷分子的组成。甲烷分子由一个碳原子和四个氢原子所组成，分子式为 CH_4，用电子式、结构式分别表示如下：

（3）甲烷的性质和用途。甲烷是一种无色、无气味的气体，比空气轻，它极难溶解于水，很易溶于汽油、煤油等有机溶剂，易燃烧。

通常情况下，甲烷是比较稳定的，跟强酸、强碱或强氧化剂等一般不起反应。纯净的甲烷在空气里安静地燃烧，产生淡蓝色火焰，生成二氧化碳和水，并释放出大量的热，这是甲烷的氧化反应：

$$CH_4 + 2O_2 \xrightarrow{\text{点燃}} CO_2 + 2H_2O(\text{液}) + 890 \text{ kJ}$$

　　所以,甲烷是一种很好的气体燃料,在农村也可以利用甲烷作燃料和照明使用,对解决我国农村的能源问题、改善农村环境卫生(利用人畜粪便、树叶、杂草、菜皮、秸秆、污泥和垃圾,在密封的环境下,通过细菌发酵的方法来制取甲烷)及提高肥料质量等方面都有重要的意义。但是,必须注意,如果点燃甲烷跟氧气或空气的混合物,它就立即发生爆炸。因此,在煤矿的矿井里,必须采取安全措施,如通风、严禁烟火等,以防止甲烷跟空气的混合物遇火爆炸,发生事故。

　　在室温下,甲烷和氯气的混合物可以在黑暗中长期保存而不起任何反应,但将它们放在光亮的地方会发生取代反应(有机物分子里的某些原子或原子团被其他原子或原子团所代替的反应叫作取代反应)。

此反应并没有停止,生成的一氯甲烷仍继续跟氯气作用,依次生成二氯甲烷、三氯甲烷(又叫氯仿)和四氯甲烷(又叫四氯化碳)。其反应分别表示如下:

　　在常温下,一氯甲烷是气体,其他三种都是液体。三氯甲烷和四氯甲烷都是工业上重要的溶剂,其中三氯甲烷还是制造"塑料王"聚四氟乙烯的重要原料,四氯甲烷还是一种效率较高的灭火剂。

　　在没有空气存在的情况下,给甲烷施以高温,甲烷分子便会破裂"分家",这种反应叫作裂解反应。例如,甲烷在1 000~1 200 ℃高温下生成炭黑(炭黑是橡胶工业的重要原料,也可用于制造颜料、油墨、油漆等)和氢气。如果温度再高,两个甲烷分子又会转化成含两个碳原子的乙炔。

$$CH_4 \xrightarrow{1\,000 \sim 1\,200\ ℃} C + 2H_2 \uparrow$$

$$2CH_4 \xrightarrow{1\,500\ ℃} \underset{\text{乙炔}}{H-C\equiv C-H} + 3H_2 \uparrow$$

乙炔是炔烃[链烃分子里含有碳碳三键的不饱和烃叫作炔烃,炔烃的通式是(C_nH_{2n-2})]的代表物,它是分子组成最简单的炔烃。

乙炔可用于合成许多重要的有机物。如由乙炔合成的氯乙烯是制备聚氯乙烯(塑料)的原料,还可利用乙炔进行切割和焊接金属。

(三)解释问题

天然气的主要成分是甲烷,它是地下岩层内储存的古代动植物,经化学变化产生的,然后经过钻井采集由管道输送给用户,是最好的气体燃料。液化石油气的主要成分是丙烷和丁烷,在常温下是气体,受压后很容易变成液体,把它们装进钢罐,便于储存和运输,使用时一拧开阀门,压强减小,液化石油气就变成气体。

(四)趣味探索

小实验

会响的气泡

从花园取一些肥沃的泥土,倒入一个敞口罐头瓶里,然后加水,盖上瓶盖放好。过几天后,当看到瓶内的泥土和水的表面上有气泡产生时,点燃一根火柴,靠近水表面的气泡,就会听到一阵"啪啪"的爆燃声。

观察与思考

1. 上面小实验中能爆燃的气体是什么物质?它的主要成分是什么?这种气体是怎样产生的?

2. 当人们经过油田或石油化工厂时,总可以看到一种冒着火焰的"烟囱",人们称它为"火炬"。这"火炬"有什么用?这种能燃烧的气体又是什么气体?

三、乙   醇

(一)提出问题

同学们知道为什么饮酒过量会醉吗?还有做鱼时为什么加酒就能解鱼的腥味?

（二）基本知识

1. 乙醇的物理性质

乙醇俗称酒精。酒精是一种无色透明、易挥发，易燃烧，不导电的液体。它有酒的气味和刺激的辛辣滋味，微甘。它在-117.3 ℃凝固、沸点是 78.2 ℃。它能够溶解多种有机物和无机物，能与水、甲醇、乙醚和氯仿等以任何比例混溶。

2. 乙醇的组成和化学性质

乙醇的分子式是 C_2H_5OH，乙醇分子是由乙基（—C_2H_5）和羟基（—OH）组成的，羟基比较活泼，它决定着乙醇的主要性质。

（1）乙醇的氧化反应。乙醇在空气中燃烧，发出淡蓝色的火焰，能生成二氧化碳和水，并放出大量的热，这就是乙醇的氧化反应：

$$C_2H_5OH+3O_2 \xrightarrow{\text{点燃}} 2CO_2 \uparrow +3H_2O+1\ 367\ kJ$$

它在实验室中用来作酒精灯和酒精喷灯的燃料。

（2）乙醇的脱水反应。如乙醇和浓硫酸加热到 170 ℃左右，每一个乙醇分子会脱去一个水分子而生成乙烯（它可用作果实催熟剂和用于制造塑料、合成纤维、有机溶剂等）。

乙醇和浓硫酸共热到 140 ℃左右，每两个乙醇分子间会脱去一个水分子而生成乙醚（乙醚是无色、具有特殊气味的液体，沸点 34.51 ℃，极易挥发；它的蒸气易燃，和空气混合时还会爆炸，所以在处理乙醚时必须特别小心。人吸收一定量的乙醚蒸气，会引起全身麻醉，所以纯乙醚可用作外科手术的麻醉剂）。

3. 乙醇的用途

乙醇的用途很广，除做燃料、制造饮料（啤酒含乙醇 3%～5%，葡萄酒含乙醇 6%～20%，黄酒含乙醇 8%～15%，白酒含乙醇 35%～70%）和香精外，它也是一种重要的有机化工原料，如用乙醇制造乙酸、乙醚等；乙醇又是一种有机溶剂，用于溶解树脂、制造涂料；在医疗上用 70%～75%的酒精做消毒剂，而不能使用较纯的酒精。这是因为酒精的浓度过大，容易使细菌表面的蛋白质凝固，形成一层硬膜，这层硬膜对细菌有保护作用，阻止酒精进一步渗入；而 70%～75%的酒精却能渗透到细菌内，达到良好的消毒目的。将碘溶解于酒精，就是人们日常用的碘酒。

那么酒是怎样制造出来的？早在两千多年前，我们的祖先就用含糖很丰富的各种农产品如高粱、玉米、薯类以及各种水果等经过发酵而制得酒，再进行分馏，可以得到 95%的乙醇。

4. 醇类

醇是分子中含有可跟烃基或苯环侧链上的碳结合的羟基的化合物，其官能团为—OH。自然界有许多种醇，在发酵液中有乙醇及其同系列的其他醇。植物香精油中有多种萜醇和芳香醇，它们以游离状态或以酯、缩醛的形式存在。还有许多醇以酯的形式存在于动植物油、脂、蜡中。常见的醇类有丙三醇（甘油）、乙二醇、木糖醇等。

（1）丙三醇。丙三醇俗称甘油,是没有颜色、黏稠、有甜味的液体。它能与水混溶,有强烈的吸水性。工业上大量的甘油用来制造硝化甘油,硝化甘油是一种烈性炸药的主要成分,这种炸药用于国防、开矿、挖掘隧道等。甘油还用于制造油墨、印泥,加工皮革,制药（通便剂开塞露）和日用化工产品（香脂含甘油,不但能防止皮肤上水分的挥发,而且还能从空气中夺取水分,使皮肤保持湿润不干裂。护肤甘油以含 20% 为宜）等。

（2）乙二醇。乙二醇俗称甘醇,是带甜味的黏稠液体。它常用作汽车水箱里的抗冻剂,也是制造涤纶的重要原料,近年来用作舞台烟雾剂。当演出需要烟雾时,将原密封的乙二醇,通过喷烟器喷向已加热的电热丝,由液态变为蒸气,组成浓厚的“云雾”。

（3）木糖醇。木糖醇是五个羟基（—OH）的多元醇,因而木糖醇不是糖。它有甜味,食品厂把它制成木糖醇奶糖等食品,用作糖尿病人的代糖品,给糖尿病人增加营养,改善他们的体内代谢。

（三）解释问题

通过上面介绍的知识,同学们已知道酒中含乙醇。人体内含有能使乙醇氧化的蛋白酶的量不同,含这种酶多的人能多饮酒,否则相反。当饮酒过量时,过多的乙醇等物会刺激神经系统而使人醉（产生一系列反应,引起中毒）,所以饮酒要适量。

另外,前面提到做鱼加酒能解腥味,是因为鱼中含有三甲胺（腥味）,而三甲胺属于脂肪胺类,它溶解于酒（乙醇）,加热时随酒一起挥发掉,所以鱼的腥味就被除掉。为此,做鱼加点酒,味道更鲜美。

（四）趣味探索

小实验

烧不坏的手帕

同学们可将水和酒精各一半（按体积比）充分混合、搅拌均匀,再将要烧的手帕浸泡在水和酒精的混合液中浸透。用镊子钳住手帕的一角,从混合液里取出,用火柴点燃手帕,手帕立即燃烧起来,火焰旺盛,同时迅速摇动,燃烧片刻,熄灭火焰,手帕仍完整无损,丝毫没有烧坏（图 7-4）。

图 7-4　烧不坏的手帕

上述实验可说明乙醇（酒精）是可挥发、易燃烧的物质。另外,乙醇燃烧时放出的热量,消耗在使水变成水蒸气上,同时边烧边摇动,加速了热量的散发,使手帕的温度不高,达不到着火点,所以烧不坏。

练习与思考

1. 查看下列酒类饮品的商品标签,其中酒精含量最高的是(　　)。

A. 啤酒　　　　B. 白酒　　　　C. 葡萄酒　　　　D. 黄酒

2. 下列试剂中,能用于检验酒精中是否含有水的是(　　)。

A. $CuSO_4 \cdot 5H_2O$　　　　　　B. 无水硫酸铜

C. 浓硫酸　　　　　　　　　　D. 金属钠

3. 向盛有乙醇的烧杯中投入一小块金属钠,可以观察到的现象是(　　)。

A. 钠块沉在乙醇液面下面　　B. 钠块熔成小球

C. 钠块在乙醇液面上游动　　D. 钠块表面有气泡产生

四、乙　酸

(一)提出问题

人们做鱼时为什么习惯加点醋?炒菜时为什么加醋加酒,就会炒出香喷喷的菜?

(二)基本知识

1. 乙酸的物理性质

乙酸是一种重要的有机酸,它是食醋的重要成分,普通的食醋中含有 3%~5% 的乙酸,所以乙酸又叫醋酸。它是一种有强烈刺激性气味的无色液体,沸点是 117.9 ℃,熔点是 16.6 ℃。当温度低于 16.6 ℃时,乙酸就凝结成像冰一样的晶体,所以含量达 96% 以上的醋酸又叫冰醋酸(冰醋酸极易吸湿,能灼伤皮肤,使用时应加注意)。乙酸易溶于水和乙醇。

2. 乙酸的组成和化学性质

乙酸的分子式是 $C_2H_4O_2$,它的结构式是 $CH_3-\overset{\overset{O}{\|}}{C}-OH$,简写为 CH_3COOH。

乙酸分子里的 $-\overset{\overset{O}{\|}}{C}-OH$(或—COOH)官能团(决定有机化合物化学特性的原子团)叫羧基。

乙酸具有明显的酸性,在水溶液里能电离出氢离子:

$$CH_3COOH \Longleftrightarrow CH_3COO^- + H^+$$

乙酸是一种弱酸,但比碳酸的酸性强,它具有酸的通性。如馒头蒸黄(碱过量),要在锅里倒点醋,再蒸一会馒头就不再黄了。这就是利用乙酸与碳酸钠(Na_2CO_3 水解显碱性)发生了反应。

在有浓硫酸存在并加热的条件下,乙酸能够跟乙醇发生反应,生成乙酸乙酯。

有香味的乙酸乙酯的制备如下:

在试管里先加 3 mL 乙醇,然后一边摇动,一边慢慢地加入 2 mL 浓硫酸和 2 mL 冰醋酸,按图 7-5 装置好。用酒精灯小心均匀地加热试管 3~5 分钟,产生的蒸气经导管通到饱和碳酸钠溶液的液面上,在液面上可以看到有透明的油状液体生成,并可闻到一种香味。

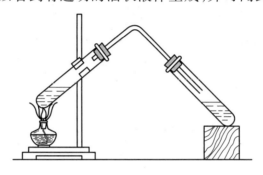

图 7-5　乙酸乙酯的制备

这种有香味的无色透明油状液体就是乙酸乙酯。这个反应是可逆的。

$$CH_3-\overset{O}{\overset{\|}{C}}-\boxed{OH+H}-O-C_2H_5 \underset{\triangle}{\overset{浓\ H_2SO_4}{\Longleftrightarrow}} CH_3-\overset{O}{\overset{\|}{C}}-O-C_2H_5 + H_2O$$

乙酸乙酯

乙酸乙酯属于酯类化合物。酸跟醇起作用,生成酯和水的反应叫作酯化反应。

3. 乙酸的用途

乙酸除了可用作调味品外,也是重要的有机化工原料,主要用以制造合成纤维(维纶)、醋酸纤维素(作为照相底片、人造丝的原料)、药物(如阿司匹林)、染料(靛蓝)、农药等。乙酸的酯类可作喷漆的溶剂。乙酸在日常生活中也有许多妙用,如用醋来泡洗热水瓶或水壶内壁的水垢(主要成分是碳酸钙和氢氧化镁),又如在痢疾流行的季节,经常吃醋拌的凉菜,有在胃内杀死痢疾菌的作用。

人们吃的醋酸(乙酸)是用含糖类物质发酵制成乙醇,乙醇再进一步发酵氧化而成。根据此道理,可得知各种果酒,如果打开瓶盖敞开放置几天,果酒就会变酸(空气中的微生物进入果酒里,使酒中的糖和乙醇转化成醋酸)。

4. 羧酸

在分子里,烃基跟羧基直接相连接的有机化合物叫作羧酸。

各种羧酸跟乙酸相似,分子里都含有羧基官能团,因而它们具有跟乙酸相似的化学性质,如有酸性、能发生酯化反应等。

在自然界中广泛存在各种羧酸,如甲酸(蚁酸)、丁酸(酪酸)、己酸(羊油酸)、十六酸(棕榈酸)、十八酸(硬脂酸)等。

(三) 解释问题

做鱼加醋,是因鱼体内丰富的蛋白质在酸和酶的作用下,水解成可溶性的氨基酸,能增加鱼的鲜味;同时还能分解鱼骨中的钙,便于人体吸收。所以,做鱼习惯加点醋。

另外在炒菜时,适当加醋和酒,炒出来的菜会格外香的原因是:醋(乙酸)与酒(乙醇)在热锅里发生反应,生成了有香味的乙酸乙酯。所以,炒菜加酒和醋会格外香。

(四) 趣味探索

小实验

简易密写墨水

用毛笔(或棉签)蘸上醋(最好是白醋),在白纸上写字,干后纸上不留什么痕迹。然后在火上烘烤一下,纸上就显出棕色字迹。

其原理是醋能和纸张含有的纤维发生化学反应,生成无色的醋酸纤维。它的着火点比较低,很快被烤焦,字迹于是能立刻显示出来。

✖ 练习与思考

醋酸为什么能将热水瓶和水壶中的水垢除掉?写出有关的化学反应方程式。

五、酯 与 油 脂

(一) 提出问题

煮熟的咸蛋为什么蛋黄里会有油?
含油的食物放久了,为什么会有股"哈喇"味?

(二) 基本知识

1. 酯

酯是有机化合物的一类,它广泛存在于自然界。乙酸乙酯存在于酒、食醋和某些水果中,苯甲酸甲酯存在于丁香油中,乙酸异戊酯存在于香蕉、梨等水果中,高级和中级脂肪酸的甘油酯是动植物油脂的主要成分,高级脂肪酸和高级醇形成的酯是蜡的主要成分。

酯类都难溶于水,易溶于乙醇和乙醚等有机溶剂,密度一般比水小。低级酯是具有芳香气味的液体。

酯能跟水发生水解反应,生成相应的酸和醇。例如,乙酸乙酯水解后生成乙酸和乙醇。

$$CH_3COOC_2H_5 + H_2O \underset{}{\overset{\text{无机酸或碱}}{\rightleftharpoons}} CH_3COOH + C_2H_5OH$$

酯的水解反应是酯化反应的逆反应。

2. 油脂

油脂是高级脂肪酸(硬脂酸、软脂酸或油酸等)跟甘油反应所生成的酯,所以也属于酯类。

(1)油脂的存在。在日常生活中,人们经常食用的猪油、牛油、羊油、花生油、豆油、菜籽油等都称为油脂。油脂是油和脂肪的总称,在通常的温度下,油脂有呈固态的,也有呈液态的。一般说来,呈固态的叫作脂肪(动物油脂),呈液态的叫作油(植物油脂)。

油脂普遍存在于动植物体内,是动植物储藏能量、保证新陈代谢正常进行所不可缺少的物质。在高等动物体中,脂肪多储藏在皮下、肠间膜等处。在高等植物中,油脂以极细的油滴同蛋白质、水分等构成均匀的胶体,主要储藏在种子和果实的细胞中。

(2)油脂的性质及其利用。油脂比水轻,不溶于水,易溶于多种有机溶剂(汽油、乙醚、苯等)中。油脂除了是人类的主要食物之外,也是重要的工业原料,还用于医药及化妆品等方面。

前面讲到,酯易被水解为醇和酸。油脂在一定条件下(有酸或碱或高温水蒸气存在),跟水发生水解反应,生成甘油和相应的高级脂肪酸。

$$\begin{array}{l} CH_2-COOR \\ | \\ CH-COOR + 3H_2O \overset{H^+加热}{\rightleftharpoons} \\ | \\ CH_2-COOR \end{array} \quad \begin{array}{l} CH_2-OH \\ | \\ CH-OH + 3RCOOH \\ | \\ CH_2-OH \end{array}$$

这是工业上制取高级脂肪酸和甘油的重要方法。

如果油脂的水解反应,是在有碱存在的条件下进行的,那么,水解生成的高级脂肪酸便跟碱反应,生成高级脂肪酸盐。

油脂在碱性条件下的水解反应叫作皂化反应。

工业上就是利用皂化反应来制取肥皂。例如,硬脂酸甘油酯(如猪油、牛油、羊油和植物油都可)在有氢氧化钠存在的条件下,发生水解反应,生成硬脂酸钠和甘油。

$$\begin{array}{l} C_{17}H_{35}COO-CH_2 \\ | \\ C_{17}H_{35}COO-CH + 3NaOH \longrightarrow 3C_{17}H_{35}COONa + \\ | \\ C_{17}H_{35}COO-CH_2 \end{array} \quad \begin{array}{l} CH_2-OH \\ | \\ CH-OH \\ | \\ CH_2-OH \end{array}$$

硬脂酸甘油酯　　　　　　　　硬脂酸钠　　　　甘油

反应完成后,得到的是硬脂酸钠、甘油和水的混合物,它们生成了一种胶体溶液。为了使肥皂和甘油充分分离,继续加热搅拌,并向锅内慢慢加入食盐细粒。在电解质的作用下,胶体被破坏,脂肪酸钠从混合液中析出。加入食盐使肥皂析出的过程就是盐析。此时,停止加热和搅拌,静置一定时间,溶液便分上下两层:上层是脂肪酸钠,下层是甘油和食盐的混合液。取出上层的物质,加入填充剂(如松香和硅酸钠)等,进行压滤、干燥、成型,就制成了成品肥皂。下层溶液经分离提纯后,便得到甘油。

肥皂的去污原理:普通的肥皂是约含70%的高级脂肪酸的钠盐、30%的水和少量的盐的混合物,有的肥皂还加有填充剂、香料及染料等。肥皂能够除去污垢,主要是高级脂肪酸的钠盐的作用。从结构上看,高级脂肪酸钠的分子可以分为两部分:一部分是极性的—COONa或—COO⁻,这一部分可溶于水,叫作亲水基;另一部分是非极性的链状的烃基—R,这一部分在结构上跟水的差别很大,不能溶于水,叫作憎水基,憎水基具有亲油的性质。在洗涤的过程中,污垢中的油脂跟肥皂接触后,高级脂肪酸钠分子的烃基就插入油滴内,而易溶于水的羧基部分伸在油滴外面,插入水中。这样油滴就被肥皂分子包围起来(图7-6),再经摩擦、振动,大的油滴便分散成小的油珠,最后脱离被洗的纤维织品,而分散到水中形成乳浊液,从而达到了洗涤的目的。

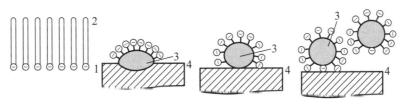

1—亲水基;2—憎水基;3—油污;4—纤维织品。

图7-6　肥皂去污示意图

(3)油脂的酸败。油脂因储存不当或放置时间过久会逐渐产生一种陈油味(俗称"哈喇"味),这叫作油脂的酸败。产生酸败的主要原因有两种:一是油脂受外界温度和空气的氧化作用而被氧化成过氧化物,再分解成带臭味的低级醛、酸等的混合物;另一个原因是微生物将油脂水解为甘油和脂肪酸,脂肪酸再经微生物进一步氧化和分解,生成有特殊气味的较低级的酮等。

油脂在水、光、热及微生物的作用下很容易发生这些变化。因此,在储藏油脂时,应该注意将其保存在密闭容器中,并放置在干燥、阴凉的地方,也可以在油脂中加入少量的维生素E等。

(三)解释问题

咸蛋煮熟了,蛋黄里含有油,是因为蛋中不但含有丰富的蛋白质,而且也含有许多脂肪,尤其是蛋黄,几乎1/3是脂肪组成的。由于蛋白质能把蛋黄中的脂肪分散成很小的油滴,一般用眼看不到,但把蛋做成咸蛋时,盐使蛋白沉淀出来,变成大油滴。又因蛋黄中脂肪的含量高达31%左右,所以咸蛋一煮熟以后,就使得整个蛋黄变成油滋滋的,甚至流出油来了。

含油的食物放久了,有时吃起来又涩又刺激喉咙,是因为食用油脂在光、热、水、空气、金属和微生物的作用下,分解成酮、醛和酸。这些有机物味道不好,还会刺激消化道黏膜,使人呕吐、腹泻。因此,已经有"哈喇"味的食品和油脂不能再吃了。

（四）趣味探索

小实验

碘酒取指纹

用大拇指在清洁平正的白纸上按一下(手指上涂一层极薄的凡士林或擦手油),白纸上就留下肉眼看不见的指纹。然后,在金属瓶盖上倒少量碘酒,在酒精灯(或烛火)上加热,并把白纸放在碘酒蒸气上熏,不久就会出现指纹(图7-7)。

图7-7　碘酒取指纹

碘比较容易溶解在油脂等有机溶剂中。当碘蒸气跟白纸接触时,指纹上黏附的油脂吸收了碘,被吸收的碘遇冷,会凝结成紫黑色的固体,所以指纹清晰可见。

✗ 练习与思考

1. 脂肪和油的区别在哪里?举例说明。
2. 为什么肥皂能去污?而且洗的时候还要搓呢?

六、糖　类

（一）提出问题

柿饼上的白霜是什么物质?它好吃吗?

人们吃的各种食物中是否含有纤维素?为什么每天都应吃一点含纤维素的食物?

（二）基本知识

糖类又称碳水化合物,是多羟基醛或多羟基酮及其缩聚物和某些衍生物的总称。糖类一般由碳、氢和氧三种元素所组成。糖类是自然界中广泛分布的一类重要的有机化合物。日常食用的蔗糖、粮食中的淀粉、植物体中的纤维素、人体血液中的葡萄糖等均属于糖类。糖类在生命活动过程中起着重要的作用,是一切生命体维持生命活动所需能量的主要来源。植物中最重要的糖是淀粉和纤维素,动物细胞中最重要的多糖是糖原。糖类主要分成四大类:单糖、双糖、低聚糖和多糖。

1. 单糖

（1）葡萄糖。葡萄糖（化学式 $C_6H_{12}O_6$）是自然界中分布最广且最为重要的一种单糖，它是一种多羟基醛。纯净的葡萄糖有甜味，但甜味不如蔗糖（一般人无法尝到甜味），易溶于水，微溶于乙醇，不溶于乙醚。葡萄糖为无色结晶或白色结晶性或颗粒性粉末，无臭，有吸湿性。天然葡萄糖水溶液旋光向右，故属于"右旋糖"。在碱性条件下加热易分解，应密闭保存。

葡萄糖在生物学领域具有重要地位，是活细胞的能量来源和新陈代谢中间产物，即生物的主要供能物质。植物可通过光合作用产生葡萄糖。在糖果制造业和医药领域有着广泛应用。葡萄糖口服后迅速吸收，进入人体后被组织利用，也可转化成糖原或脂肪储存。正常人体每分钟利用葡萄糖的能力为每千克体重 6 mg。它是一种能直接吸收利用，补充热能的碳水化合物，是人体所需能量的主要来源，在体内被氧化成二氧化碳和水，并同时供给热量，或以糖原形式储存。它能促进肝脏的解毒功能，对肝脏有保护作用。

（2）果糖。果糖中含 6 个碳原子，它是一种单糖，是葡萄糖的同分异构体，它以游离状态大量存在于水果的浆汁和蜂蜜中。果糖还能与葡萄糖结合生成蔗糖。纯净的果糖为无色晶体，熔点为 103~105 ℃，它不易结晶，通常为黏稠性液体，易溶于水、乙醇和乙醚。果糖是最甜的单糖。

果糖的分子式是 $C_6H_{12}O_6$，它的结构简式是：

$$CH_2OH—CHOH—CHOH—CHOH—CO—CH_2OH$$

果糖是葡萄糖的同分异构体（化合物具有相同的分子式，但结构不同的现象，叫作同分异构现象。具有同分异构现象的化合物称为同分异构体）。

（3）核糖。核糖是细胞核的重要组成部分，是人类生命活动中不可缺少的物质，重要的核糖有核糖和脱氧核糖。

2. 低聚糖

糖类水解后能生成几个分子单糖的叫作低聚糖。它包括二糖、三糖等，其中二糖在日常生活中接触最多，如蔗糖和麦芽糖等。

（1）蔗糖。蔗糖就是人们平常吃的食糖，它是自然界分布最广的二糖。它存在于不少植物体内，以甘蔗（含糖 11%~17%）和甜菜（含糖 14%~26%）的含量为多。

蔗糖是无色晶体，溶于水。它是重要的甜味食物。

蔗糖的分子式是 $C_{12}H_{22}O_{11}$。在硫酸等的催化下，蔗糖水解生成一分子葡萄糖和一分子果糖：

$$C_{12}H_{22}O_{11}+H_2O \xrightarrow{\text{催化剂}} C_6H_{12}O_6+C_6H_{12}O_6$$

蔗糖　　　　　　　　　　　葡萄糖　　　果糖

（2）麦芽糖。麦芽糖是白色晶体（常见的麦芽糖是没有结晶的糖膏，如高粱饴糖），易溶于水,有甜味,比葡萄糖甜,但不如蔗糖甜,所以也用作甜味食物。

麦芽糖($C_{12}H_{22}O_{11}$)是蔗糖的同分异构体。它在自然界没有游离态存在,一般以含淀粉较多的农产品如大米、玉米、高粱、薯类等作为原料,在淀粉酶(大麦芽产生的酶)的作用下,在约60 ℃时,发生水解反应而生成。

$$2(C_6H_{10}O_5)_n + nH_2O \xrightarrow{\text{催化剂}} nC_{12}H_{22}O_{11}$$
淀粉　　　　　　　　　　麦芽糖

麦芽糖在硫酸等的催化下,能发生水解反应,生成两分子葡萄糖:

$$C_{12}H_{22}O_{11} + H_2O \xrightarrow{\text{催化剂}} 2C_6H_{12}O_6$$
麦芽糖　　　　　　　　葡萄糖

3. 多糖

多糖是由糖苷键结合的糖链,连接起的至少超过10个单糖所组成的聚合糖高分子碳水化合物,可用通式$(C_6H_{10}O_5)_n$表示。由相同的单糖组成的多糖称为同多糖,如淀粉、纤维素和糖原;以不同的单糖组成的多糖称为杂多糖,如阿拉伯胶是由戊糖和半乳糖等组成。多糖不是一种纯粹的化学物质,而是聚合程度不同的物质的混合物。多糖一般不溶于水,无甜味,不能形成结晶,无还原性和变旋现象。多糖也是糖苷,所以可以水解。在水解过程中,往往产生一系列的中间产物,最终完全水解得到单糖。

自然界中最丰富的均一性多糖是淀粉和糖原、纤维素。它们都是由葡萄糖组成的。淀粉和糖原分别是植物和动物中葡萄糖的储存形式,纤维素是植物细胞的主要结构成分。

(1)淀粉。淀粉是葡萄糖分子聚合而成的,它是细胞中碳水化合物最普遍的储藏形式。淀粉在餐饮业中又称芡粉,通式是$(C_6H_{10}O_5)_n$,水解到二糖阶段为麦芽糖,完全水解后得到单糖(葡萄糖)。

淀粉有直链淀粉和支链淀粉两类。淀粉中含有两个以上性质不同的组成成分,能够溶解于热水的可溶性淀粉,叫直链淀粉;只能在热水中膨胀,不溶于热水的就叫支链淀粉。直链淀粉遇碘呈蓝色,支链淀粉遇碘呈紫红色。

淀粉可以看作是葡萄糖的高聚体。淀粉不溶于冷水,但和水共同加热至沸点,就会呈糊浆状,俗称糨糊,这叫淀粉的糊化。烹调中的勾芡,也是利用了淀粉的糊化作用,使菜肴包汁均匀。当淀粉经稀释处理后,最初形成可变性淀粉,然后即形成能溶于水的糊精。淀粉在高温(180~200 ℃)下也可以生成糊精,呈黄色。

淀粉为高分子化合物,一定条件下可以水解,可加入稀硫酸或加热。淀粉是一种重要的多糖,是一种相对分子质量很大的天然高分子化合物。淀粉虽属糖类,但本身没有甜味,淀粉进入人体后,一部分淀粉受唾液所含淀粉酶的催化作用,发生水解反应,生成麦芽糖;余下的淀粉在胰脏分泌的淀粉酶的作用下,继续进行水解,生成麦芽糖。麦芽糖在肠液中麦芽糖酶的催化下,水解为人体可吸收的葡萄糖,供人体组织的营养需要。淀粉水解的化学反应方程式为:

$$(C_6H_{10}O_5)_n + nH_2O \rightarrow nC_6H_{12}O_6$$

淀粉是食物的一种重要成分,它也是一种工业原料,可以用来制葡萄糖和酒精等。淀粉在淀粉酶的作用下,先转化为麦芽糖,再转化为葡萄糖。葡萄糖受到酒曲里的酒化酶的作用,变为酒精。这就是含淀粉物质酿酒的主要过程。葡萄糖变为酒精的反应可以简略表示如下:

$$C_6H_{12}O_6 \xrightarrow{\text{催化剂}} 2C_2H_5OH + 2CO_2$$

所以,粮食(淀粉)和水果(葡萄糖)都可以酿造出又香又醇的好酒。

(2)纤维素。纤维素是构成细胞壁的基础物质;木材约有一半是纤维素;棉花是自然界中较纯的纤维素,含纤维素 92%~95%;脱脂棉和无灰滤纸基本是纯纤维素。

纤维素是白色、无臭、无味的物质,不溶于水,也不溶于一般的有机溶剂。

纤维素的分子中含有几千个葡萄糖单元,它的相对分子质量为几十万,所以也属高分子化合物。

纤维素在稀硫酸和一定压强下长时间加热,才可发生水解,水解的最后产物也是葡萄糖。

纤维分为天然纤维、人造纤维和合成纤维。天然纤维来自大自然——植物或动物身上的纤维,如棉、毛、丝、麻等;人造纤维是利用含有天然纤维的东西——木材、芦苇、稻草之类作原料制成的,如人造丝、人造毛等;合成纤维是以石油、煤之类作原料,经过化学合成的,如常用的"五大纶"——腈纶、锦纶、涤纶、维纶和丙纶。

(三)解释问题

柿饼上的白霜,是柿肉里所含的葡萄糖渗到柿饼表皮上形成的。由于葡萄糖有甜味,因此这层白霜很好吃,而且还有营养。

人们吃的各种食物除含脂肪、蛋白质、糖类、维生素、矿物质等营养成分外,剩下的就是纤维素,即残渣。人体无法消化和吸收这些渣滓,于是通过大肠排出体外。精米、精面、糖、肉、蛋和奶里的纤维素少,粗粮、瓜果、蔬菜里的纤维素多。那些常吃精粮和肉、蛋制品的人,他们的肠蠕动慢,这样大便在大肠里停留的时间长,大肠过多地吸收粪便里的有毒物质,在肠道内不断刺激肠黏膜,久而久之,可能得大肠(结肠或直肠)癌。所以,纤维素是对人体健康很有用的物质,每天都应吃一点含纤维素的食物。

(四)趣味探索

小实验

1. "乌龙"出水

方法:在大试管里放入 1/4 试管的蔗糖,然后加上一点点水,再向试管加入适量的浓硫酸,立即进行剧烈的反应。这时用玻璃棒伸到试管里,引出一条"乌龙","乌龙"身上的点点泡沫就像鳞片一样(图 7-8)。

实验说明,浓硫酸可以使蔗糖脱水"碳化"。

$$C_{12}H_{22}O_{11} \xrightarrow{\text{浓 } H_2SO_4} 12C+11H_2O$$

生成的碳中有一部分和浓硫酸进一步反应生成二氧化碳,硫酸本身则被还原变成二氧化硫和水。二氧化碳和二氧化硫等气体像发泡剂一样,使疏松多孔的碳形成黑色的泡沫,随着玻璃棒从试管中溢出,犹如"乌龙"出水。

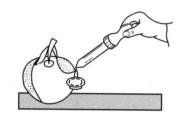

图 7-8　乌龙出水　　　　　图 7-9　苹果是否熟了

2. 苹果是否熟了

方法:用刀切一小块苹果,在果肉上面滴一滴碘酒,如苹果肉保持原色,说明苹果熟了。如果肉显蓝色,表明苹果没成熟(图 7-9)。

前面知识介绍,淀粉的特性是遇碘变蓝。由于没成熟的苹果肉含有淀粉,所以果肉遇碘变蓝色;而成熟的苹果肉内含有葡萄糖和果糖等,因此遇碘不变色。

✕ 练习与思考

1. 吃到嘴里的米饭为什么越嚼越甜?

2. 什么叫作单糖、低聚糖和多糖,并举较熟悉的例子说明。

3. 在以淀粉为原料生产葡萄糖的水解过程中,用什么方法来检验淀粉是否已完全水解呢?

七、蛋　白　质

(一)提出问题

为什么虾、蟹的味道非常鲜美?

松花蛋里的蛋白为什么会有树枝状的松花?

（二）基本知识

蛋白质是生命的物质基础，是构成人体组织器官的支架和主要物质，在人体生命活动中，起着重要作用。它与生命及各种形式的生命活动紧密联系在一起。机体中的每一个细胞和所有重要组成部分都有蛋白质参与。蛋白质占人体体重的 16%~20%，即一个 60 kg 重的成年人其体内有蛋白质 9.6~12 kg。人体内蛋白质的种类很多，性质与功能各异，但都是由 20 多种氨基酸按不同比例组合而成的，并在体内不断进行代谢与更新。

蛋白质是人体必需的营养物质，在日常生活中需要注重高蛋白质食物的摄入。高蛋白质的食物，一类是奶、畜肉、禽肉、蛋类、鱼等动物蛋白；另一类是黄豆、青豆和黑豆等豆类，及芝麻、瓜子、核桃等干果类的植物蛋白。由于动物性蛋白质所含氨基酸的种类和比例较符合人体需要，所以动物性蛋白质比植物性蛋白质营养价值高。

1. 蛋白质的组成

蛋白质是由多种 α-氨基酸相互化合而形成的天然高分子化合物。蛋白质除了含有碳、氢、氧外，还含有氮和少量的硫。

α-氨基酸即羧酸分子里的 α 氢原子（即离羧基最近的碳原子上的氢原子）被氨基取代的生成物，如甘氨酸、丙氨酸、谷氨酸等。它们的结构式表示如下：

$$甘氨酸（氨基乙酸）\qquad \underset{\overset{|}{NH_2}}{CH_2}-COOH$$

$$丙氨酸（\alpha-氨基丙酸）\qquad CH_3-\underset{\overset{|}{NH_2}}{CH}-COOH$$

$$谷氨酸（\alpha-氨基戊二酸）\qquad HOOC-CH_2-CH_2-\underset{\overset{|}{NH_2}}{CH}-COOH$$

氨基酸分子里含有的羧基呈酸性，氨基（—NH_2）呈碱性，氨基酸分子间通过羧基和氨基的结合，组成蛋白质（高分子化合物）。由于蛋白质的相对分子质量很大（几万到上千万），组成蛋白质的氨基酸的种类和排列顺序各不相同，所以蛋白质的结构很复杂。研究蛋白质的结构和合成，进一步探索生命的现象，是科学研究中的重要课题。1965 年我国科学家在世界上第一次用人工方法合成了具有生命活力的蛋白质——结晶牛胰岛素，对蛋白质和生命的研究做出了贡献。

2. 蛋白质的性质

（1）蛋白质的盐析。在盛有鸡蛋清的试管里，缓慢地加入饱和硫酸铵或硫酸钠溶液，可以观察到有沉淀析出。把少量带有沉淀的液体加入盛有清水的试管里，观察沉淀是否溶解。

少量的盐（如硫酸铵、硫酸钠等）能促进蛋白质的溶解。但如果向蛋白质溶液中加入浓的盐溶液,可使蛋白质的溶解度降低而从溶液中析出,这种作用叫作盐析。这样析出来的蛋白质继续加水时还可以溶解,并不影响原来的性质。采用多次盐析,可以分离和提纯蛋白质。

（2）蛋白质的变性。在两个试管里各盛 3 毫升鸡蛋清,给一个试管加热,向另一个试管加入少量乙酸铅溶液,观察发生的现象。把凝结的蛋白质和生成的沉淀分别放入两个盛清水的试管里,观察是否溶解。

在热、酸、碱、重金属盐、紫外线等作用下,蛋白质会发生性质上的改变,而凝结起来。这种凝结是不可逆的,不能使它们再恢复成为原来的蛋白质,蛋白质的这种变化叫作变性。蛋白质变性后,就丧失了原有的可溶性,并且失去了它们生理上的作用。高温消毒灭菌就是利用加热使蛋白质凝固从而使细菌灭亡;重金属盐(如铜盐、铅盐、汞盐等)能使蛋白质凝结,所以会使人中毒。

（3）蛋白质的颜色反应。在盛有两毫升鸡蛋清的试管里,滴入几滴浓硝酸,加微热,观察析出的沉淀的颜色。

蛋白质可以跟许多试剂发生颜色反应。例如,有些蛋白质跟浓硝酸作用时呈黄色(在使用浓硝酸时,不慎溅在皮肤上而使皮肤呈现黄色),就是由于浓硝酸和蛋白质发生了颜色反应的缘故。

3. 蛋白质的应用

蛋白质和糖类、脂肪都是人的主要的营养物质。因为一切生命现象都跟蛋白质有关,所以人们常说:没有蛋白质就没有生命。

蛋白质不仅对于生物体的生命起着决定性的作用,而且在工农业生产和医药上有着广泛的用途。动物的丝、毛(蚕丝、羊毛、兔毛、驼毛等)是纺织工业的重要原料,牛皮、猪皮、羊皮经鞣制后可成为柔软、富有弹性的皮革。动物胶是用动物的皮和骨熬制成的,广泛用作木材的胶黏剂。无色透明的动物胶叫作白明胶,是制造电影胶片、照相底片的主要原料。由蛋白质制成的各种生物制剂如氨基酸、胎盘球蛋白、血清蛋白、水解蛋白和酶(胃蛋白酶)等都是重要的医药原料。酶还广泛应用于食品、纺织、制革、试剂等工业。

（三）解释问题

虾、蟹的味道非常鲜美,是因为虾、蟹被烹煮后,所含蛋白质部分分解成多种氨基酸,而不少氨基酸的钠盐都有强烈鲜味。

通过前面知识的学习,大家都知道蛋白质是由多种氨基酸相互化合而形成的天然高分子化合物,氨基酸分子里含有的羧基呈酸性。那么,松花蛋里松花的产生,是由于人们在制造松花蛋时特意在泥里或溶液中加入一些碱性物质,它们会穿透蛋壳上的细孔,跑到蛋里与氨基酸(部分蛋白质分解成氨基酸)化合,生成金属盐,那漂亮的松花正是这些金属盐类(不溶于蛋白质)的结晶体。所以,松花蛋里的蛋白会有树枝状的松花。

练习与思考

1. 根据已掌握的蛋白质的性质回答下列问题：

（1）为什么用煮沸的方法可以使医疗器械消毒？

（2）用什么方法来鉴别棉织和丝、毛织品？

（3）为什么硫酸铜能造杀菌剂？

（4）为什么铜、汞、铅等重金属盐对人畜有毒？由这些重金属盐引起中毒后,怎样才能解毒？

2. 在三个试管里分别盛有蛋白质、淀粉和肥皂溶液,怎样鉴别它们？

3. 红药水（红汞）和碘酒为什么不能混用？

八、食品添加剂

（一）提出问题

有人说,只有没有添加剂的食品,才是好食品。食品中加入添加剂到底好不好？

（二）基本知识

食品添加剂是为改善食品色、香、味等品质,以及为防腐和加工工艺的需要而加入食品中的人工合成或者天然的物质。目前我国食品添加剂有 23 个类别,2 000 多个品种,包括抗氧化剂、漂白剂、膨松剂、着色剂、护色剂、酶制剂、增味剂、营养强化剂、防腐剂、甜味剂、增稠剂、香料等。

1. 食品添加剂的作用

食品添加剂大大促进了食品工业的发展,被誉为现代食品工业的灵魂。它有利于食品的保存,防止变质。它能改善食品的感官性状。它能保持或提高食品的营养价值。它能增加食品的品种和方便性。它能满足其他特殊需要,让食品尽可能地满足人们的不同需求。如糖尿病人不能吃糖,则可用三氯蔗糖或天门冬酰苯丙氨酸甲酯制成的无糖食品代替。

2. 常用的食品添加剂

（1）防腐剂。防腐剂是指能抑制食品中微生物的繁殖,防止食品腐败变质,延长食品保存期的物质。常用的防腐剂有苯甲酸钠、山梨酸钾、二氧化硫、乳酸等。它们常用于果酱、蜜饯等的食品加工中。

（2）漂白剂。运用漂白剂的目的是使食品中的色素氧化,分解为无毒的无色物质,以达到脱色的目的。常用漂白剂为亚硫酸钠、焦亚硫酸钠、亚硫酸氢钠和二氧化硫等,均是利用它们的还原性。由于使用过程要加热、搅拌,它们产生的二氧化硫大部分可以去除,即使在食后残留有二氧化硫,进入人体后也能氧化成 SO_4^{2-},并可通过解毒途径排出体外,比较安全。

（3）抗氧化剂。抗氧化剂是为了防止或延缓食品被氧化的物质。它是一类能帮助捕获并中和自由基,从而祛除自由基对人体损害的一类物质。抗氧化剂能防止或延缓食品氧化,提高食品的稳定性和延长储存期的食品添加剂。正确使用抗氧化剂可以延长食品的储存期与货架期,给生产者带来良好的经济效益,还能提高食品的安全性。

（4）凝固剂。凝固剂是指使食品组织结构不变,增强黏性固形物的物质。包括使蛋白质凝固的凝固剂和防止新鲜果蔬软化的硬化剂等食品添加剂。中国列入国家标准中的凝固剂共有 10 种物质,分别为:乳酸钙、氯化钙、氯化镁、丙二醇、乙二胺四乙酸二钠、乙二胺四乙酸二钠钙、柠檬酸亚锡二钠、葡萄糖酸-δ-内酯、薪草提取物、谷氨酰胺转氨酶。如使用葡萄糖酸-δ-内脂做豆腐,效果良好,已被推广使用。

（5）膨松剂。使用膨松剂的目的是使食物制品形成多孔性膨松组织,外形体积增大,吃起来酥脆可口。天然膨松剂是用活性酵母,化学膨松剂多用碳酸氢钠(小苏打)、碳酸钠(纯碱),它们经加热产生二氧化碳气体,可使食品膨松,对人体不造成危害。人们常用明矾作膨松剂,其中的铝离子仍留在食物中,进入人体后,可使人智力减退、记忆力衰退,因而最好不用或慎用。

（6）营养强化剂。营养强化剂是一类能补充食品营养成分或提高食品营养价值的物质的总称,如在食品中添加各类维生素、钙、铁等补充食品营养的成分。也可在食品中添加赖氨酸、苏氨酸等人体不能合成却又必需的氨基酸,以提高食品营养价值。

3. 安全标准

食品添加剂的安全使用是非常重要的。理想的食品添加剂最好是有益无害的物质。食品添加剂,特别是化学合成的食品添加剂大都有一定的毒性,所以使用时要严格控制使用量。食品添加剂的毒性是指其对机体造成损害的能力。毒性除与物质本身的化学结构和理化性质有关外,还与其有效浓度、作用时间、接触途径和部位、物质的相互作用与机体的机能状态等条件有关。因此,不论食品添加剂的毒性强弱、剂量大小,对人体均有一个剂量与效应关系的问题,即物质只有达到一定浓度或剂量水平,才显现毒害作用。食品添加剂的安全用量是对健康无任何毒性作用或不良影响的食品添加剂用量,用每千克每天摄入的质量（mg）来表示,即 mg/kg。

（三）解释问题

实际上人们吃的食物,几乎都加了添加剂。适当加入添加剂,使食品色、香、味俱全,有利于人体健康。对添加剂的量,应有目的地控制。

（四）趣味探索

（1）自己动手发面,用碳酸氢钠作膨松剂,蒸一次馒头。

（2）自己动手用豆浆做原料,用石膏做凝固剂,做一碗豆腐脑。

✖ 练习与思考

1. 食品添加剂的作用有哪些?

2. 常见的食品添加剂有哪些?

3. 价格高、色泽鲜艳、口感好的食品营养价值肯定高,这种说法是否正确,为什么?

幼儿园模拟实践

1. 通过上次鸡蛋壳变软的科学活动,王老师发现小朋友现在非常喜欢研究厨房中的物品。今天王老师决定再带领小朋友们做一个有关鸡蛋的实验。

王老师:"小朋友们知道生鸡蛋和熟鸡蛋有什么区别吗?"

小朋友:"生鸡蛋打开是液体的,煮熟了就是固体的了。"

王老师:"嗯,小朋友说得很对。老师不把鸡蛋煮熟,也能把鸡蛋黄变成固体,你们相信吗?"

王老师将一个新鲜鸡蛋打开,取出完整的蛋黄放在一个碗里,又在蛋黄上面盖上了厚厚的盐。

"好了,等过两天,我们来看看蛋黄是不是变成固体了。"

两天后,王老师扒开蛋黄上的盐,小朋友发现,蛋黄真的变成了固体。

你能替王老师告诉小朋友这是为什么吗?

2. "今天,邮递员叔叔给我们大一班寄来了一封信,我们拆开来看看信上写的是什么吧。"说着,王老师拆开了信封,将信展开。

琪琪:"这是一张白纸。"

"嗯,这是怎么回事呢? 哎,信封里还有一张小纸条,看看上面写了什么,纸条说这是一封神秘的信,要用特殊的方法才能看到上面的字,要用什么特殊方法呢?"

"小朋友们,你们桌上放着碘酒,你们用毛笔蘸着玻璃杯里面的碘酒刷一下这封信,看看会不会有变化。"

琪琪:"哇,出来字了,太神奇了,这字是怎么出来的呢?"

小朋友们看到白纸上显示出了信的内容,都非常兴奋,围着王老师问,这是怎么回事,你能帮王老师告诉小朋友这到底是怎么回事吗?

拓 展 阅 读

(一)橡胶的故事

橡胶是自然界馈赠给人类的一种妙不可言的材料。虽然橡胶没有钢铁硬度高,也没有木材轻便,但它能伸缩自如,无论怎样碰撞、摔打和摩擦,都"岿然不动"。不仅如此,橡胶还具有耐磨、抗腐蚀、不透水、不导电等特点。现代社会,橡胶已成为人们日常生活必不可少的材料。从雨衣到胶鞋,从电线包皮到自行车车胎,从汽车到飞机,从火箭到飞船等都离不开橡胶。每当你乘坐装有橡胶轮胎的汽车工作或外出游玩时,就会感到十二分的平稳和舒适。

天然橡胶是原产于热带地区的一种乔木——橡胶树的产物,当割开橡胶树干,就有像牛奶一样的胶液从树皮里流出,然后使它凝固,再经过一系列加工工序,就变成了半透明的橡胶块。

橡胶的特性是它的每个分子呈蜷曲状,而且相互缠绕在一块,好像一个乱七八糟的毛线球。当你用力去拉它时,分子就伸开,一松手,分子又蜷缩成原来的样子,故而橡胶具有神奇的弹性。进入 21 世纪以来,科学家先后合成了氯丁橡胶、聚硫橡胶、丁苯橡胶、丁腈橡胶、硅橡胶等一系列具有奇异功能的新产品。这些新产品各具特点,有的耐磨,有的不怕油浸,有的不畏高温、严寒。这些优异的品质,使得橡胶供不应求,性能上更进一步,被应用到各个生产领域当中,为社会发展注入动力。

我们来看一下橡胶的取得过程。在云南西双版纳,每年 4—11 月天气暖和,风调雨顺,是橡胶树的开割期;12 月至次年 3 月天气偏凉,干燥,是橡胶树的停割期,不能割胶。在割胶的季节里,每天清晨五点钟左右,割胶工人便头顶胶灯,身背胶篓,带着三棱形刀口的胶刀走进橡胶林里割胶;大多数胶工割胶完毕后,任由橡胶树自己流淌胶乳;中午十一点钟左右,割胶工人回收胶乳,并用胶桶将胶乳挑回来,然后有专人用带有铝罐子的运胶车将胶乳运到橡胶加工场。胶乳送到橡胶加工场后,经过滤、凝固、硬化、压片、切片、烘烤、粉碎等工序加工,就可以得到橡胶的初级产品——烟胶或颗粒胶。

一棵橡胶树从开割的那一天起,就不停地奉献它的乳汁。大自然给了人类很多"礼物",我们应该爱护大自然。

（二）化学家卢嘉锡教授的故事

卢嘉锡5岁时就跟着父亲在私塾里读四书五经。他的父亲是厦门市有名的私塾先生。那时父亲双目已基本失明，他便成了父亲的主要帮手。批改学生作文的时候，他一篇一篇地念，父亲边听边批改。这样他既学到了知识，又养成了刻苦好学、一丝不苟的好作风。

11岁时，卢嘉锡考上了中学。哥哥见他聪明又十分好学，就用几天时间，集中地给他讲了一些代数的基本知识。这些宝贵的知识立刻占据了小卢嘉锡的心，他用几倍、几十倍的时间钻研它、琢磨它，直到融会贯通。

南方的夏夜格外闷热，蚊虫又多得惊人，小伙伴们在外边玩得多么开心！可卢嘉锡却伏身在小电灯下，不停地算呀、算呀，练习本上落满了汗水。凭着志气和勤奋，他只用了一年半功夫，就考上了厦门大学的预科。那时，他还不满13岁呢！对待学习，卢嘉锡从不满足。有一次，他被一道高等微积分习题难住了，想呀想呀，在睡梦中"想"出来了！可一睁眼，却又忘了。他毫不气馁，终于用另一种方法解出这道题，又找回了梦中的解法。大量的练习帮助他巩固了已学的知识，并锻炼了他的思维能力。

1937年，卢嘉锡到英国伦敦大学攻读物理化学和放射化学，只花两年时间便取得了博士学位。后来他又到美国加州理工学院学习结构化学，并相继发表了7篇高质量的学术论文。两次获得诺贝尔奖奖金的鲍林教授，对这个出类拔萃的中国学生倍加赏识，赞不绝口。当功名利禄同时摆在卢嘉锡的面前时，他说："这都不是我所追求的。"抗日战争一结束，卢嘉锡便谢绝了师友的挽留和劝阻，抛弃了海外的一切优越条件，回到了祖国。

新中国成立后，卢教授担任了厦门大学理学院院长、福州大学副校长和中国科学院院长等职务。为了培养新中国的科技人员，他不遗余力，呕心沥血。他教过的学生，有的已成为知名的化学家和教授。人们称卢教授是"桃李满天下的好老师"，他为祖国的教育和科研事业立下了汗马功劳。

繁重的科学和领导工作，占据了卢教授大量的时间和精力，但他一刻也没有忘记科学家的职责。近几年来，卢教授和他领导的科研小组，开始了国家重点科研课题——化学模拟生物固氮的研究工作。在自然界，有些低等植物和微生物能轻而易举地把空气里的氮转化成氮肥，转化率非常高；而人类生产氮肥又费劲，转化率又很低。卢教授想，要是能把固氮微生物"生产"氮肥的秘密揭开，把它们的本领学到手，那该给农业生产带来多大的好处呀！

经过几年的奋发钻研，卢教授终于对化学模拟生物固氮提出了独特的新看法，并在实验中取得了可喜的进展。他两次率代表团到国外参加学术讨论会，当他宣读完学术论文后，会场上掌声雷动，人们纷纷拥簇到他的周围，对中国科学家取得的成就表示惊讶和祝贺。

第八单元

有趣的生物

一、细　胞

（一）提出问题

大多数植物的叶子都呈现绿色,但它们的花和果实为什么却五颜六色,并且形状和果实的味道也各不相同呢?

动物大多能够奔跑、游动和飞翔,而植物一般只能生长在固定的地方,那么组成它们的细胞有哪些共同特征和不同特征呢?

（二）基本知识

1. 走近细胞

1665 年英国物理学家罗伯特·胡克用自制的光学显微镜发现了细胞,从此生物学研究进入细胞这一微观领域。现代生物学认为,生物体是由许多细胞组成的,细胞是生物结构和功能的基本单位。因为有了细胞才有神奇的生命乐章,才有地球上瑰丽的生命画卷。生命活动离不开细胞。无论是单细胞生物与多细胞生物,还是病毒的生命活动都离不开细胞(图 8-1)。由细胞到组织,由组织到器官,由器官到系统,由系统到个体,由个体组成种群,不同种群组成群落,由群落及无机环境构成生态系统。生物圈是最大的生态系统。生物科学要研究各个不同层次的生命系统及其相互关系,首先要研究细胞。

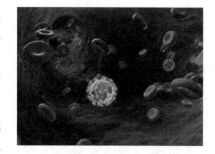

图 8-1　细胞

19 世纪德国的科学家施莱登和施旺建立了细胞学说。细胞学说的主要内容是:细胞是一个有机体,一切动植物都由细胞发育而来,并由细胞和细胞产物所构成。细胞是一个相对独立的单位,既有它自己的生命,又对与其他细胞共同组成的整体的生命起作用。新细胞可以从老细胞中产生。细胞学说揭示了细胞的统一性和生物体结构的统一性。

2. 组成细胞的分子

同自然界的许多物质一样,细胞是由分子组成的,而分子又是由原子构成的。组成细胞的化学元素有 20 多种,C、O、H、P、N 的含量最多,其中 C 是构成细胞的最基本的元素。元素可以组成不同的化合物。

　　构成细胞的化合物,主要包括无机化合物和有机化合物。无机化合物有水和无机盐;有机化合物有糖类、脂类、蛋白质和核酸等。各种化合物在细胞中的含量不同。一般情况下,这些化合物占细胞鲜重的情况是:水占 80%～90%,无机盐占 1%～1.5%,蛋白质占 7%～10%,脂类占 1%～2%,糖类和其他有机物占 1%～1.5%(图 8-2)。这些化合物在细胞中存在的形式和所具有的功能也都不一样。

　　(1) 细胞中的无机化合物。

　　① 水。在各种细胞中水的含量都是最多的。细胞中的水一部分与细胞内的其他物质相结合,叫作结合水;大部分水以游离的形式存在,可以自由流动,叫作自由水。自由水是细胞内的良好溶剂,可以运送营养物质和代谢废物。总之,生物体的一切生命活动,离开了水就不能进行,生物体没有水就不能生存。

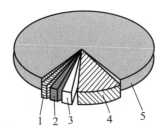

1—无机盐;2—糖类和核酸;3—脂类;
4—蛋白质;5—水。

图 8-2　原生质的各种成分比例

　　② 无机盐。无机盐在细胞中的含量很少,但是对于生命活动却是必不可少的。大多数无机盐以离子形式存在于细胞中,如 Na^+、K^+、Ca^{2+}、Mg^{2+}、PO_4^{3-}、Cl^- 等。

　　无机盐在细胞中有重要作用。有些无机盐是细胞中某些复杂化合物的重要组成部分。例如,磷酸是合成核苷酸和三磷酸腺苷(ATP)分子所必需的;铁是血红蛋白的重要成分。另有许多种无机盐的离子对于维持生物体的生命活动、维持细胞的形态和功能有重要作用。例如,哺乳动物的血液中必须含有一定量的钙盐,如果血液中钙盐的含量太低,动物就会出现抽搐。

　　(2) 细胞中的有机化合物。

　　① 糖类。糖类是由 C、H、O 三种元素组成的,广泛地分布在植物和动物细胞中。糖类可以分为单糖、低聚糖(包括二糖、三糖等)和多糖。

　　在动物和植物细胞中,核糖和脱氧核糖(五碳糖)是组成核酸的必要物质,葡萄糖(六碳糖)是植物光合作用的产物。在植物细胞中,最重要的二糖是蔗糖(它在甘蔗、甜菜中较多)和麦芽糖;在动物细胞中,最重要的二糖是乳糖,动物乳汁中含有乳糖。植物多糖主要有淀粉和纤维素;动物多糖主要是糖原,包括肝糖原和肌糖原。糖类在酶的催化作用下可以相互转化,是生物体进行生命活动的主要能源。

　　② 脂类。脂类主要包括脂肪、类脂和固醇。脂类也是由 C、H、O 三种元素构成的,有的还含有 N、P 等元素。

　　脂肪是生物体内储存能量的重要物质,动物脂肪还有减少热量散失、维持体温恒定的作用;类脂中的磷脂是构成细胞膜和细胞内膜结构的重要物质,在脑、卵和大豆中含量较多;固醇主要包括胆固醇、性激素和维生素 D 等,这些物质对于生物体维持正常的新陈代谢起着积极的作用。

　　③ 蛋白质。蛋白质在细胞中的含量只比水少,约占细胞干重的 50% 以上。每种蛋白质都

含有 C、H、O、N 四种元素。蛋白质是一种高分子化合物,结构复杂、种类多种多样,但各种蛋白质的基本组成单位都是氨基酸(组成蛋白质的氨基酸约有 20 种)。许多氨基酸分子按照特定的顺序,连接成具有一定空间结构的蛋白质分子。

　　蛋白质对于生物体有着重要的作用。有些蛋白质是构成细胞和生物体的重要物质。例如,肌肉、血红蛋白等。有些蛋白质对于生物体和细胞的新陈代谢有调节作用。例如,调节生命活动的许多激素、催化新陈代谢各种化学反应的酶都是蛋白质。总之,蛋白质是一切生命活动的体现者。

　　④ 核酸。核酸最初是从细胞核中提取出来的,呈酸性,因此叫作核酸。核酸是由 C、H、O、N、P 等元素组成的,它是细胞中的另一种高分子化合物。各种生物体中都有核酸存在,它是一切生物的遗传物质,对于生物体的遗传性、变异性和蛋白质的生物合成有极其重要的作用。核酸的基本组成单位是核苷酸。核酸可以分为脱氧核糖核酸(DNA)和核糖核酸(RNA)两类。DNA 是细胞核中的遗传物质。此外,线粒体和叶绿体中也含有少量的 DNA。RNA 主要存在于细胞质中,不同的生物所具有的 DNA 和 RNA 是不同的。

　　上面讲述的构成细胞的每一种化合物,都有其重要的生理功能。但是,任何一种化合物都不能单独地完成某一种生命活动,而只有这些化合物按照一定的方式有机地组织起来,才能表现出细胞和生物体的生命现象。细胞就是这些物质组合的最基本的结构形式。

3. 细胞的结构和功能

　　(1)植物细胞与动物细胞的共同特征(图 8-3、图 8-4)。

　　① 细胞膜。细胞壁的内侧紧贴着一层极薄的膜,叫作细胞膜。这层由蛋白质分子和磷脂双分子层组成的薄膜,水和氧气等小分子物质能够自由通过,而某些离子和大分子物质则不能自由通过。因此,它除了起着保护细胞内部的作用以外,还具有控制物质进出细胞的作用:既不让有用物质任意地渗出细胞,也不让有害物质轻易地进入细胞。细胞膜具有一定的流动性,细胞膜的这种结构特点,对于它完成各种生理功能是非常重要的。

　　细胞膜能够对进出细胞的物质进行选择。细胞膜和其他生物膜都是选择透过性膜,这一特征与细胞的生命活动密切相关,是活细胞的一个重要特征。能进行跨膜运输的都是离子和小分子,当大分子进出细胞时,包裹大分子物质的囊泡从细胞膜上分离或者与细胞膜融合(胞吞和胞吐),大分子不需跨膜便可进出细胞。物质跨膜运输的方式分为被动运输和主动运输两种。

　　被动运输是物质顺着膜两侧浓度梯度扩散,即由高浓度向低浓度运输。被动运输分为自由扩散和协助扩散。自由扩散是指物质通过简单的扩散作用进入细胞。细胞膜两侧的浓度差及扩散的物质的性质(如根据相似相溶原理,脂溶性物质更容易进出细胞)对自由扩散的速率有影响,常见的能进行自由扩散的物质有氧气、二氧化碳、甘油、乙醇、苯、尿素、胆固醇、水、氨等。协助扩散是指进出细胞的物质借助载体蛋白扩散。细胞膜两侧的浓度差及载体的种类和数目对协助扩散的速率有影响。红细胞吸收葡萄糖是依靠协助扩散。

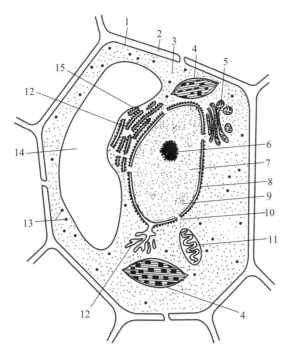

1—细胞膜；2—细胞壁；3—细胞质；4—叶绿体；5—高尔基体；6—核仁；7—核液；8—核膜；9—染色质；

10—核孔；11—线粒体；12—内质网；13—游离的核糖体；14—液泡；15—内质网上的核糖体。

图 8-3　植物细胞亚显微结构模式图

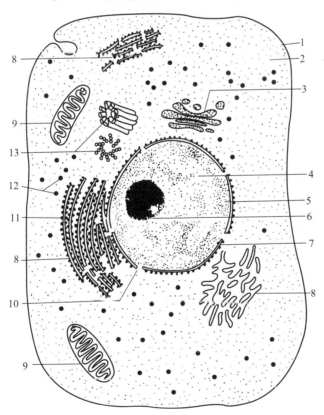

1—细胞膜；2—细胞质；3—高尔基体；4—核液；5—染色质；6—核仁；7—核膜；8—内质网；

9—线粒体；10—核孔；11—内质网上的核糖体；12—游离的核糖体；13—中心体。

图 8-4　动物细胞亚显微结构模式图

主动运输:物质从低浓度一侧运输到高浓度一侧,需要载体蛋白的协助,同时还需要消耗细胞内化学反应所释放的能量。主动运输保证了活细胞能够按照生命活动的需要,主动选择吸收所需要的营养物质,排出代谢废物和对细胞有害的物质。各种离子由低浓度到高浓度通过细胞膜都要依靠主动运输。

②　细胞质。在细胞膜以内、细胞核以外的原生质叫作细胞质。在光学显微镜下观察活细胞,可以看到细胞质是透明的胶状物,主要包括基质和细胞器。细胞质内呈液态的部分是基质,在基质中有线粒体、内质网、核糖体、高尔基体和中心体等细胞器,植物细胞质内还含有质体、液泡等细胞器,每种细胞器各有一定的结构和功能。

线粒体是细胞进行有氧呼吸的主要场所。细胞生命活动所必需的能量,大约有 95% 来自线粒体。因此,有人把线粒体叫作细胞内供应能量的"动力工厂"。核糖体是细胞内将氨基酸合成为蛋白质的场所,因此,有人把它比喻成蛋白质的"装配机器"。植物细胞中的高尔基体与细胞壁的形成有关,动物细胞中的高尔基体与细胞分泌物的形成有关。中心体与细胞的有丝分裂有关。

③　细胞核。细胞核是遗传物质储存和复制的场所。在电子显微镜下,可以清楚地看到细胞核是由核膜、染色质、核仁和核液构成。在细胞核中分布着一些容易被碱性染料染成深色的物质,这些物质主要是由 DNA 和蛋白质组成,这些物质叫作染色质。在细胞分裂期,染色质高度螺旋化,缩短变粗,就形成了光学显微镜下可以看见的染色体。因此,染色质和染色体是同一种物质在不同时期细胞中的两种形态。

（2）植物细胞与动物细胞的区别。植物细胞具有细胞壁,还有液泡、质体等细胞器,这是植物细胞区别于动物细胞的显著特征。

①　细胞壁。植物细胞在细胞膜的外面有一层细胞壁,它的化学成分主要是纤维素和果胶。它对于细胞有支持和保护的作用。动物细胞没有细胞壁。

②　液泡。成熟植物细胞中的液泡约占细胞体积的 95%,好像植物的一个大水库,储存了大量的水分。液泡的表面有液泡膜。液泡里的水状液体就是细胞液,含有许多复杂的物质,如糖类、盐类、有机酸、单宁、生物碱和花青素。液泡对于植物的生命活动非常重要。

③　叶绿体。叶绿体是植物细胞器中的一种质体,因含有叶绿素而得名。植物之所以呈现绿色,主要是有叶绿体的缘故。叶绿体含有叶绿素 a、叶绿素 b、胡萝卜素和叶黄素四种色素,还含有蛋白质、脂类、少量的 RNA 和 DNA。色素主要吸收可见光用于进行光合作用,因此,叶绿体是植物进行光合作用的细胞器。

（三）解释问题

通过上面介绍的知识,同学们已经知道,大多数植物的叶子呈绿色,是由于植物细胞里含有大量叶绿体。在叶绿体各种色素中,以叶绿素 a 的含量最多,所以植物体的叶子大多数为绿色;而花和果实的液泡中主要含有花青素,因此,呈现出五颜六色,十分鲜艳。各种水果的味道之所以不同,是由于液泡中所含有的物质不同。如西瓜液泡中含糖较多,所以吃起来甜滋滋的;而柿子中含有单宁较多,所以咬一口很涩。

动、植物的细胞都有细胞膜、细胞质和细胞核,可是两者也有不同的地方:植物细胞有细胞壁,动物细胞则没有;植物细胞有叶绿体,能进行光合作用;有液泡。所以植物细胞与动物细胞既有相同点,又有不同点。动物细胞的结构特点适于奔跑、游动或飞翔;而植物细胞的结构特点适于吸水,进行光合作用等。

✖ 练习与思考

1. 构成细胞的化合物,包括_____和_____。前者有_____和_____;后者有_____、_____、_____和_____。

2. 糖类可以分为_____、_____和_____三大类。糖类的作用是_____。

3. 脂类主要包括_____、_____和_____三种,其中_____是构成细胞膜的主要成分。

4. 植物细胞特有的细胞器有_____和_____。其中_____是光合作用进行的场所。

5. 物质跨膜运输的方式有_____和_____两种方式。

二、细胞的生命历程

(一)提出问题

小蝌蚪的尾巴为什么最后消失了呢?在小蝌蚪的身上到底发生了什么?

(二)基本知识

夏天百花争艳,绿树茂密;秋天花瓣凋零,枯叶飘零。这展示了植物的生命现象,同时也折射出细胞的生命历程。生物都要经历出生、生长、成熟、繁殖、衰老直至死亡的生命历程,活的细胞也有自己的生命历程。细胞的生命历程虽然大多短暂,却对个体生命都有一份贡献。

1. 细胞增殖

细胞增殖是生物体的重要生命特征,细胞以分裂的方式进行增殖。单细胞生物,以细胞分裂的方式产生新的个体。多细胞生物,以细胞分裂的方式产生新的细胞,用来补充体内衰老或死亡的细胞。多细胞生物可以由一个受精卵,经过细胞的分裂和分化,最终发育成一个新的多细胞个体。通过细胞分裂,可以将复制的遗传物质,平均地分配到两个子细胞中去。可见细胞的增殖是生物体生长、发育、繁殖以及遗传的基础。

真核细胞的分裂方式有三种:有丝分裂、无丝分裂、减数分裂。其中有丝分裂是人、动物、植物、真菌等一切真核生物中的一种最为普遍的分裂方式,它是真核细胞增殖的主要方式。减数分裂是生殖细胞形成时的一种特殊的有丝分裂。

(1)有丝分裂。有丝分裂(图8-5)是真核生物进行细胞分裂的主要方式。多细胞生物体以有丝分裂的方式增加体细胞的数量。体细胞进行有丝分裂是有周期性的,也就是具有细胞周期。细胞周期是指连续分裂的细胞,从一次分裂完成时开始,到下一次分裂完成时为止。一个细胞周期包括两个阶段:分裂间期和分裂期。

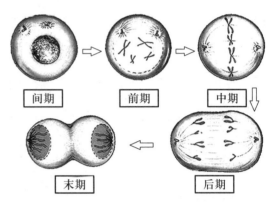

图8-5　动物细胞的有丝分裂

细胞从一次分裂结束到下一次分裂开始,是分裂间期。在分裂间期结束之后,就进入分裂期。在一个细胞周期内,这两个阶段所占的时间相差较大,一般分裂间期占细胞周期的90%到95%,而分裂期占细胞周期的5%到10%。细胞的种类不同,一个细胞周期的时间也不相同。

① 细胞分裂间期。细胞分裂间期是新的细胞周期的开始,这个时期是为细胞分裂进行准备的时期,细胞内部会发生很复杂的变化。细胞分裂间期细胞的最大特点是完成DNA分子的复制和有关蛋白质的合成,因此间期是整个细胞周期中极为关键的准备阶段。

② 细胞分裂期。细胞分裂期最明显的变化是细胞核中染色体的变化。人们为了研究方便,把分裂期分为四个时期:前期、中期、后期、末期。其实分裂期的各个时期的变化是连续的,并没有严格的时期界限。

细胞分裂的前期,最明显的变化是细胞核中出现染色质。分裂间期复制的染色质,由于螺旋缠绕在一起,逐渐缩短变粗,形态越来越清楚。在光学显微镜下观察这个时期的细胞,可以看到每一条染色体实际上包括两条并列的姐妹染色单体,这两条并列的姐妹染色单体之间不是完全分离开的,而是由一个共同的着丝点连接着。在前期,核仁逐渐解体,核膜逐渐消失。同时,从细胞的两极发出许多纺锤丝,形成一具梭形的纺锤体,细胞内的染色体散乱地分布在纺锤体的中央。

细胞分裂的中期,纺锤体清晰可见。这时候每条染色体着丝点的两侧,都有纺锤丝附着在上面,纺锤丝牵引着染色体运动,使每条染色体的着丝点排列在细胞中央的一个平面上。这个平面与纺锤体的中轴相垂直,类似于地球上赤道的位置,所以叫作赤道板。分裂中期的细胞,染色体的形态比较固定,数目比较清晰,便于观察清楚。

细胞分裂的后期,每一个着丝点分裂成两个,原来连接在同一个着丝点上的两条姐妹染色单体也随之分离开来,成为两条子染色体。纺锤丝牵引着子染色体分别向细胞的两极移动,使细胞的两极各有一套染色体。这两套染色体的形态和数目是完全相同的,每一套染色体与分裂以前的亲代细胞中的染色体的形态和数目是相同的。

细胞分裂的末期,当这两套染色体分别到达细胞的两极以后,每条染色体的形态发生变化,又逐渐变成细长而盘曲的染色质。同时,纺锤丝逐渐消失,出现新的核膜和核仁。核膜把染色体包围起来,形成了两个新的细胞核。这个时候,在赤道板的位置出现了一个细胞板,细胞板由细胞的中央向四周扩展,逐渐形成了新的细胞壁。最后,一个细胞分裂成为两个子细胞。大多数子细胞进入下一个细胞周期的分裂间期状态。

③ 动物细胞与植物细胞在有丝分裂过程中的不同点。动物细胞有丝分裂的过程与植物细胞的基本相同。不同点是:

第一,动物细胞由一对中心粒构成中心体,中心粒在间期倍增,成为两组。进入分裂期后,两组中心粒分别移向细胞两极。在这两组中心粒的周围,发出无数条放射状的星射线,两组中心粒之间的星射线形成了纺锤体。

第二,动物细胞分裂的末期不形成细胞板,而是细胞膜从细胞的中部向内凹陷,最后把细胞缢裂成两部分,每部分都含有一个细胞核。这样,一个细胞就分裂成了两个子细胞。

细胞有丝分裂的意义。亲代细胞的染色体经过复制以后,精确地平均分配到两个子细胞中去。由于染色体上有遗传物质,因而在生物的亲代和子代之间保持了遗传性状的稳定性。可见,细胞的有丝分裂对于生物的遗传有重要意义。

(2)无丝分裂。细胞无丝分裂的过程比较简单,一般是细胞核先延长,从核的中部向内凹进,缢裂成为两个细胞核;接着整个细胞从中部缢裂成两部分,形成两个子细胞。因为分裂过程中没有出现纺锤丝和染色体,所以叫作无丝分裂(如蛙的红细胞)。

(3)减数分裂。减数分裂是一种特殊的有丝分裂,它与有性生殖细胞的形成有关。进行有性生殖的生物,在原始的生殖细胞(如动物的精原细胞或卵原细胞)发展为成熟的生殖细胞(精子或卵细胞)的过程中,要经过减数分裂。在整个减数分裂过程中,染色体只复制一次,而细胞连续分裂两次。减数分裂的结果是,新产生的生殖细胞中的染色体数目,比原来的生殖细胞减少一半。例如,人的精原细胞和卵原细胞中各有46条染色体,而经过减数分裂形成的精子和卵细胞中,只含有23条染色体。

2. 细胞的分化

细胞分化是指在个体发育中,由一个或一种细胞增殖产生的后代,在形态结构和生理功能上发生稳定性的差异的过程。它是一种持久性的变化。细胞分化不仅发生在胚胎发育中,而且生物的一生都在进行着,以补充衰老、死亡、凋亡、损伤的细胞。一般来说,如果没有外界的影响,已分化的细胞将一直保持分化后的状态,直到死亡为止。

细胞分化的特点是:① 持久性。细胞分化贯穿于生物体整个生命进程中,在胚胎期达到最大程度。② 稳定性和不可逆性。一般来说分化了的细胞将一直保持分化后的状态,直到死亡。③ 普遍性。生物界普遍存在,是生物个体发育的基础。正常情况下细胞分化是稳定、不可逆的。一旦细胞受到某种刺激发生变化,开始向某一方向分化后,即使引起变化的刺激不再存在,分化仍能进行,并可通过细胞分裂不断继续下去。④ 遗传物质不变性。细胞分化是伴随着细胞分裂进行的,亲代与子代细胞的形态、结构或功能发生改变,但细胞内的遗传物质不变。

已经分化的细胞,仍然具有发育成完整个体的潜能,这是细胞的全能性。在植物细胞中,高度分化的植物细胞具有发育成完整植株的潜能,即植物细胞的全能性,但能力随着细胞分化程度的高低所需要的条件也逐渐变化。在动物细胞中,部分细胞(有细胞核)也有此能力。动物和人体内仍保留着少数具有分裂和分化能力的细胞,即干细胞。如人的骨髓中有许多造血干细胞,它们能够通过增殖和分化,不断产生红细胞、白细胞和血小板,补充到血液中去。

3. 细胞的衰老和凋亡

生长和衰老、出生和死亡都是生物界的正常现象,生物的个体如此,生命系统的细胞也如此。个体衰老与细胞衰老有密切的关系。细胞衰老的过程是细胞的生理状态和化学反应发生复杂变化的过程,最终表现为细胞的形态、结构和功能发生变化。

衰老的细胞主要具有以下特征:细胞内的水分减少,结果使细胞萎缩,体积变小,细胞新陈代谢的速率减慢;细胞内多种酶的活性降低;细胞内的色素会随着细胞衰老而逐渐积累,它们会妨碍细胞内物质的交流和传递,影响细胞正常的生理功能;细胞内呼吸速率减慢,细胞核的体积增大,核膜内折、染色质收缩、染色加深;细胞膜通透性改变,使物质运输机能降低。

细胞凋亡是基因所决定的、细胞自动结束生命的过程。细胞凋亡受到严格的由遗传机制决定的程序性调控。细胞凋亡有利于多细胞生物体完成正常发育,有利于维持内部环境的稳定,有利于抵御外界各种因素的干扰。

4. 细胞的癌变

在个体发育过程中,大多数细胞能够正常完成细胞分化,但是有的细胞由于受到致癌因子的作用,不能正常完成细胞分化,因而变成了不受机体控制连续进行分裂的恶性增殖细胞,这种细胞就是癌细胞。细胞的畸形分化,与癌细胞的产生有直接关系。引起细胞癌变的致癌因子有物理致癌因子、化学致癌因子和病毒致癌因子三类。

致癌因子为什么会导致细胞癌变呢?这是因为人和动物细胞的染色体上本来就存在着与癌有关的基因,原癌基因与抑癌基因。原癌基因主要负责调节细胞周期,控制细胞生长和分裂的进程。抑癌基因主要是阻止细胞不正常的增殖。环境中的致癌因子会损伤细胞中的 DNA 分子,使原癌基因与抑癌基因发生突变,导致正常细胞的生长和分裂失控而变成癌细胞。

(三)解释问题

小蝌蚪尾巴最终消失,是因为在小蝌蚪的细胞里有一种叫作"溶酶体"的物质,它慢慢地"吃"掉了小蝌蚪的尾巴。小蝌蚪一开始甩着长长的尾巴游动,后来长出了两条后腿,又长出了两条前腿,这样它就能靠四条腿在水里游泳了,这时尾巴就成了多余的"废物",于是"溶酶体"就逐渐地把尾巴"吃掉了"(即溶化掉了)。这种现象生物学上叫作"自溶"作用。

练习与思考

1. DNA 复制发生在细胞分裂(　　　)。

A. 间期　　　　　　B. 前期　　　　　　C. 中期　　　　　　D. 后期

2. 细胞的全能性是指(　　　)。

A. 细胞具有全面的生理功能

B. 细胞既能分化,又能恢复到分化前的状态

C. 已经分化的细胞仍然具有发育成完整个体的潜能

D. 已经分化的细胞全部能进一步分化

3. 下列哪项不是细胞衰老的特征?(　　　)

A. 细胞内水分减少　　　　　　B. 细胞代谢缓慢

C. 细胞不能继续分化　　　　　　D. 细胞内色素积累较多

三、 生物的遗传和变异

(一)提出问题

经常听大人说,生男、生女是由男人决定的。那你知道为什么是这样吗?

在电视中经常会看到一只大猫生下好多的小猫,这些可爱的小猫有白的、黑的和花的,常常不完全一样。这是为什么呢?

(二)基本知识

遗传和变异是生物界普遍存在的现象。无论哪种生物,动物还是植物、高等还是低等、复杂的像人类本身、简单的像细菌和病毒,都表现出子代与亲代之间的相似或类同。同时,子代与亲代之间、子代个体之间总能察觉出不同程度的差异。这种亲代与子代之间,在形态、结构和生理功能上的相似,就是遗传;亲代与子代之间、子代的个体之间,总是或多或少地存在着差异,就是变异。

生物的遗传特性,使生物界的物种能够保持相对稳定;生物的变异特性,使生物个体能够

产生新的性状,以至形成新的物种。没有变异,生物界就失去进化的素材,遗传只能是简单的重复;没有遗传,变异就不能积累因而失去意义,生物也就不能进化。

1. 生物的遗传

(1)遗传因子的发现。19世纪中期,奥地利的孟德尔通过豌豆杂交实验成功地揭示了生物遗传的两条基本规律,即遗传因子的分离定律和自由组合定律。他被誉为现代遗传学之父。

分离定律(图8-6)即在生物的体细胞中,控制同一性状的遗传因子成对存在,不相融合;在形成配子时,成对的遗传因子发生分离,分离后的遗传因子分别进入不同的配子中,随配子遗传给后代。

自由组合定律即当具有两对(或更多对)相对性状的亲本进行杂交,在子一代产生配子时,在等位基因分离的同时,非同源染色体上的基因表现为自由组合。其实质是非等位基因自由组合,即一对染色体上的等位基因与另一对染色体上的等位基因的分离或组合是彼此间互不干扰的,各自独立地分配到配子中去,因此也称为独立分配律。它发生在减数分裂第一次分裂的后期。

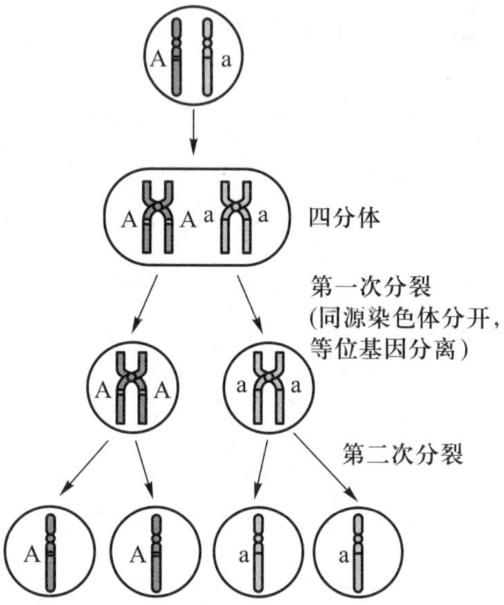

图8-6   分离定律

(2)DNA的结构和复制。

① DNA是主要的遗传物质。生物的各种生命活动都有它的物质基础,生物的遗传也如此。根据现代细胞学和遗传学的研究得知,控制生物性状遗传的主要物质是脱氧核糖核酸(DNA)。染色体主要是由DNA和蛋白质组成的,其中DNA在染色体里含量稳定,是主要的遗传物质。遗传物质的主要载体是染色体。遗传物质除了DNA外,还有RNA。有些病毒不含有DNA,只有蛋白质和RNA,如烟草花叶病毒。绝大多数生物的遗传物质是DNA,所以说DNA是主要的遗传物质。

② DNA的化学组成。DNA又称脱氧核糖核酸,它是一种高分子化合物,组成它的基本单位是脱氧核苷酸。每个脱氧核苷酸是由一分子磷酸、一分子脱氧核糖和一分子含氮碱基组成的(图8-7)。组成脱氧核苷酸的含氮碱基有四种,它们是腺嘌呤(A)、鸟嘌呤(G)、胞嘧啶(C)和胸腺嘧啶(T)。

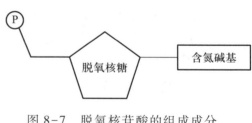

图8-7   脱氧核苷酸的组成成分

Ⓟ 代表磷酸

③ DNA的双螺旋结构。美国生物学家沃森和英国物理学家克里克1953年提出了著名的DNA双螺旋模型。DNA分子双螺旋结构的主要特点是:DNA分子是由两条链组成的,这两条链按相反方向以平行方式盘旋成双螺旋结构;DNA分子中的脱氧核糖和磷酸交替连接,排列在外侧,构成基本骨架,碱基排列在内侧;两条链上的碱

基通过氢键连接起来,形成碱基对(图8-8)。

碱基配对的组成有一定的规律,即 A(腺嘌呤)一定是与 T(胸腺嘧啶)配对;G(鸟嘌呤)一定是与 C(胞嘧啶)配对。碱基之间的这种一一对应的关系叫作碱基互补配对原则。注意腺嘌呤(A)的量总是等于胸腺嘧啶(T)的量;鸟嘌呤(G)的量总是等于胞嘧啶(C)的量。

④ DNA 的复制。生物之所以具有遗传现象,是与遗传物质 DNA 分子的复制有关系的。DNA 分子的复制是指以亲代 DNA 分子为模板来合成子代 DNA 分子的过程。DNA 分子是边解旋边复制的(图 8-9)。首先,DNA 分子利用细胞提供的能量,在解旋酶的作用下,把两条扭成螺旋的双链解开,这个过程叫解旋。然后,以解开的每段母链为模板,以周围环境中游离的脱氧核苷酸为原料,在有关酶的作用下,按照碱基互补配对原则,合成与母链互补的子链。随着解旋过程的进行,新合成的子链不断地延伸,同时每条子链与其对应的母链互相盘绕成螺旋结构,形成一个新的 DNA 分子。这样,一个 DNA 分子就形成两个完全相同的 DNA 分子。由此可见,DNA 复制需要模板、原料、能量和酶等基本条件。从 DNA 分子的复制过程还可以看出,DNA 分子的独特的双螺旋结构为复制 DNA 提供了精确的模板;它的碱基互补配对能力保证了复制能够准确无误地完成。

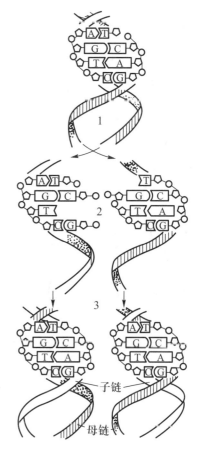

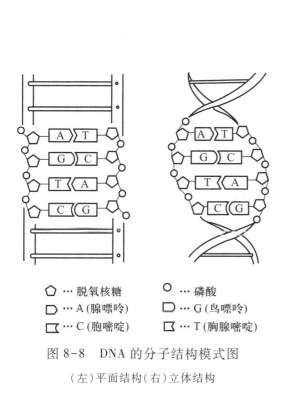

⬠ …脱氧核糖　　◯ …磷酸

▱ …A(腺嘌呤)　　▭ …G (鸟嘌呤)

▱ …C(胞嘧啶)　　▭ …T(胸腺嘧啶)

图 8-8　DNA 的分子结构模式图

(左)平面结构(右)立体结构

1—解旋;2—以母链为模板进行碱基配对;

3—形成两个新的 DNA 分子。

图 8-9　DNA 分子复制的图解

　　复制出的 DNA 分子,通过细胞分裂分配到子细胞中去。正是由于 DNA 分子的这一复制过程,才使亲代的遗传信息传递给子代,从而使前后代保持了一定的连续性。

　　DNA 分子是怎样控制生物性状遗传的呢? 现代遗传学的研究认为,生物性状是由基因控制的。基因是控制生物性状的遗传物质的功能单位和结构单位,是有遗传效应的 DNA 片段。基因在染色体上呈线性排列。每个 DNA 分子上可以有很多个基因。基因的脱氧核苷酸排列顺序就代表遗传信息。基因对生物性状的控制是通过 DNA 控制蛋白质的合成来实现的。

　　(3) 性别决定与伴性遗传。同样是受精卵,为什么有的发育成雌性个体,有的则发育成雄性个体? 为什么有些遗传性状对雌、雄后代的影响不一样? 这是属于性别决定和伴性遗传的问题。

　　性别决定一般是指雌雄异体的生物决定性别的方式。例如,人的体细胞中染色体有 23 对(46 个),其中有 22 对染色体与性别决定无关,叫常染色体;另有一对染色体是决定性别的,叫性染色体。性染色体的类型,在生物界比较普遍存在的有两种:XY 型和 ZW 型。其中 XY 型性别决定在生物界中较为普遍,果蝇和人以及多种高等动物,还有雌雄异株的植物,如大麻、蛇麻的性别决定都属于这种类型(图 8-10、图 8-11)。

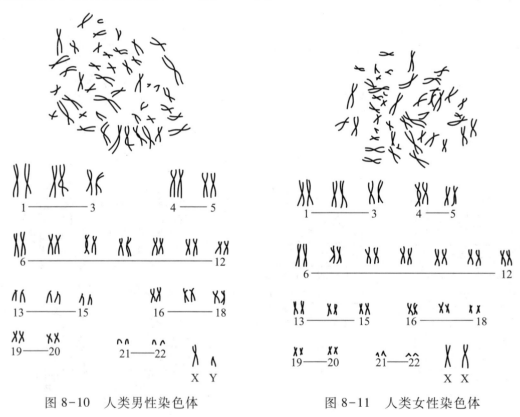

图 8-10　人类男性染色体　　　　图 8-11　人类女性染色体

　　性染色体上的基因,其遗传方式是与性别相联系的,这种遗传方式叫作伴性遗传。人的色盲遗传、血友病遗传都属于伴性遗传。

　　2. 生物的变异

　　子女与父母之间,兄弟姐妹之间,在相貌上总会有些差异。把同一株农作物的种子种下去,后代植株会有高有矮,有的穗大粒多,有的穗小粒少。变异的现象在生物界是普遍存在的。生物的变异是指生物体亲代与子代之间以及子代的个体之间存在差异的现象,它包含有利变异和不利变异。生物的变异具体可分为可遗传变异和不可遗传变异两大类型。可遗传变异是遗传物质改变造成的变异;不可遗传变异只是环境因素造成的变异,其遗传物质没有发生改变。通常所说的生物的变异是指可遗传的变异。

(1)基因突变。基因突变是指基因结构的改变,包括 DNA 中碱基对的增添、缺失或改变。基因突变在自然界中广泛存在;在自然状态下突变率很低;生物所发生的基因突变,一般都是有害的。有些突变是自然发生的,叫自然突变;有些突变是在人为条件下产生的,叫诱发突变。生产实践中,常利用物理的或化学的因素来处理生物,使它发生基因突变,这种方法叫人工诱变,从而在变异的个体中选育出优良品种。

(2)基因重组。基因重组是指控制不同性状的基因重新组合,从而导致后代发生变异。比如说,有这样两个品种的小麦:一个品种抗倒伏,但容易感染锈病;另一个品种易倒伏,但能抗锈病。通过杂交之后基因重组,后代就可能出现既抗倒伏又抗锈病的新类型,用它的种子繁育后代,经过选择和培育,就能获得优良的小麦新品种。

(3)染色体变异。在真核生物的体内,染色体是遗传物质 DNA 的载体。当染色体的数目发生改变时(缺少,增多)或者染色体的结构发生改变时,遗传信息就随之改变,带来的就是生物体的后代性状的改变,这就是染色体变异。它是可遗传变异的一种。根据产生变异的原因,它可以分为结构变异和数量变异两大类。染色体结构变异是因染色体发生断裂而引起的。染色体结构变异的类型有:缺失、重复、易位、倒位。染色体数目变异有:染色体组、二倍体、多倍体。

生物在繁衍过程中,不断地产生各种有利变异,这对于生物的进化具有重要的意义。我们知道,地球上的环境是复杂多样、不断变化的。生物如果不能产生变异,就不能适应不断变化的环境。如果没有可遗传的变异,就不会产生新的生物类型,生物就不能由简单到复杂、由低等到高等地不断进化,因此变异为生物进化提供了原始材料。

(三)解释问题

人类的性别决定方式属于 XY 型。在女性的体细胞内含有 23 对染色体,除 22 对常染色体外,还含有一对同型的性染色体 X 和 X;而男性体细胞内,除 22 对常染色体外,还含有一对异型的性染色体 X 和 Y。因此,女性的卵细胞中只能含有 X 染色体,而男性的精子中可能含有 X 染色体,也可能含有 Y 染色体。如果含有 Y 染色体的精子与卵细胞结合,生出来的就是男孩;否则就是女孩。所以说,生男、生女是由男人决定的。

可爱的小猫之所以长得像大猫,是因为猫妈妈和猫爸爸把自己的 DNA 分子复制出一份,遗传给它们的缘故。它们彼此之间不完全一样,而且和大猫也存在差别,是因为小猫的基因或染色体发生了改变,所以小猫中有的是白猫,有的是黑猫或花猫。

练习与思考

1. 在原核生物中,DNA 位于(   )。

A. 细胞核   B. 核糖体   C. 细胞质   D. 蛋白质

2. 已知 1 个 DNA 分子中有 4 000 个碱基对,其中胞嘧啶有 2 200 个,这个 DNA 分子中应含有的脱氧核糖核酸的数目和腺嘌呤的数目分别是(   )。

A. 4 000 个和 900 个   B. 4 000 个和 1 800 个

C. 8 000 个和 1 800 个   D. 8 000 个和 3 600 个

3. 下列哪种情况能产生新的基因(   )?

A. 基因的重新组合   B. 基因突变   C. 染色体数目的变异   D. 基因分离

四、基　因

(一) 提出问题

为什么有的孩子长得像爸爸,而有的孩子长得像妈妈,但又不完全一样,这是怎么回事呢?

(二) 基本知识

基因(遗传因子)是遗传变异的主要物质,支配着生命的基本构造和性能,储存着生命孕育、生长、凋亡过程的全部信息,通过复制、转录、表达,完成生命繁衍、细胞分裂和蛋白质合成等重要生理过程。生物体的生、长、病、老、死等一切生命现象都与基因有关。它也是决定生命健康的内在因素。因此,基因具有双重属性:物质性和信息性。现代遗传学认为,基因是 DNA 分子上具有遗传效应的特定核苷酸序列的总称,是具有遗传效应的 DNA 分子片段。

1. 基因的特点

基因能忠实地复制自己,以保持生物的基本特征;基因也能够"突变",突变绝大多数会导致疾病,另外的一小部分是非致病突变,非致病突变给自然选择带来了原始材料,使生物可以在自然选择中被选择出最适合自然的个体。

2. 基因和染色体的关系

(1) 减数分裂。减数分裂是进行有性生殖的生物,在产生成熟生殖细胞时进行的染色体数目减半的细胞分裂。在减数分裂过程中,染色体只复制一次,细胞连续分裂两次,这是染色体数目减半的一种特殊分裂方式。减数分裂不仅保证了物种染色体数目的稳定,同时也使物种适应环境的变化不断进化。

（2）基因在染色体上。在孟德尔的遗传规律被重新发现之后,科学家迫切地寻找基因在哪里,通过大量的观察,发现基因与染色体的行为具有平行关系,摩尔根的果蝇杂交实验证实了基因在染色体上。

基因位于染色体上,并在染色体上呈线性排列。基因不仅可以通过复制把遗传信息传递给下一代,还可以使遗传信息得到表达,也就是使遗传信息以一定的方式反映到蛋白质的分子结构上,从而使后代表现出与亲代相似的性状。

（3）伴性遗传。位于性染色体上的基因控制的性状在遗传中总是与性别相关联,这种现象称为伴性遗传。由于基因具有显性和隐性的不同,又由于它们与性染色体相关联,因此在遗传中会表现出不同的特点。例如红绿色盲和血友病、抗维生素 D 佝偻病都为伴性遗传。

3. 基因的表达

基因的表达过程是将 DNA 上的遗传信息传递给 mRNA,然后再经过翻译将其传递给蛋白质。在翻译过程中 tRNA 负责与特定氨基酸结合,并将它们运送到核糖体,这些氨基酸在那里相互连接形成蛋白质。这一过程由 tRNA 合成酶介导,一旦出现问题就会生成错误的蛋白质,进而造成灾难性的后果。

基因的表达是通过 DNA 控制蛋白质的合成来实现的。科学家推测,在 DNA 和蛋白质之间还有一种中间物质充当信使。它就是 RNA。RNA 有三种:一种为信使 RNA（又称 mRNA）,一种为转运 RNA（又称 tRNA）,一种为核糖体 RNA（又称 rRNA）。蛋白质的合成包括两个阶段——转录和翻译。转录是在细胞核内进行的,是以 DNA 的一条链为模板,按照碱基互补配对原则,合成 mRNA 的过程。翻译是在细胞质中进行的,是指以 mRNA 为模板,合成具有一定氨基酸顺序的蛋白质的过程。mRNA 上 3 个相邻的碱基编码 1 个氨基酸,这样的 3 个碱基又称作密码子。每种 tRNA 只能识别并转运 1 种氨基酸。核糖体是细胞内利用氨基酸合成蛋白质的场所。

1957 年,克里克提出了中心法则,其主要内容为:(1)遗传信息可以从 DNA 流向 DNA,即 DNA 的自我复制,也可以从 DNA 流向 RNA,进而流向蛋白质,即遗传信息的转录和翻译。但是,遗传信息不能从蛋白质传递到蛋白质,也不能从蛋白质流向 RNA 或 DNA。修改后的中心法则增加了遗传信息从 RNA 流向 RNA 以及从 RNA 流向 DNA 这两条途径。

基因控制生物体的性状是通过指导蛋白质的合成来实现的。基因可以通过控制酶的合成来控制代谢过程,进而控制生物体的性状;也可以通过控制蛋白质的结构直接控制生物体的性状。基因与性状之间并不是简单的一一对应关系。有些性状是由多个基因共同决定的,有的基因可决定或影响多种性状。一般来说,性状是基因与环境共同作用的结果。

4. 基因突变

基因突变是指细胞中的遗传基因发生改变(通常是指 DNA 特定部位上核苷酸序列变化),致蛋白质结构的改变,最后导致个体表型的不同。它包括单个碱基改变所引起的点突变,或多个碱基的缺失、重复和插入。原因可以是细胞分裂时遗传基因的复制发生错误、或受化学物质、基因毒性、辐射或病毒的影响。基因虽然十分稳定,能在细胞分裂时精确地复制自己,但这种稳定性是相对的。在一定的条件下基因也可以从原来的存在形式突然改变成另一种新的存在形式,就是在一个位点上,突然出现了一个新基因,代替了原有基因,这个基因叫作变异基因,于是后代的表现中也就突然地出现祖先从未有的新性状。基因突变是普遍存在的。根据突变发生的条件可分为自然突变和诱发突变两类。不管在什么样的条件下发生突变都是随机的,没有方向性。

5. 从杂交育种到基因工程

自从人类开始种植作物和饲养动物以来,就从未停止过对品种的改良。传统的方法是选择育种,但是周期长,可选择的范围有限。人们在实践中摸索出杂交育种的方法。杂交育种是将两个或多个品种的优良性状通过交配集中在一起,再经过选择和培育,获得新品种的方法。但是杂交育种只能利用已有基因的重组,按需选择,并不能创造新的基因。我们知道,物理因素(如 X 射线、γ 射线、紫外线、激光等)或化学因素(亚硝酸、硫酸二乙酯等)能诱发基因突变,所以将这一原理应用在育种中,发展了新的育种方法——诱变育种。

基因工程,又称 DNA 重组技术,即按照人们的意愿,把一种生物的某种基因提取出来,加以修饰改造,然后放到另一种生物的细胞里,定向地改造生物的遗传性状。基因工程的出现使人类能按照自己的意愿直接定向地改造生物,培育出新品种。基因工程在医药卫生、农牧业、环境保护等领域有着广泛的应用。

(三)解释问题

子女的一些特点比如身材、五官等和父母有相似之处,但子女和父母又不会完全一样。这是因为任何胚胎都是由一个精子和一个卵子结合而成的。每个精子只含 23 条染色体,带着父亲的遗传物质;每个卵子也含 23 条染色体,带着母亲的遗传物质。精子与卵子结合形成的受精卵具有 46 条染色体,一半来自父亲,一半来自母亲。因为染色体是遗传物质的载体,每条染色体上有多达 2 000 个以上的基因。人体约有 5 万多个结构基因,带着人体各种性状的基因分别来自父母,所以儿女长的会像父母。基因很多,配成不同的染色体结构,所以儿女和父母又不完全一样,形成了像父母但也有自己特性的新个体。

练习与思考

1. 与有丝分裂相比,减数分裂过程中染色体最显著的变化之一是(　　　)。

A. 染色体移向细胞两极　　　　　B. 同源染色体联会

C. 有纺锤体形成　　　　　　　　D. 着丝点分开

2. 下列关于基因与染色体的关系叙述错误的是（　　）。

A. 染色体是基因的主要载体　　　　　　B. 基因在染色体上呈线性排列

C. 一条染色体上有多个基因　　　　　　D. 染色体就是由基因组成的

3. 下列关于性染色体的叙述，正确的是（　　）。

A. 性染色体上的基因都可以控制性别　　B. 性别受性染色体控制而与基因无关

C. 女儿的性染色体必有一条来自父亲　　D. 性染色体只存在于生殖细胞中

4. 男性患病机会多于女性的隐性传染病，致病基因很可能在（　　）。

A. 常染色体上　　　B. X 染色体上　　　C. Y 染色体上　　　D. 线粒体上

五、新陈代谢

（一）提出问题

花儿甚至所有的植物是否也像我们人类一样也需要"吃东西"呢？

（二）基本知识

1. 新陈代谢

新陈代谢是生物体内全部有序化学变化的总称，其中的化学变化一般都是在酶的催化作用下进行的。它包括物质代谢和能量代谢两个方面。生物体与外界环境之间的物质和能量交换以及生物体内物质和能量的转变过程叫作新陈代谢。新陈代谢是生命的最基本特征，是生物与非生物最基本的区别。

（1）新陈代谢的功能。从周围环境中获得营养物质；将外界引入的营养物质转变为自身需要的结构元件，即大分子的组成前提；将结构元件装配成自身的大分子，例如蛋白质、核酸、脂质等；分解有机营养物质；提供生命活动所需的一切能量。

（2）新陈代谢的基本类型。新陈代谢分为同化作用与异化作用。在新陈代谢过程中，生物体把从外界环境中摄取的营养物质转变成自身的组成物质，并储存能量，这叫作同化作用（或合成代谢）；同时，生物体又把组成自身的一部分物质分解，释放出其中的能量，并把代谢的最终产物排出体外，这叫作异化作用（或分解代谢），同化作用和异化作用是新陈代谢过程的两个方面。所以，生物的新陈代谢过程也就是生物体的自我更新过程。

2. 绿色植物的新陈代谢

绿色植物在生命活动的过程中，不断地进行着水分代谢、矿质代谢、有机物和能量的代谢。这些种类的代谢，无论哪一种停止，植物都不能生活下去。水分代谢是指水分的吸收、运输、利用和散失;矿质代谢是指矿质元素的吸收、运输和利用;有机物和能量的代谢是指植物通过光合作用合成有机物、储存能量,又通过呼吸作用分解有机物、释放能量,供给生命活动的需要。

(1) 水分的吸收。绿色植物吸收水分的主要器官是根,根吸收水分最活跃的部位是根毛区细胞。细胞主要是靠渗透作用来吸收水分的。

(2) 矿质元素的吸收。植物体是由许多化合物组成的,这些化合物又是由不同的元素组成的,其中包括许多种矿质元素。

矿质元素一般指除了 C、H、O 以外,主要由根系从土壤中吸取的元素,如 N、P、K 等。各种矿质元素都是以离子状态被吸收的。土壤中各种矿质元素的离子,有些存在于土壤溶液中,有些被土壤颗粒吸附着。这些离子都能被根选择吸收,被选择吸收的这些矿质元素,有些是组成植物体的成分,有些则具有调节植物生命活动的机能。

(3) 光合作用。光合作用是绿色植物通过叶绿体,利用光能,把二氧化碳和水合成储藏能量的有机物,并且释放出氧气的过程。光合作用合成的有机物是糖类(通常指葡萄糖)。光合作用的总过程,可以用下列的反应式来表示:

$$6CO_2+6H_2O \xrightarrow[\text{叶绿体}]{\text{光能}} C_6H_{12}O_6+6O_2\uparrow$$

这个反应式只表示了参加反应的物质和反应生成的物质,并没有表示出反应是如何进行的。实际上,光合作用是一个非常复杂的过程。植物通过光合作用制造有机物的规模是非常巨大的。据估计,整个自然界每年大约形成四五千亿吨有机物,大大超过了地球上每年其他产品的生产量。所以,人们把地球上的绿色植物比作一个庞大的"绿色工厂"。人类和动物的食物都直接或间接地来自于光合作用制造的有机物。

光合作用实现了地球上最重要的两个变化:一是把简单的无机物合成为复杂的有机物,实现了物质的转化;二是把太阳能转变成化学能储存在有机物中,实现了能量的转化。

光合作用为所有生物的生存提供了物质来源和能量来源。光合作用与生物的细胞呼吸以及各种燃烧反应相反,它消耗二氧化碳放出氧气,因此在维持大气中的氧气和二氧化碳含量的稳定方面有巨大的作用。

(4) 呼吸作用。植物的光合作用是一种合成作用,呼吸作用则是一种分解作用。呼吸作用是分解复杂的有机物,并且释放能量的过程。但是,不能把呼吸作用看成是光合作用的简单逆转,这是因为呼吸作用是植物生命活动的另一个复杂过程。事实上,呼吸作用是所有的生物都具有的一项重要的生命活动。

植物的呼吸作用有两种类型:有氧呼吸和无氧呼吸。

① 有氧呼吸。有氧呼吸是指植物细胞在氧气的参与下,把糖类等有机物彻底氧化分解,产生出二氧化碳和水,同时释放出大量能量的过程。有氧呼吸是高等植物进行呼吸作用的主要形式。人们通常所说的呼吸作用就是指有氧呼吸。一般来说,葡萄糖是植物细胞进行有氧呼

吸时最常利用的物质,因此有氧呼吸的过程可用下面的反应式来表示:

$$C_6H_{12}O_6+6O_2 \xrightarrow{酶} 6CO_2+6H_2O+能量$$

② 无氧呼吸。高等植物进行呼吸作用的主要形式是有氧呼吸,但是,高等植物仍然保留有无氧呼吸的能力。例如,在无氧的情况下(如水淹),高等植物可以进行短时间的无氧呼吸,以适应不利的环境条件。无氧呼吸一般是指在无氧的条件下,植物细胞把糖类等有机物分解成为不彻底的氧化产物,同时释放出少量能量的过程。这个过程对于高等植物来说,称为无氧呼吸;如果用于微生物,则习惯上称为发酵。

高等植物的无氧呼吸可以产生酒精。例如,苹果储藏久了,就会产生酒味,它的反应式是:

$$C_6H_{12}O_6 \xrightarrow{酶} 2C_2H_5OH+2CO_2+能量$$

高等植物的无氧呼吸,还可以产生乳酸。例如,马铃薯块茎和玉米胚在进行无氧呼吸时,就产生乳酸,它的反应式是:

$$C_6H_{12}O_6 \xrightarrow{酶} 2C_3H_6O_3(乳酸)+能量$$

呼吸作用能为植物的各项生命活动提供能量。我们知道,植物在光合作用中,把光能转变为化学能,储藏在糖类等有机物中。植物在呼吸作用中,又将糖类等有机物加以分解,释放出其中的能量,用在植物生命活动的各个方面,例如,细胞的分裂、植物的生长、矿质元素的吸收、新物质的合成等。

3. 动物的新陈代谢

动物在新陈代谢中,通过循环系统,将呼吸系统所获得的氧气、消化系统所吸收的营养物质,运给体内的组织细胞,同时将细胞在新陈代谢过程中产生的废物(如尿素)和二氧化碳,分别运到排泄系统和呼吸系统,再排出体外。

动物的新陈代谢过程主要包括物质代谢和能量代谢两个方面。物质代谢主要包括食物消化、营养吸收、中间代谢和废物排出几个过程,其中中间代谢主要包括糖类代谢、脂类代谢和蛋白质代谢等过程。动物体内的物质代谢过程极其复杂,代谢过程中的生物化学反应速度很快且数量惊人。拿人体来说,体内血液中的红细胞每秒钟要更新200多万个;人的一生(按60年计算)中与外界环境交换各种物质的数量大约为水50吨、糖类10吨、脂类1吨、蛋白质1.6吨;物质交换的总质量大约相当于人体质量的1 200倍。

物质代谢中就伴随着能量代谢。能量代谢包括能量的释放、转移和利用等变化。动物和人体细胞内的糖类、脂类和蛋白质等有机物中,都含有大量的化学能,当它们在细胞内被氧化分解,生成二氧化碳和水等代谢终产物时,它们所含有的能量就释放出来,转移到ATP(腺苷三磷酸)中;当生物体或人体进行各项生命活动时,ATP再水解生成ADP(腺苷二磷酸),释放出能量供生命活动所利用(反应式为:ATP→ADP+Pi(磷酸)+能量)。因此说,ATP是生物体各种生命活动所需能量的直接来源。

总之,高等动物包括人类在内,它们的体内细胞只有通过内环境(人体内的细胞外液,构成人体内细胞生活的液体环境,这个液体环境叫作人体的内环境),才能与外界环境进行物质交换;它们只有依靠各种器官、系统的分工合作,才能使新陈代谢和其他各项生命活动得以顺利地进行。

(三) 解释问题

不仅花儿所有的植物也会"吃东西",只不过它们的吃与我们传统的"吃"不同。植物绝大多数是靠根系来吸收土壤里的水分和各种矿物质,靠茎叶的光合作用把从外界环境中摄取到体内的无机物制造成糖类、脂类和蛋白质等有机的营养物质,而我们人类和动物必须直接或间接地从绿色植物中摄取食物。

✎ 练习与思考

1. 新陈代谢是指＿＿＿＿＿＿的过程,它包括＿＿＿＿＿＿和＿＿＿＿＿＿两个方面。所以,生物体的新陈代谢过程,也就是生物体的＿＿＿＿＿＿过程。

2. 参加光合作用反应的物质有＿＿＿＿＿＿和＿＿＿＿＿＿,光合作用中生成的物质有＿＿＿＿、＿＿＿＿和＿＿＿＿。它的反应方程式是＿＿＿＿＿＿。

3. 植食性动物摄取的食物,在消化道内要经过＿＿＿＿＿＿性消化、＿＿＿＿＿＿性消化和＿＿＿＿＿＿消化,才能将＿＿＿＿、＿＿＿＿、＿＿＿＿和＿＿＿＿等大分子有机物,分解成为能够吸收的小分子有机物。

4. 人和动物新陈代谢中的化学反应主要发生在(   )。
A. 消化道内   B. 肾脏内   C. 细胞内   D. 内环境

六、 生命活动的调节

(一) 提出问题

为什么向日葵的花盘总是歪向一边呢?

(二) 基本知识

生物体之所以能够成为一个统一的整体,来进行新陈代谢、生长发育等各项生命活动,并能够对环境变化做出适宜的反应,以适应变化了的环境,这些都与生物体本身具有调节功能有密切的关系。

1. 动物和人体生命活动的调节

人体细胞生活在由组织液、血浆、淋巴等细胞外液共同构成的液体环境即内环境中。内环境中含有水、无机盐、各种营养物质和代谢废物等,具有一定的渗透压、酸碱度和温度。内环境不仅是细胞生存的直接环境,而且是细胞与外界环境进行物质交换的媒介。内环境的各种理化性质总是在不断变化,虽然借助于机体的调节作用,但这种变化都保持在一定的范围内。生理学家把正常机体通过自身的调节作用,使各个器官和各个系统协调活动,共同维持内环境的相对稳定的状态叫作稳态。内环境的稳态是机体进行生命活动的必要条件。稳态的实现是机体在神经—体液—免疫调节下,各器官、各个系统协调活动的结果。

(1) 神经调节。神经调节的基本方式是反射,完成反射的结构称为反射弧。反射弧通常是由感受器、传入神经、神经中枢、传出神经和效应器(传出神经末梢和它所支配的肌肉或腺体等)组成。神经元接受内环境、外环境的刺激会产生兴奋。在同一个神经元内,兴奋以神经冲动的形式传导。不同的神经元之间,兴奋通过突触以神经递质的方式传递。脑和脊髓中有控制机体各种活动的中枢,这些中枢的分布部位和功能各不相同,但彼此之间又相关联,低级中枢受高级中枢的控制。人脑除了对外部世界的感知以及控制机体的反射活动外,还具有语言、学习、记忆和思维等方面的高级功能。

(2) 激素调节。人和动物的生命活动,除了受神经系统的调节外,还受到体液调节。体液调节是指体内的一些细胞能生成并分泌某些特殊的化学物质(如激素、代谢产物等),经体液(血浆、组织液、淋巴)运输,到达全身的组织细胞或某些特殊的组织细胞,通过作用于细胞上相应的受体,对这些细胞的活动进行调节。激素调节是体液调节的主要内容。激素调节是由内分泌腺分泌的激素直接进入血液,随着血液循环到达身体各个部分,在一定的器官或组织中发生作用,从而协调动物机体新陈代谢、生长、发育、生殖及其他生理机能,使这些机能得到兴奋或抑制,使它们的活动加快或减慢。激素调节的特点为微量和高效,通过体液运输,作用于靶器官。激素分泌的调节还存在着下丘脑——垂体——内分泌腺的分级调节和反馈调节。高等动物的激素调节如下:

① 甲状腺激素。甲状腺激素是由甲状腺分泌的。它的主要功能是促进新陈代谢,加速体内物质氧化分解,促进动物个体的生长发育,提高神经系统的兴奋性。

用含有甲状腺制剂的饲料喂蝌蚪,或在蝌蚪生活的水中加入甲状腺激素,蝌蚪的发育变化迅速,在比较短的时间内就变成了一个小型的青蛙。这种小型的青蛙与正常情况下由蝌蚪发育成的青蛙相比,其个体小,只有苍蝇一般大小。这个实验说明,甲状腺激素能促进幼小动物体的发育。

② 性激素。性激素有雄性激素和雌性激素两大类。雄性激素主要是由睾丸分泌的。它的主要功能是促进雄性生殖器官的发育和精子的生成,激发并维持雄性的第二性征。雌性激素主要是由卵巢分泌的。它的主要功能是促进雌性生殖器官的发育和卵细胞的生成,激发并维

持雌性的第二性征和正常的性周期。高等动物与人一样,其雌、雄个体的第二性征也有明显差异,如公鸡的鸡冠发达、尾羽长且颜色鲜艳等,这是公鸡在雄性激素作用下所表现出来的不同于母鸡的第二性征。

③ 生长激素。生长激素是由脑垂体分泌的,它对动物体的生长有重要作用。幼年动物如果生长激素分泌不足,则身体矮小。切除垂体以后,幼年动物生长立刻停滞。但这样的动物如果每天注射生长激素,过几天之后便又开始逐渐生长。此外,生长激素还能影响动物和人体内糖类、脂肪和蛋白质的代谢。

昆虫的激素调节。昆虫的生长发育和行为也要受激素的调节。人们通常把昆虫的激素分为两大类:内激素和外激素。

① 内激素。内激素是指昆虫分泌在体内的化学物质,用以调节其发育和变态的进程。它对昆虫的生长发育等生命活动起着调节作用。

② 外激素。外激素一般是由昆虫体表的腺体分泌到体外的一类挥发性的化学物质。外激素分泌后,直接散布到空气或水中,以及其他媒介物上,并且作为化学信号来影响和控制同种的其他个体,使它们发生反应。由于外激素起着个体之间传递化学信息的作用,因此又叫信息激素。昆虫外激素有许多种类,目前研究较多的是性外激素。这类激素能引诱同种异性个体前来交尾。因此,利用昆虫的性外激素作性引诱剂,可以用来防治有害昆虫。

(3) 神经调节与体液调节的关系。动物体的各项生命活动常常同时受到神经与体液的调节。一方面不少内分泌腺本身直接或间接地受中枢神经系统的调节,在这种情况下,体液调节可看为神经调节的一个环节。另一方面内分泌腺所分泌的激素也可以影响神经系统的发育和功能。这两种调节紧密联系、密切配合、相互影响,细胞的各项活动才能正常进行,机体才能适应环境的不断变化。

(4) 免疫调节。神经调节与体液调节对维持内环境的稳态具有非常重要的作用,但并不能直接消灭入侵的病原体,也不能直接清除体内出现的衰老、破损或异常的细胞。对付病原体和异常的细胞要靠免疫调节。免疫调节是依靠免疫系统来实现的。免疫系统是由免疫器官(如脾脏、淋巴结)、免疫细胞(如淋巴细胞)以及免疫分子(如免疫球蛋白)所组成。免疫系统是机体防卫病原体入侵最有效的武器,但如果它的功能亢进会对自身器官或组织产生伤害。免疫系统可分为固有免疫和适应免疫,其中适应免疫又分为体液免疫和细胞免疫。

免疫的基本功能:第一、识别和清除外来入侵的抗原,如病原微生物等。这种防止外界病原体入侵和清除已入侵的病原体及其他有害物质的功能被称为免疫防御。第二、识别和清除体内发生突变的肿瘤细胞、衰老细胞、死亡细胞或其他有害的成分,这种随时发现和清除体内出现的"非己"成分的功能被称为免疫监视。第三、通过自身免疫耐受和免疫调节使免疫系统内环境保持稳定,这种功能被称为免疫自身稳定。

人体共有三道免疫防线。第一道防线是由皮肤和黏膜构成的,他们不仅能够阻挡病原体侵入人体,而且它们的分泌物(如乳酸、胃酸等)还有杀菌的作用。呼吸道黏膜上有纤毛,可以清除异物。第二道防线是体液中的杀菌物质和吞噬细胞。这两道防线是人类在进化过程中逐渐建立起来的天然防御功能,特点是人生来就有,不针对某一种特定的病原体,对多种病原体都有防御作用,因此叫作非特异性免疫(又称先天性免疫)。多数情况下这两道防线可以防止病原体对机体的侵袭。第三道防线主要由免疫器官(淋巴结和脾脏等)和免疫细胞(淋巴细胞)组成。第三道防线是人体在出生以后逐渐建立起来的后天防御功能,特点是出生后才产生的,只针对某一特定的病原体或异物起作用,因而叫作特异性免疫(又称后天性免疫)。

2. 植物生命活动的调节

高等植物体内也有类似人体内的激素的物质,虽然含量极少,却对植物体的新陈代谢、生长发育等生命活动起着很重要的调节作用。植物体内的这种重要的特殊物质叫作植物激素。

植物激素是一类由植物体内产生,能从产生部位运送到作用部位,对植物的生长发育有显著影响的微量有机物。植物激素分为生长素、赤霉素、细胞分裂素、脱落酸、乙烯。虽然它们都是些简单的小分子有机化合物,但它们的生理效应却非常复杂、多样。例如从影响细胞的分裂、伸长、分化到影响植物发芽、生根、开花、结果、性别的决定、休眠和脱落等,所以植物激素对植物的生长发育有重要的调节控制作用。

现在以生长激素为例来说明植物激素的调节作用。生长素即吲哚乙酸,是最早发现、促进植物生长的激素。生长素的生理作用有以下几个方面:

第一,促进生长。生长素的主要作用是能够促进植物生长。如果把一株盆栽植物放在窗口,往往可以看到幼嫩的茎向着光源生长。这是植物茎的向光性。植物为什么能够显示向光性呢?经过实验得知,这与单侧光引起的生长素分布不均匀有关系。光线能够使生长素在背光一侧比向光一侧分布多,因此背光一侧比向光一侧生长得快。结果茎就朝向生长慢的一侧弯曲,即朝向光源一侧弯曲,使植物的茎显示出向光性。植物茎的向光性是生长素促进植物生长的有力例证。

第二,促进果实发育。实验证明,雌蕊授粉以后,在胚珠发育成种子的过程中,发育着的种子里合成了大量的生长素,这些生长素能够促进子房发育成果实。如果雌蕊授粉以后,在子房发育成果实的早期,除去发育着的种子,果实就会由于缺乏生长素而停止发育,甚至引起果实早期脱落。如果在没有授粉的雌蕊柱头上涂上一定浓度的生长素溶液,子房照常能发育成果实,但是因为没有受精,所以果实里不含有种子。这些实验都证明,生长素是果实正常发育所必需的。如在农业生产上,利用人工合成的一定浓度的生长素溶液处理没有授粉的番茄花蕾,就能获得无籽番茄。

第三,促进扦插的枝条生根。在进行扦插繁殖时,对不容易生根的枝条,可以用人工合成的生长素,将它配成一定浓度的溶液,浸泡插枝的下端,待栽植下去以后,插枝下端就能生出大量的根来,插枝就容易成活。可见,生长素对扦插繁殖是很有效的。

（三）解释问题

向日葵的花盘总是歪向有太阳的一侧,这是向日葵的向阳性。因为向日葵花盘下面的颈部含有生长素,当遇到太阳照射时,背光的一侧比向光一侧分布的生长素多,并且向日葵的茎对生长素反应很敏感,所以向日葵的花盘总是朝着太阳开放。

练习与思考

1. 产生抗体的细胞是(　　)。

A. 吞噬细胞　　　　B. 靶细胞　　　　C. T 细胞　　　　D. 浆细胞

2. 扦插时,保留有芽和幼叶的插条比较容易生根成活,这主要是因为芽和幼叶能(　　)。

A. 迅速生长　　　　　　　　　B. 进行光合作用

C. 产生生长素　　　　　　　　D. 储存较多的有机物

3. 植物生长素的生理作用大致有:(1) _____;(2) _____;(3) _____。

七、　现代生物的进化理论

（一）提出问题

枯叶蝶为什么长的如枯叶一样呢? 这算不算拟态呢?

（二）基本知识

1. 现代生物进化理论的由来

各种各样的生物是如何形成的? 长期以来就存在着激烈的争论。科学的争论促进人们更深入的研究,使得生物进化的理论不断发展。

历史上第一个提出比较完整的进化学说的是法国博物学家拉马克。学说的主要内容为:生物由古老生物进化而来的,由低等到高等逐渐进化的,生物各种适应性特征的形成是由于用进废退与获得性遗传。如鼹鼠长期生活在地下,眼睛就会萎缩、退化。这些因为用进废退而获得的性状是可以遗传给后代的,这是生物不断进化的主要原因。

达尔文在大量观察的基础上提出了自然选择学说。其要点为:生物都有过度繁殖的倾向,而资源和空间是有限的。生物要繁衍下去必须进行生存斗争;生物都有遗传和变异的特性,具有有利变异的个体则容易在生存斗争中获胜,并将这些变异遗传下去;出现不利变异的个体则容易在生存斗争中被淘汰。经过长期的自然选择，微小的变异不断积累，不断形成适应特定环境的新类型。虽然达尔文自然选择学说论证了生物是不断进化的，并且对生物进化的原因提出了合理的解释，但对于遗传变异的本质未做出科学的解释，对生物进化的解释也局限于个体水平，强调特种的形成是渐变的结果，不能解释物种大爆发现象。

随着生物科学的发展，关于遗传和变异的研究，已经从性状水平深入到基因水平，人们逐渐认识到遗传和变异的本质。达尔文的自然选择学说得到了极大的丰富和发展，形成了以自然选择学说为核心的现代生物进化理论。

2. 现代生物进化理论的主要内容

随着科学的发展，人们对生物进化的认识不断深入，形成了以自然选择学说为核心的现代生物进化理论。基本观点为：种群是生物进化的基本单位，生物进化的实质是种群基因频率的改变。突变和基因重组、自然选择、隔离是物种形成过程的三个基本环节。通过它们的综合作用，种群产生分化，最终导致新物种的形成。在这个过程中，突变和基因重组产生生物进化的原材料，自然选择使种群的基因频率定向改变决定了生物进化的方向，隔离是新物种形成的必要条件。生物进化的过程实际上是生物与生物、生物与无机环境共同进化的过程，进化导致了生物的多样性。

（1）种群基因频率的改变与生物进化。种群是生活在一定区域的同种生物的全部个体。种群是生物生存和生物进化的基本单位。一个个体是不可能进化的，生物的进化是通过自然选择实现的，自然选择的对象不是个体而是一个群体。理由如下：① 就原核生物和无性繁殖的真核生物来说，来自同一亲本的无性繁殖系是由遗传上相同的个体组成的，同一克隆内的个体之间没有遗传差异，自然选择作用的是无性繁殖系。② 对于有性生殖的生物来说，无论它在自然选择中具有多大优势，其基因型也不可能一成不变地传给下一代个体，这是因为个体的基因组成来自父母双方。但是就一个种群来说，种群中全部基因的总和（基因库）却可以在传宗接代过程中维持相对稳定，因此自然选择作用的是种群，本质上是种群基因库。

基因库是指一个种群所含的全部基因。每个个体所含有的基因只是种群基因库中的一个组成部分。每个种群都有它独特的基因库，种群中的个体一代一代的死亡，但基因库却代代相传，并在传递过程中得到保持和发展。种群越大，基因库也越大，反之，种群越小基因库也越小。在一个种群基因库中，某个基因占全部等位基因数的比率叫作基因频率。由于基因突变、基因重组和自然选择等因素，种群的基因频率总是在不断变化。这种基因频率变化的方向是由自然选择决定的。基因突变在自然界是普遍存在的。基因突变产生新的等位基因，这就可能使种群的基因频率发生变化。突变和基因重组产生生物进化的原材料，不能决定生物进化的方向。在自然选择的作用下，种群的基因频率会发生定向改变，导致生物朝着一定的方向不断进化。

（2）隔离与物种形成。在遗传学和进化论的研究中，把能够在自然状态下相互交配并且产生可育后代的一群生物称为一个物种。不同物种之间一般是不能相互交配的,即使交配成功也不能产生可育的后代,这种现象叫作生殖隔离。同一种生物由于地理上的障碍而分成不同的种群,使得种群间不能发生基因交流的现象,叫作地理隔离。不同种群间的个体,在自然条件下基因不能自由交流的现象叫作隔离。隔离是物种形成的必要条件。物种形成本身表示生物类型的增加,同时也意味着生物能够以新的方式利用环境条件,从而促进生物的进一步发展。

（3）共同进化与生物多样性的形成。生物进化是同种生物的发展变化,时间可长可短,任何基因频率的改变,不论其变化大小,引起性状变化程度如何,都属于进化的范围。生物进化的方向为:从简单到复杂,从低等到高等,从水生到陆生。

任何一个物种都不是单独进化的。不同物种之间、生物与无机环境之间在相互影响中不断进化和发展,这就是共同进化。通过漫长的共同进化过程,地球上不仅出现了千姿百态的物种,而且形成了多种多样的生态系统。生物的多样性主要包括三个层次的内容:基因多样性、物种多样性、生态系统多样性。

（三）解释问题

枯叶蝶在进化的过程中,获得与另一种成功物种如枯叶相似的特征,以混淆掠食者的认知,让掠食者进而远离自己。枯叶蝶停息在树枝或草叶上时,两翅收合竖立,隐藏身躯,展示出翅膀的腹面,全身呈古铜色,色泽和形态均酷似一片枯叶,这叫作"拟态"。"拟态"使天敌一时真伪难辨,分不清究竟是蝴蝶还是枯叶,从而保护自己,一旦遇有"敌情",立刻疾速地飞落在树枝上或草丛中,伪装成一片枯叶,静悄悄地躲藏在绿叶丛里。它们依靠这种特殊的自卫能力,使得枯叶蝶物种代代相传。

✎ 练习与思考

1. 下列生物群落中属于种群的是:(   )

A. 一个湖泊中的全部鱼   B. 一个森林中的全部蛇

C. 卧龙自然保护区中的全部大熊猫   D. 一间屋中的全部蟑螂

2. 一条果蝇的突变体在21℃的气温下,生存能力很差,但是当温度上升到25.5℃时,突变体的生存能力大大提高。这说明:(   )

A. 突变是不定向的   B. 突变是随机发生的

C. 突变的有害或有利取决于环境   D. 环境条件的变化对突变体都是有害的

3. 如果将一个濒临灭绝的生物的种群释放到一个有充足食物且没有天敌的新环境中,根据所学知识分析一下这个种群将发生怎样的变化呢?

八、种群和生物群落

（一）提出问题

猫儿为什么总爱抓老鼠呢？猫和老鼠确实是天敌吗？

（二）基本知识

从个体水平看,生物能通过自身的调节作用维持稳定,完成生长、发育和繁殖等生命活动,但是在自然界中任何生物都不是孤立存在的。在一定的自然区域内,同种生物的全部个体形成种群。同一时间内聚集在一定区域中各种生物种群的集合,又构成了生物群落。

1. 种群

种群指在一定时间内占据一定空间的同种生物的所有个体。种群中的个体并不是机械地集合在一起,而是彼此可以交配,并通过繁殖将各自的基因传给后代。种群是进化的基本单位,同一种群的所有生物共用一个基因库。

（1）种群的特征。

① 种群密度。种群密度是指在单位面积或体积中的个体数。种群密度是种群最基本的数量特征。种群密度反映了在一定时期的个体数量,但是仅靠这一特征不能完全反映种群数量变化的趋势。自然状态下一个种群的种群密度往往有着很大的起伏,但不是无限制的变化。农林害虫的检测和预报,渔业捕捞强度的确定都需要对种群密度进行调查研究。

② 出生率与死亡率。出生率指在一特定时间内,一种群新诞生个体占种群现存个体总数的比例。死亡率则是在一特定时间内,一种群死亡个体数占现存个体总数的比率。自然状态下,出生率与死亡率决定了种群密度的变化。出生率大于死亡率,种群密度增长。例如随着生活水平的提高和医疗条件的改善,我国人口的死亡率下降,人口过度增长。国家为了控制人口过度增长,必须降低出生率,因此国家曾把计划生育列为一项基本国策。

③ 迁入率与迁出率。许多生物种群存在着迁入、迁出的现象,大量个体的迁入或迁出会对种群密度产生显著影响。对于一个确定的种群,单位时间内迁入或迁出种群的个体数占种群个体总数的比率,分别成为种群的迁入率或迁出率。迁入率和迁出率在现代生态学对城市人口的研究中占有重要地位。

④ 性别比例。性别比例是指种群中雌雄个体的数目比,自然界中不同种群的正常性别比例有很大差异,性别比例对种群数量有一定的影响,例如用性诱剂大量的诱杀害虫的雄性个体,会使许多雌性害虫无法完成交配,导致种群密度下降。

⑤ 年龄结构。种群的年龄结构是指一个种群幼年个体（生殖前期）、成年个体（生殖时

期）、老年个体（生殖后期）的个体数目，分析一个种群的年龄结构可以间接判定出该种群的发展趋势。种群年龄结构通常有三种：增长型、稳定型和衰退型。在增长型种群中，老年个体数目少，年幼个体数目多，在图像上呈金字塔型，今后种群密度将不断增长，种内个体越来越多。现阶段大部分种群是稳定型种群，稳定型种群中各年龄结构适中，在一定时间内新出生个体与死亡个体数量相当，种群密度保持相对稳定。衰老型种群多见于濒危物种，此类种群幼年个体数目少，老年个体数目多，死亡率大于出生率，这种情况往往导致恶性循环，种群最终灭绝，但也不排除生存环境突然好转或大量新个体迁入或人工繁殖等一些根本扭转发展趋势的情况。

（2）种群数量的变化。在理想条件下，种群数量增长呈"J"型曲线。然而正常情况下，自然界中一定空间存在一定的环境容纳量，种群增长会呈"S"型曲线。影响种群数量的因素很多，因此种群的数量常常出现波动，在不利条件下，种群数量会急剧下降甚至消亡。例如大熊猫栖息地遭到破坏，食物减少和活动范围的缩小是导致大熊猫种群数量锐减的重要原因，所以建立自然保护区，给大熊猫更宽广的生存空间，改善他们的栖息环境，提高环境的容纳量。

2. 生物群落

生物群落指生活在一定的自然区域内，相互之间具有直接或间接关系的各种生物的总和。生物群落的基本特征包括群落中物种的多样性、群落的生长形式（如森林、灌丛、草地、沼泽等）和结构（空间结构、时间组配和种类结构）、优势种（群落中以其体大、数多或活动性强而对群落的特性起决定作用的物种）、相对丰盛度（群落中不同物种的相对比例）、营养结构等，营养关系和环境关系在生物群落中具有最大的意义，是生物群落存在的基础。

（1）群落的结构。在自然界中，多种生物的种群共同生活在一定时间和区域内，相互之间通过直接或间接的关系构成群落。同一群落的物种通过复杂的种间关系形成统一的整体。不同的群落间，物种组成和物种的丰富度差异很大。

① 种间的关系。种间的关系包括竞争、捕食、互利共生和寄生等。

共生：两种生物共同生活在一起，相互依赖，彼此有利；如果彼此分开，则双方或者一方不能独立生存。两种生物的这种共同生活关系，叫作共生。共生的典型例子是地衣，地衣是真菌和藻类的共生体。

寄生：一种生物寄居在另一种生物的体内或体表，从那里吸取营养物质来维持生活，这种现象叫作寄生。生物界中寄生的现象非常普遍，如虱、蛔虫等。

竞争：两种生物生活在一起，由于争夺资源、空间等而发生斗争的现象，叫作竞争。

捕食：一种生物以另一种生物为食的现象叫捕食。

② 群落的空间结构。在群落中各个生物种群分别占据了不同的空间，使群落形成一定的空间结构。群落的空间结构包括垂直结构和水平结构两个方面。

群落的垂直结构指群落在垂直方面的配置状态，其最显著的特征是成层现象，即在垂直方向分成许多层次的现象。生物群落中动物的分层现象很普遍,动物分层主要与食物有关,其次还与不同层次的微气候条件有关。如东欧亚大陆北方针叶林区,在地被层和草本层中栖息着两栖类、爬行类、鸟类(丘鹬、榛鸡)、兽类(黄鼠)和各种鼠形啮齿类;在森林的下层即灌木林和幼林中,栖息着莺、苇莺和花鼠等;在森林的中层栖息着山雀、啄木鸟、松鼠和貂等;而在树冠层则栖息着柳莺、交嘴和戴菊等。水域中某些水生动物也有分层现象,这主要决定于阳光、温度、食物和含氧量等。

群落的水平结构指群落的水平配置状况或水平格局,其主要特征是镶嵌性。镶嵌性即植物种类在水平方向不均匀配置,使群落在外形上表现为斑块相间的现象,具有这种特征的群落叫作镶嵌群落。在镶嵌群落中,每一个斑块就是一个小群落,小群落具有一定的种类成分和生活型组成,它们是整个群落的一小部分。例如,在森林中,林下阴暗的地点有一些植物种类形成小型的组合,而在林下较明亮的地点是另外一些植物种类形成的组合,这些小型的植物组合就是小群落。如内蒙古草原上锦鸡儿灌丛化草原就是镶嵌群落的典型例子。

(2)群落演替。生物群落总是处于不断的变化之中,随着时间的推移,一个群落被另一个群落代替的过程叫群落演替或生态演替。例如北京附近的撂荒农田,第一年生长的主要是一年生的杂草,然后经过一系列的改变,最后形成落叶阔叶林。演替过程中经过的各个阶段叫作系列群落。演替最后达到一种相对稳定的群落叫作顶极群落。

演替有初生演替和次生演替两种类型。在原来没有生命的地点(如沙丘)开始的演替叫初生演替。在原生演替的情况下,群落改变的速度一般不大,连续地相继更替的系列群落相互之间保持很大的时间间隔,而生物群落达到顶极状态有时需要上百年或更长时间。如果群落在以前存在过生物的地点上发展起来,那么这种演替叫次生演替。这种地点通常保存着成熟的土壤和丰富的生物繁殖体,因此通过次生演替形成顶极群落要比原生演替快得多。在现代条件下,到处可以观察到次生演替,它们经常发生在火灾、洪水、草原开垦、森林采伐、沼泽排干等之后。

人类活动往往会使群落演替按照不同于自然演替的速度和方向进行,如人类砍伐森林、填湖造地、捕杀动物,又或者封山育林、治理沙漠、管理草原等。为了处理好经济发展同人口、资源、环境的关系,走可持续发展道路,所以我国政府明确提出退耕还林、还草、还湖、退牧还草等政策。

(三)解释问题

这是动物的本能行为。这是动物在进化过程中形成的,是动物适应生存环境的一种最基本的行为。猫是夜行动物,为了在夜间能看清事物,它们的身体里需要一种叫作牛磺酸的物质。在老鼠体内的牛磺酸含量尤为丰富,并且猫容易抓捕老鼠,所以老鼠就成了猫最爱的美食。如果猫长期不吃老鼠,夜视能力就会下降,甚至会逐渐丧失夜间活动能力,所以猫咪爱抓老鼠。

练习与思考

1. 森林中的鸟类有垂直分层现象。这种现象主要与下列哪一因素有关:(   )

A. 光照强度　　　　B. 食物种类　　　　C. 湿度　　　　D. 温度

2. 下列有关人类活动对群落演替影响的表述,哪一项是正确的:(   )

A. 人类活动对群落的影响要远远超过其他所有自然因素的影响

B. 人类活动对群落的影响往往是破坏性的

C. 人类活动往往使群落按照不同于自然演替的方向和速度进行演替

D. 人类活动可以任意对生物与环境的相互关系加以控制

3. 演替过程中灌木逐渐取代了草本植物,其主要原因是:(   )

A. 灌木繁殖能力较强　　　　　　　　B. 草本植物寿命较短

C. 草本植物较为低等　　　　　　　　D. 灌木较为高大,能获得更多的阳光

4. 下列叙述中符合种群密度概念的是(   )

A. 某地区灰仓鼠每年新增的个体数　　B. 每平方米草地中杂草的数量

C. 一亩水稻的年产量　　　　　　　　D. 某湖泊每平方米水面鲫鱼的数量

九、生态系统

(一) 提出问题

是所有的孔雀都会开屏,还是只有雄孔雀会开屏?

(二) 基本知识

任何生物都生活在一定的环境中,与环境有着非常密切的关系。一方面生物要从环境中不断地摄取物质和能量,因而受到环境的限制;另一方面生物的生命活动又能不断地改变环境。

1. 生态系统的结构

生态系统是指在自然界的一定空间内,生物与环境构成的统一整体,在这个统一整体中,生物与环境之间相互影响、相互制约,并在一定时期内处于相对稳定的动态平衡状态。生态系统的范围有大有小,相互交错。地球最大的生态系统是生物圈,最为复杂的生态系统是热带雨林生态系统,人类主要生活在以城市和农田为主的人工生态系统中。生态系统是开放系统,为

了维系自身的稳定,生态系统需要不断输入能量,否则就有崩溃的危险。

(1) 生态系统的组成成分。生态系统的组成成分有非生物的物质和能量、生产者、消费者、分解者。无机环境是生态系统的非生物组成部分,包含阳光、水、无机盐、空气、有机质、岩石等。阳光是绝大多数生态系统直接的能量来源,水、空气、无机盐与有机质都是生物不可或缺的物质基础。生产者在生物学分类上主要是各种绿色植物,也包括化能合成细菌与光合细菌。生产者在生物群落中起基础性作用,它们将无机环境中的能量同化,同化量就是输入生态系统的总能量,维系着整个生态系统的稳定,其中各种绿色植物还能为各种生物提供栖息、繁殖的场所。生产者是生态系统的主要成分。分解者又称"还原者",它们是一类异养生物,以各种细菌和真菌为主,也包含屎壳郎、蚯蚓等腐生动物。分解者可以将生态系统中的各种无生命的复杂有机质(尸体、粪便等)分解成水、二氧化碳、铵盐等可以被生产者重新利用的物质,完成物质的循环。分解者是生态系统的必要成分。因此分解者、生产者与无机环境就可以构成一个简单的生态系统。

消费者是以动植物为食的异养生物,消费者的范围非常广,包括了几乎所有动物和部分微生物(主要有真细菌),它们通过捕食和寄生关系在生态系统中传递能量。其中以生产者为食的消费者被称为初级消费者,以初级消费者为食的被称为次级消费者,还有三级消费者与四级消费者。同一种消费者在一个复杂的生态系统中可能充当多个级别,如杂食性动物它们可能既吃植物(充当初级消费者)又吃各种食草动物(充当次级消费者),有的生物所充当的消费者级别还会随季节而变化。

一个生态系统只需生产者和分解者就可以维持运作,数量众多的消费者在生态系统中能加快能量的流动和物质的循环,可以看成是一种"催化剂"。

(2) 食物链和食物网。生态系统中,生产者与消费者通过捕食、寄生等关系构成的相互联系被称作食物链。食物链(网)是生态系统中能量传递的重要形式,其中生产者被称为第一营养级,初级消费者被称为第二营养级,以此类推。由于能量有限,一条食物链的营养级一般不超过五个。食物网是许多食物链彼此相互交错连接成的复杂营养结构。错综复杂的食物网是生态系统保持相对稳定的重要条件。食物链和食物网是生态系统的营养结构。生态系统的物质循环和能量流动就是沿着这条渠道进行的。

2. 生态系统的能量流动

能量流动指生态系统中能量输入、传递、转化和丧失的过程。能量流动是生态系统的重要功能。在生态系统中,生物与环境、生物与生物间密切联系,可以通过能量流动来实现。能量流动两大特点为:能量流动是单向的;能量逐级递减。

能量流动的过程。

① 能量的输入。生态系统的能量来自太阳能,太阳能以光能的形式被生产者固定下来后,就开始了在生态系统中的传递,被生产者固定的能量只占太阳能的很小一部分,表 8-1 给出了

太阳能的主要流向：

表 8-1　太阳能的主要流向

项目	反射	吸收	水循环	风、潮汐	光合作用
所占比例	30%	46%	23%	0.2%	0.8%

虽然光合作用仅仅占据了 0.8% 的能量，但也有惊人的数目：3.8×10^{25} 焦/秒。在生产者将太阳能固定后，能量就以化学能的形式在生态系统中传递。

② 能量的传递与散失。能量在生态系统中的传递是不可逆的，而且逐级递减，递减率为 10%～20%。能量传递的主要途径是食物链与食物网，这构成了营养关系，传递到每个营养级时，同化能量的去向为：未利用（用于今后繁殖、生长）、代谢消耗（呼吸作用，排泄）、被下一营养级利用（最高营养级除外）。

3. 生态系统的物质循环

生态系统的物质循环是组成生物体的 C、H、N、P、S 等元素，不断进行着从无机环境到生物群落，又从生物群落到无机环境的循环过程。

（1）物质循环的特点。物质循环与能量流动的单方向性不同。在物质循环过程中，无机环境中的物质可以被生物群落反复利用。

（2）物质循环的类型。全球的物质循环分为 3 种类型：水循环、气体循环、沉积型循环。在水循环中，物质的主要储存库是大气圈和海洋。气体循环是属于气体型的物质及其分子或某些化合物以气体的形式参与循环的过程（图 8-12）。沉积型循环的物质，主要是通过岩石风化和沉积物的分解转变为可利用的营养物质。沉积型循环的主要储存库是土壤、沉积物和岩石圈。

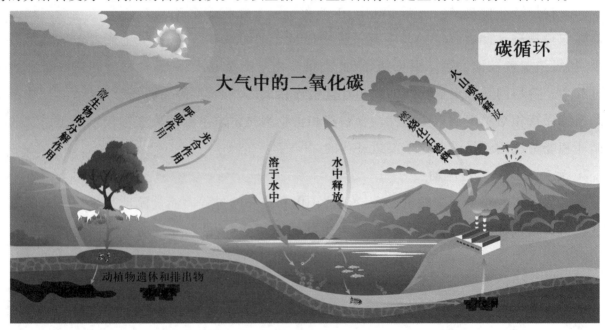

图 8-12　碳的循环

（3）能量流动和物质循环的关系。能量流动和物质循环都是借助于生物之间的取食过程进行的,在生态系统中,能量流动和物质循环是紧密地结合在一起同时进行的,它们把各个部分有机地联结成为一个整体,从而维持了生态系统的持续存在。能量的固定、储存、转移和释放,都离不开物质的合成和分解等过程。物质作为能量的载体,使能量沿着食物链流动;能量作为动力,使物质能够不断地在生物群落和无机环境之间循环往返。

4. 生态系统的信息传递

生态系统具有物质循环、能量流动和信息传递的作用。其中信息传递具有重要的作用,生命活动的正常进行,离不开信息传递;生物种群的繁衍,也离不开信息的传递;信息还可以调节生物的种间关系,以维持生态系统的稳定。

生态系统的信息分为物理信息、化学信息和行为信息。物理信息即生态系统的光、声、温度、湿度、磁力等,通过物理过程传递的信息。如动物的眼,可以感受到多样化的物理信息。化学信息是生物在生命活动过程中,会产生一些可以传递信息的化学物质,如植物的生物碱、有机酸等代谢产物。动物的特殊行为,同种和异种能够传递某种信息。动物的行为信息丰富多彩,如一些雄鸟在求偶时会进行复杂的"求偶炫耀"。

5. 生态系统的稳定性

作为一个独立运转的开放系统,生态系统有一定的稳定性。生态系统的稳定性是指生态系统所具有的保持或恢复自身结构和功能相对稳定的能力。生态系统的稳定性包括抵抗力稳定性和恢复力稳定性。生态系统稳定性的内在原因是生态系统的自我调节。生态系统中组成成分越多,食物网越复杂,抵抗外界干扰的能力就越强,如热带雨林生态系统有着最为多样的成分和生态途径,因而是最稳定和复杂的生态系统。当今全球出现的诸多环境问题,就与生态系统稳定性遭到破坏有关。

（三）解释问题

并不是所有的孔雀都会开屏,开屏的是雄孔雀。春天是孔雀产卵繁殖后代的季节,于是雄孔雀就展开它那五彩缤纷、色泽艳丽的尾屏,并不停地做出各种优美的舞蹈动作,向雌孔雀炫耀自己的美丽,以此吸引雌孔雀。待到它求偶成功之后,便与雌孔雀一起产卵育雏。在动物园,我们经常看见孔雀开屏,动物学者认为,大红大绿的服装颜色、游客的大声谈笑,都可以刺激孔雀,引起它们的警惕戒备。这时孔雀开屏,也是一种示威、防御的动作。

⚒ 练习与思考

1. 食物网具有的特征是:(　　　)

A. 每一种生物都被多种生物捕食　　　B. 有很多互有联系的食物链

C. 每一种动物可以吃多种植物　　　　D. 每一种生物都只位于一条食物链上

2. 在生态系统中,以植食性动物为食的动物称为:(   )

A. 第二营养级   B. 三级消费者   C. 次级消费者   D. 初级消费者

3. 流经某一生态系统的总能量是:(   )

A. 照射到该生态系统中的全部太阳能

B. 该生态系统中所有生产者、消费者、分解体内的能量

C. 该生态系统中生产者体内的能量

D. 该生态系统中生产者所固定的太阳能

4. 下列哪一种方法能增加生态系统的抵抗力稳定性:(   )

A. 减少该生态系统内捕食者和寄生生物的数量

B. 增加该生态系统内各营养级生物的种类

C. 使该生态系统内生产者和消费者在数量上保持平衡

D. 减少生态系统内各营养级生物的种类

十、 生态环境的保护

(一) 提出问题

动物对我们人类有什么好处呢？我们为什么应该爱护它们呢？

(二) 基本知识

生态环境是"由生态关系组成的环境"的简称,是指与人类密切相关的,影响人类生活和生产活动的各种自然(包括人工干预下形成的第二自然)力量(物质和能量)或作用的总和。生态环境是指影响人类生存与发展的水资源、土地资源、生物资源以及气候资源数量与质量的总称,是关系到社会和经济持续发展的复合生态系统。生态环境问题是指人类为其自身生存和发展,在利用和改造自然的过程中,对自然环境破坏和污染所产生的危害人类生存的各种负反馈效应。

在特定的生态系统演变过程中,当其发展到一定稳定阶段时,各种对立因素通过食物链的相互制约作用,使其物质循环和能量交换达到一个相对稳定的平衡状态,从而保持了生态环境的稳定和平衡。如果环境负载超过了生态系统所能承受的极限,就可能导致生态系统的弱化或衰竭。人是生态系统中最积极、最活跃的因素,在人类社会的各个发展阶段,人类活动都会对生态环境产生影响。特别是近半个世纪以来,由于人口的迅猛增长和科学技术的飞速发展,人类既有空前强大的建设和创造能力,也有巨大的破坏和毁灭力量。一方面,人类活动增大了

向自然索取资源的速度和规模,加剧了自然生态失衡,带来了一系列灾害。另一方面,人类本身也因自然规律的反馈作用,而遭到"报复"。因此环境问题已成为举世关注的热点,有民意测验表明,环境污染的危害相当于第三次世界大战,无论是在发达国家,还是在发展中国家,生态环境问题都已成为制约经济和社会发展的重大问题。

全球性生态环境问题主要包括:全球变暖与海平面上升,大气中的二氧化碳等气体增加,将出现更严重的温室效应,旱涝灾害可能增加。土壤过分流失与人均耕地面积不断减少。森林资源日益减少,世界森林每年几乎减少1%。淡水供给不足将构成经济发展和粮食生产的制约因素。臭氧层的损耗将大大影响水生生态系统。生物物种加速灭绝,动植物资源急剧减少。人口迅速增长,形成与日俱增的压力,预计2025年将突破80亿。这些全球性的生态环境问题,对生物圈的稳态造成严重威胁,并且影响到人类的生存和发展。

1. 中国生态环境的现状

改革开放以来,国家先后实施"三北"防护林、长江中上游防护林、沿海防护林等一系列林业生态工程,开展黄河、长江等七大流域水土流失综合治理,加大荒漠化治理力度推广旱作节水农业技术,加强草原和生态农业建设,使中国的生态环境建设取得了举世瞩目的成就并对国民经济和社会可持续发展产生了积极、深远的影响。但是应当清醒认识到,中国的生态环境仍很脆弱,生态环境恶化的趋势还未得到遏制,生态环境问题仍很严重。

生态环境问题主要表现在以下方面:①自然环境先天不足;②水土流失仍很严重;③荒漠化面积呈扩大趋势;④水资源紧缺,污染严重;⑤森林覆盖率低,增长缓慢;⑥生物多样性减少。

中国是世界上生物多样性最丰富的国家之一,其丰富程度占世界第9位(图8-13、图8-14、图8-15)。中国的野生动物和植物分别占世界总数的9.8%和9.9%,中国陆地森林生态系统有16大类和185类,区系丰富,生态类型多,为野生动、植物栖息和繁衍创造了优越的条件,中国陆地的野生动、植物有80%以上物种在森林中生存。然而由于天然林生态系统的破坏,致使野生动物栖息繁衍地日益缩小,加上人为乱捕滥猎,导致物种数量减少和濒临灭绝。据有关资料,中国有15%~20%的物种处于濒危和受威胁状态,包括4 600多种高等植物和400多种野生动物。近几十年已绝迹的高等植物就有200多种,野生动物有10余种,还有20多种濒临灭绝。

由于人口增长,科学技术的不断进步,人们不断扩大物质需要,这与有限的资源造成尖锐的矛盾。人多地少,必然导致人们开垦荒地,其结果改变了生态系统的结构和功能。这些改变,不仅破坏了生态系统原有的平衡状态,同时也触发了一些自然灾害的发生。

2. 我国的生态环境保护措施

(1) 保护生态环境,防止土地荒漠化。实施绿色工程,保护生态环境,防止土地荒漠化是当前一项紧迫的任务。保护长江黄河源头,严禁在江河源头采金、挖草(甘草、虫草、发菜);加强长江黄河上中游森林植被建设、"三北"防护林建设;严格实施生态脆弱区的禁采禁伐、禁渔、禁猎,实施退耕还林、退耕还草、退耕还湖还海,封山育林、风沙区造林植草。

图 8-14　鹅掌楸

图 8-13　银杉

图 8-15　大叶木兰

　　(2)建立适合现阶段生态环境建设的自然保护区管理体制。保护生物多样性,保护生物多样性也就是保护生物遗传的多样性、物种的多样性和生态系统的多样性。自然保护区是近代人类为保护生态环境、野生动植物、生物多样性、自然遗迹的一大创举,是人类文明进步的象征。自然保护区分为国家级自然保护区和地方级自然保护区。自1956年建立第一处自然保护区以来,我国已基本形成类型比较齐全、布局基本合理、功能相对完善的自然保护区体系(图 8-16、图 8-17)。截至 2016 年底,我国(不含香港、澳门特别行政区和台湾地区,下同)共建立各种类型、不同级别的自然保护区 2740 个,其中国家级 428 个(林业系统国家级自然保护区 346 处),地方级 2 312 个(省级 879 个,市级 410 个,县级 1 023 个)。自然保护区总面积达到 147 万平方公里,约占全国陆地面积的 14.84%。全国超过 90% 的陆地自然生态系统都建有代表性的自然保护区,89% 的国家重点保护野生动植物种类以及大多数重要自然遗迹在自然保护区内得到保护,部分珍稀濒危物种野外种群逐步恢复。大熊猫野外种群数量达到 1 800 多只,东北虎、东北豹、亚洲象、朱鹮等物种数量明显增加。因此进一步加强适合中国国情的自然保护区管理体制,必将为中国生物多样性的保护做出贡献。

图 8-16　长白山自然保护区

图 8-17　鸟岛自然保护区

（3）正确对待自然生态资源,实行绿色经济。发展模式生态环境的破坏是人类追求超额回报在发展经济的过程中付出的惨重代价。生态环境的恢复需要比所得回报数倍乃至数十倍的付出,同时还得忍受数十年甚至上百年的生态灾难。为此,人类必须改变传统的无偿占有、掠夺式的经济发展模式,实行绿色经济模式。承认并正视生态环境资源的资本的属性,在经济成本核算中要提取"折旧"费,要提生态资源税,还要分得相应红利——即利润中的合理份额,以保证生态环境的保护、修复以及改善有充分的经济基础。

（4）提倡绿色消费,节约物质资源。绿色消费是人类在确保可持续发展的前提下提高生活水平的消费方式。绿色消费应尽快取代一味追求享乐的高消费而毫无节约的消耗自然资源的消费观。当前,应提倡适度消费,要减少一次性消费,要加强资源的重复利用,要把地球上的其他生命物种看作维系人类社会发展的基础和伙伴。绿色消费就是不影响子孙后代的生存和发展,为他们留下青山绿水,留下丰富的可供永续利用的生态环境资源。

（三）解释问题

有的动物能给我们带来快乐,如鱼与狗;有的动物能帮助人类劳动,如牛和马;有的动物是有益动物,能消灭害虫(如啄木鸟、猫头鹰等);有的动物能提供肉、蛋、奶,供给我们人类食用。总之,动物是我们人类的朋友,我们和动物互相依存,我们应该爱护动物。

练习与思考

1. 生物多样性包括_____、_____和_____。
2. 生物多样性的保护,包括_____、_____以及_____等。
3. 我国的生态环境保护措施有哪些?

幼儿园模拟实践

1. 小朋友们在植物角一边给植物浇水一边讨论着有关浇的水去哪里了。王老师听了小朋友的讨论,决定带他们一起做个实验。

王老师准备了一小段带叶的芹菜、透明长玻璃杯、红色的食用色素和水。王老师向玻璃杯中倒入水并加入了几滴红色的食用色素。把芹菜放入玻璃杯中,并在水面的位置做了一个标记。

第二天,小朋友们发现,水杯的水面下降了,水去哪里了呢? 王老师建议小朋友把芹菜拿出来观察一下,小朋友惊奇地发现,芹菜变红了。

小朋友们感觉太神奇了,叽叽喳喳地围着王老师问这是怎么回事。你能帮王老师告诉小朋友这是怎么回事吗?

2. 春天来了,王老师带领小朋友们一起种豆芽。每个小朋友都准备了一个小盒子,开始种豆芽。丁丁害怕自己的小豆芽受到什么伤害,特意给小盒子做了一个盖子。过了几天,丁丁发现,别的小朋友的豆芽有点儿绿色,可自己的是黄色的,这是为什么呢? 原来是因为豆芽没有接触阳光的原因。丁丁明白了这个原因后,决定在盒子的侧面开一个小口子。又过了几天,丁丁惊奇地发现,豆芽全都朝着盒子开口的方向生长了,这又是为什么呢? 你能帮王老师解释一下这个问题吗?

拓展阅读

(一)克隆技术

如果说可以创造一个与原先的生物个体具有完全一样的遗传信息的新生物体你相信吗? 其实这并不稀奇。想必大家都听说过克隆羊——"多莉"。"多莉"是世界上第一个真正克隆出来的哺乳动物。"多莉"的特别之处在于它的诞生没有精子的参与。那"多莉"是如何来到这个世界的呢? 原来研究人员先将一个绵羊卵细胞中的遗传物质吸出去,使其变成空壳,然后从一只6岁的母羊身上取出一个乳腺细胞,将其中的遗传物质注入卵细胞空壳中。这样就得到了一个含有新的遗传物质但却没有受过精的卵细胞。这一经过改造的卵细胞经过分裂、增殖形成胚胎,再被植入另一只母羊子宫内,随着母羊的成功分娩,"多莉"来到了世界。

那到底什么是克隆呢? 在生物学上,克隆是指选择性地复制出一段DNA序列(分子克隆)、细胞(细胞克隆)或是个体(个体克隆)。克隆一个生物体意味着创造一个与原先的生物体具有完全一样的遗传信息的新生物体。细胞核几乎含有生命的全部遗传信息,宿主卵母细胞将发育成为在遗传上与核供体相同的生物体。

例如 2017 年 11 月 27 日,在中国科学院神经科学研究所、脑科学与智能技术卓越创新中心的非人灵长类平台诞生了世界上首个体细胞克隆猴"中中",12 月 5 日诞生了第二个克隆猴"华华",这标志着中国率先开启了以体细胞克隆猴为实验动物模型的新时代,实现了我国在非人灵长类研究领域由国际"并跑"到"领跑"的转变。

自 1997 年首个体细胞核移植克隆动物"多莉"羊出生以来,利用体细胞克隆技术不仅诞生出包括马、牛、羊、猪和骆驼等在内的大型家畜,还诞生了包括小鼠、大鼠、兔、猫和狗在内的多种实验动物,但与人类相近的灵长类动物(猕猴)的体细胞克隆一直没有解决,成为世界性难题。近 20 年来,美国、中国、德国、日本、新加坡和韩国等多家科研机构在此方面进行不断探索和尝试,但始终未能成功。一个主要限制性因素是供体细胞核在受体卵母细胞中的不完全重编程导致胚胎发育率低。同时用作受体的卵母细胞数量有限,且非人灵长类动物胚胎操作技术尚不完善,也是影响实现非人灵长类动物体细胞克隆的重要因素。

体细胞克隆猴的重要性在于能在一年内产生大批遗传背景相同的模型猴。"使用体细胞在体外有效地做基因编辑,准确地筛选基因型相同的体细胞,用核移植方法产生基因型完全相同的大批胚胎,用母猴载体怀孕出生一批基因编辑和遗传背景相同的猴群。这是制作脑科学研究和人类疾病动物模型的关键技术。"

除了在基础研究上有重大意义外,此项成果也为解决我国人口健康领域的重大挑战做出贡献。利用体细胞克隆技术制作脑疾病模型猴,为人类面临的重大脑疾病的机理研究、干预、诊治带来前所未有的光明前景。

(二)现代遗传学之父——孟德尔

现代遗传学之父孟德尔是这一门重要生物学科的奠基人。1865 年他发现了遗传定律。

1822 年 7 月 22 日,孟德尔出生在奥地利的一个贫寒的农民家庭里,父亲和母亲都是园艺家。孟德尔受到父母的熏陶,从小很喜爱植物。

当时,在欧洲,学校都是教会办的。学校需要教师,当地的教会看到孟德尔勤奋好学,就派他到首都维也纳大学去念书。

大学毕业以后,孟德尔就在当地教会办的一所中学教书,教的是自然科学。他能专心备课,认真教课,所以很受学生们的欢迎。1843 年,年方 21 岁的孟德尔进了修道院以后,曾在附近的高级中学任自然课教师,后来又到维也纳大学深造,受到相当系统和严格的科学教育和训练,为后来的科学实践打下了坚实的基础。孟德尔经过长期思索认识到,理解那些使遗传性状代代恒定的机制更为重要。从维也纳大学回到布鲁恩不久,孟德尔就开始了长达 8 年的豌豆实验。孟德尔首先从许多种子商那里,弄来了 34 个品种的豌豆,从中挑选出 22 个品种用于实验。它们都具有某种可以相互区分的稳定性状,例如高茎或矮茎、灰色种皮或白色种皮等。

　　孟德尔通过人工培植这些豌豆,对不同代的豌豆的性状和数目进行细致入微的观察、计数和分析。运用这样的实验方法需要极大的耐心和严谨的态度。他酷爱自己的研究工作,经常向前来参观的客人指着豌豆十分自豪地说:"这些都是我的儿女!"

　　经过 8 个寒暑的辛勤劳作,孟德尔发现了生物遗传的基本规律,并得到了相应的数学关系式。人们分别称他的发现为"孟德尔第一定律"和"孟德尔第二定律",它们揭示了生物遗传奥秘的基本规律。

　　孟德尔开始进行豌豆实验时,达尔文进化论刚刚问世。他仔细研读了达尔文的著作,从中吸收丰富的营养。保存至今的孟德尔遗物之中,就有好几本达尔文的著作,上面还留着孟德尔的手批,足见他对达尔文及其著作的关注。

　　起初,孟德尔豌豆实验并不是有意为探索遗传规律而进行的。他的初衷是希望获得优良品种,只是在试验的过程中,逐步把重点转向了探索遗传规律。除了豌豆以外,孟德尔还对其他植物做了大量的类似研究,其中包括玉米、紫罗兰和紫茉莉等,以证明他发现的遗传规律对多数植物都是适用的。

　　从生物的整体形式和行为中很难观察并发现遗传规律,而从个别性状中却容易观察,这也是科学界长期困惑的原因。孟德尔不仅考察生物的整体,更着眼于生物的个别性状,这是他与前辈生物学家的重要区别之一。孟德尔选择的实验材料也是非常科学的。因为豌豆属于具有稳定品种的自花授粉植物,容易栽种,容易逐一分离计数,这对于他发现遗传规律提供了有利的条件。

　　孟德尔清楚自己的发现所具有的划时代意义,但他还是慎重地重复实验了多年,以期臻于完善。1865 年,孟德尔在布鲁恩科学协会的会议厅,将自己的研究成果分两次宣读。第一次,与会者礼貌而兴致勃勃地听完报告,孟德尔只简单地介绍了试验的目的、方法和过程,为时一小时的报告使听众如坠入云雾中。

　　第二次,孟德尔着重根据实验数据进行了深入的理论证明。可是,孟德尔的思维和实验太超前了。尽管与会者绝大多数是布鲁恩自然科学协会的会员,他们中既有化学家、地质学家,也有植物学家,但是,听众对连篇累牍的数字和繁复枯燥的论证毫无兴趣,他们实在跟不上孟德尔的思维。孟德尔用心血浇灌的豌豆所告诉他的秘密,时人不能与之共识,一直被埋没了 35 年之久!

　　孟德尔晚年曾经充满信心地对他的好友、布鲁恩高等技术学院大地测量学教授尼耶塞尔说:"看吧,我的时代来到了。"这句话成为伟大的预言。直到孟德尔逝世 16 年后,豌豆实验论文正式出版后 34 年,他从事豌豆试验后 43 年,预言才变成现实。

　　20 世纪来自三个国家的三位学者同时独立地"重新发现"孟德尔遗传定律。1900 年,成为遗传学史乃至生物科学史上划时代的一年。从此,遗传学进入了孟德尔时代。

今天,通过摩尔根、艾弗里、赫尔希和沃森等数代科学家的研究,已经使生物遗传机制——这个使孟德尔魂牵梦绕的问题建立在遗传物质 DNA 的基础之上。随着科学家破译的遗传密码,人们对遗传机制有了更深刻的认识。现在,人们已经开始向控制遗传机制、防治遗传疾病、合成生命等更大的造福于人类的工作方向前进。然而,所有这一切都与圣托马斯修道院那个献身于科学的修道士的名字相连。

小玩具制作和小魔术

一、儿童玩教具的设计与制作

（一）提出问题

幼儿教师要经常根据实际的教学需要,自己动手制作一些玩教具。这就需要教师必须有丰富的知识和娴熟的技能和技巧。设计儿童玩教具,是有一定难度的,但也并不是高不可攀的。只要多思考、多观察、多设计、多动手,就可以设计出内容丰富的、有趣的玩教具。

那么,你会自己设计与制作玩教具吗?

（二）知识与实践

1. 根据教学内容的需要设计与制作玩教具

例如,在幼儿园的教育活动中常有"让幼儿认识船"的课程,教师应根据实际的需要由浅入深地通过教具对幼儿进行船的知识的介绍。这就需要有目的地设计和制作一套适合教学需要的船舶模型。

（1）利用易拉罐的薄铝板做小船。将易拉罐用剪刀剪成铝片,再分成相等的两片。将其中一片揉成团放入水中,铝团下沉;将另一片折成一小船形放在水面上,小船浮在水面上,放一块橡皮也不下沉。这就是最简单的船。由此可以向幼儿介绍,钢铁会沉入水中,而利用钢铁做的船会浮在水面上的道理。

（2）利用火柴杆做帆船。火柴杆帆船由船体、桅杆、帆、篷、舵等组成。

船体由舱面板、船舷板、船底板几部分组成,按图9-1将火柴杆用白胶粘在卡纸上,胶接时,要使火柴杆有规律地排列。待干后,用砂纸打磨光,分别把各部分组合,胶成船体。

桅杆可用几根火柴杆交错胶接,也可用冰棍棒,按图9-1的尺寸截取,用刀刻上嵌槽,然后用砂纸打磨成光滑的圆柱。帆用白布或薄彩色布剪成,尺寸如图9-2所示,把火柴杆砂圆做骨架,一并黏在桅杆上。接着在主桅顶端粘上一个小橡皮泥球,在副桅顶端黏上一面小三角旗。

篷面用零星褐色布料黏在图画纸上,也可在图画纸上画成竹编纹样。篷面尺寸如图9-3所示。

舵照图9-4用火柴杆黏在薄纸上,待干后,用砂纸小心地将两面都打磨干净并装在船尾。

将桅杆和篷分别黏在船体上,涂上适当的颜色或清漆,最后拉上丝线,如图9-5所示,一只

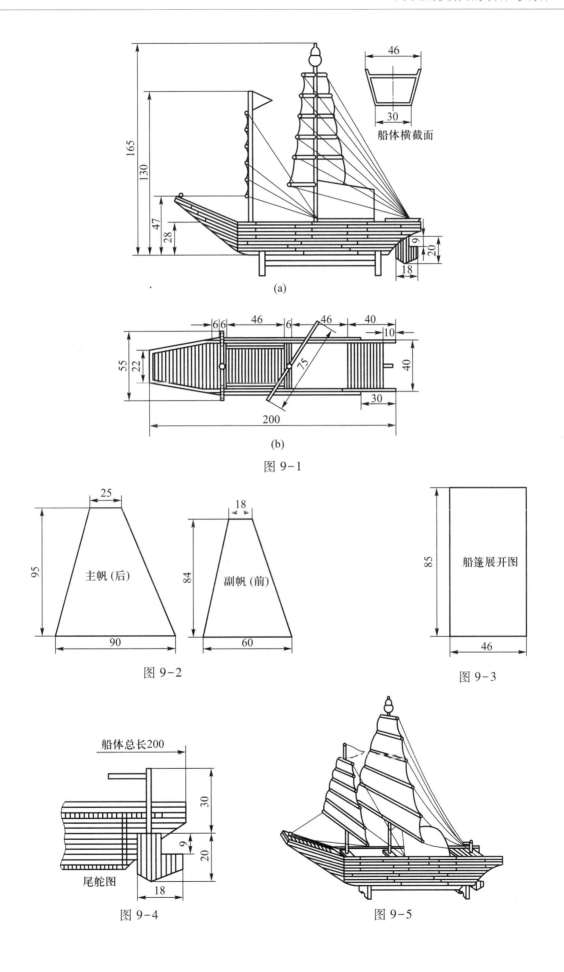

船体横截面

(a)

(b)

图 9-1

主帆（后）

副帆（前）

图 9-2

船篷展开图

图 9-3

船体总长200

尾舵图

图 9-4

图 9-5

帆船便做成了。这是利用风作动力的船,对着帆吹风,船便前进。

（3）"少年号"电动小游艇。该艇结构简单,造型美观,取材方便,制作容易。幼儿教师能制作并向小朋友介绍船时做现场表演。

① 整体结构图纸如图 9-6 所示。

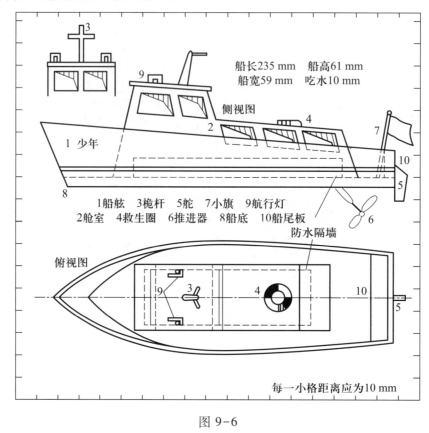

船长235 mm   船高61 mm
船宽59 mm   吃水10 mm

侧视图

1 少年

1船舷 3桅杆 5舵 7小旗 9航行灯
2舱室 4救生圈 6推进器 8船底 10船尾板

防水隔墙

俯视图

每一小格距离应为10 mm

图 9-6

② 制作方法。用厚 5~6 mm 的薄木板或三合板,按图 9-7 做船底和船尾板。先把图样绘在木板上,锯下来再切削打磨。用厚 1 mm 的木片或硬纸片按图 9-8 制作船舷。

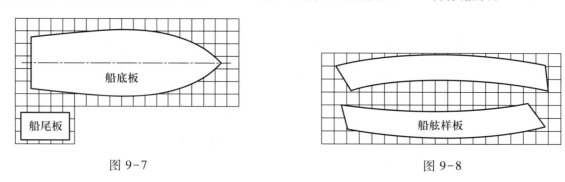

船底板

船尾板

图 9-7

船舷样板

图 9-8

用快干胶水或乳液胶水把船舷和船底黏合成船体,为了黏合牢固,可以在船首里侧加黏一个用木条削成 3 mm×3 mm 粗的立柱。

用厚 2 mm 的木片按图 9-9 做船舱。窗口要挖空,并贴上透明胶片或玻璃纸,船舱内可用 2 mm 厚的木片按图 9-6 黏成一个防水隔墙,以防动力装置触水。

　　救生圈可用薄木块削制(图9-10),也可用同样尺寸的胶圈或塑料管弯曲而成。航行灯用木棍或薄木片削制(图9-11)。它们都要打磨光滑后再黏合在船舱上。航行灯也可以用废旧小电珠直接黏在灯架上。

　　动力装置采用的是玩具小电动机。安装前,要按图9-12做一个木制机台,黏牢在船体上,再把电动机用圆形金属片固定在机台上(图9-13)。电动机和桨叶之间的传动轴可用自行车的辐条来做。传动轴和电动机轴之间用弹簧连接,弹簧两端要用焊锡焊牢(图9-14)。

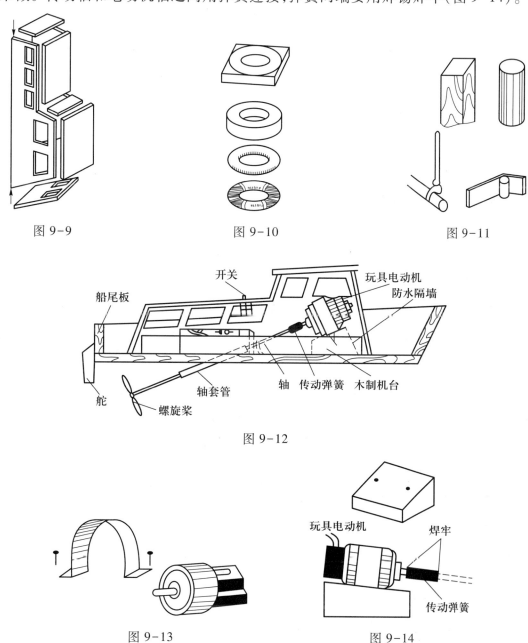

图9-9　　　　　　　图9-10　　　　　　　图9-11

图9-12

图9-13　　　　　　　图9-14

　　用手摇钻在船底打一个斜孔,让转动轴能通过斜孔插入水中。用铁片卷成一个比传动轴稍微粗一些的套管(用废圆珠笔芯的塑料管也行),套在传动轴通过船底的位置。要注意让轴在套管中能转动自如。

螺旋桨可用铁片剪制,与传动轴焊牢。把两个桨叶向不同方向扭转,注意扭转的角度要一致,才能使螺旋桨在旋转时产生推力(图 9-15)。舵也用铁皮剪制,用木螺丝固定在船尾板上(图 9-16)。

电源使用两节 1 号或 5 号电池,电压为 3 V。做一电池盒固定在船舱内,在船舱顶部安上一个小的电源开关。

为了使船体美观并防水,在安装动力装置之前涂刷油漆。船舱一般多为白色或浅黄色,船体多为白色或淡青色,水位以下的船底部分涂成红色。

图 9-15   图 9-16

这是一艘用电机作动力的游艇。接好电源放入水中,游艇便向前航行。

2. 根据现有材料设计与制作玩教具

幼儿教师应具有能根据各种现有的材料,如大小塑料瓶、易拉罐等常见的废旧物品来设计与制作玩教具的能力。

下面以废旧塑料瓶为例介绍制作的原则。

将塑料瓶按图 9-17 剪成四个部分,洗净揩干。

(1)橡皮筋动力螺旋桨飞机。

制作方法:

① 取塑料瓶的第一部分,在瓶盖中央钻一个直径约 1 mm 的小孔,把一根长约 350 mm、直径约 1 mm 的铁丝弯成一个圆环,套入一小段废圆珠笔芯。再将铁丝下端弯一个小钩,把两个橡胶圈的一头扣在上面。然后在瓶底边沿的对称部位钻四个小孔,把直径约 1 mm 的铁丝交叉穿出四个小孔后弯下,并在交叉中心套上两个橡皮圈的另一头。这样,旋转轴就做好了。然后,准备一块木板做底座,按照瓶边弯下的铁丝位置,钻四个小孔,把瓶边弯下的铁丝穿入底座小孔并弯下,便将瓶固定在底座上了(图 9-18)。

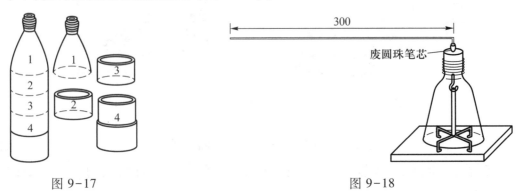

图 9-17   图 9-18

② 取图画纸一张,按图9-19(a)和(b)尺寸、形状画好后剪下,拉开摊平。机身沿虚线两边向上折后黏合,机翼和尾翼向下折成水平,如图9-19(c)所示。在机头顶端插入一根细铁丝,并套入一小段废圆珠笔芯,如图9-20(a)所示。按图9-20(b)画好螺旋桨,将黑色部分剪掉,把每个叶片向一个方向扭成约25°,在螺旋桨中心开一个小孔,穿入机头细铁丝后,将细铁丝顶端弯成一个小圆环固定,如图9-20(a)所示。最后把做好的飞机按图9-20(a)用纸贴牢在旋转轴上。

游戏方法:把橡皮筋动力飞机在桌上放平,用手慢慢转动旋转轴,把橡皮筋绞紧。手一放,飞机就开始旋转飞行,螺旋桨也会旋转起来。

(2)滚动玩具。

制作方法:把塑料瓶的第二部分做滚圈。用图画纸按图9-21画个大猩猩并涂上颜色,然后将它剪下。手、脚按虚线向里折,用白胶贴牢在滚圈内(图9-22)。

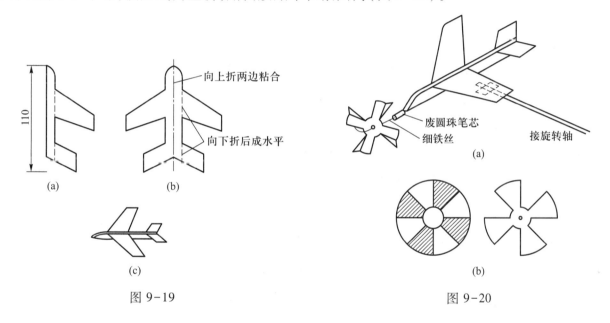

图9-19　　　　　　　　　　　　　　　　　　图9-20

游戏方法:将滚圈放在桌上轻轻滚动,大猩猩就在桌上表演了。

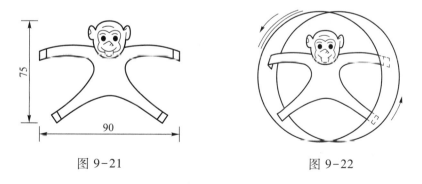

图9-21　　　　　　　　　　　图9-22

(3)跑兔

制作方法:取塑料瓶的第三部分,在其底部黏上一重物,如橡皮泥、石块、铅块、铁块等。用图画纸按图 9-23 画好两只兔子,涂上颜色,然后将它们剪下,沿虚线向后折,把两只兔子一前一后用胶水黏牢在塑料圈上(图 9-24)。

游戏方法:把跑兔放在桌上,用手推一下,兔子就左右摇摆,好像在奔跑。

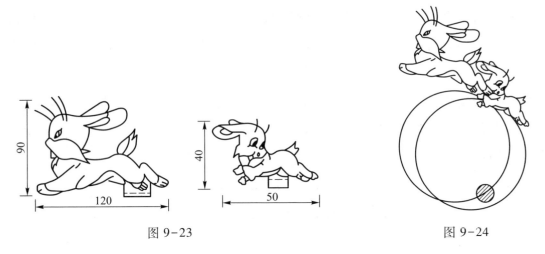

图 9-23   图 9-24

(4)猫捉老鼠。

制作方法:取塑料瓶的第四部分,瓶底向上,把下端透明部分剪成八个等分,将每个等分的一半向外折成 45°左右,再在瓶底中心钻一个小孔,嵌入一颗揿钮(图 9-25)。准备一块木板做底座,中心固定一根长约 130 mm 的粗铁丝,铁丝上端用线扎牢一根大号缝衣针,针尖向上,将风轮放置在针尖上,使针尖正好顶在揿钮中心凹槽内。按图 9-26 用图画纸画好猫和老鼠,并涂上颜色,剪下后用胶水黏牢在风轮两侧(图 9-27)。

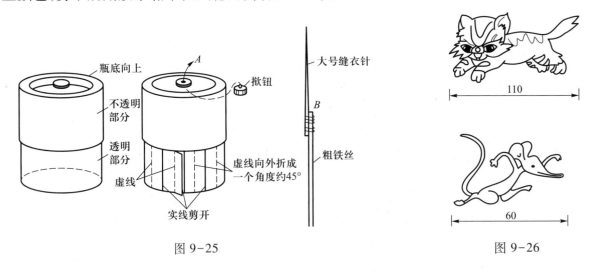

图 9-25   图 9-26

游戏方法:把风轮放在有风的地方,当风吹动叶轮,风轮开始旋转,猫就会追逐老鼠。如果用嘴对准叶轮吹气,风轮也会旋转。

3. 根据多渠道开发幼儿智力的原则,设计与制作多功能的玩教具

在这里介绍一个有趣的小教具,它能形象地演示音调的高低、离心现象、静摩擦的存在、颜色的混合、图案的变化。

制作方法：

（1）动力。取玩具电动机一台，按图9-28用薄铁片把它固定在支架上，支架用厚20 mm、长40 mm、宽25 mm的木块制成，并固定在200 mm×250 mm的木块上。接好电源，并串入一只30～100 Ω的线绕电位器，利用两节干电池串联装入电池盒中。

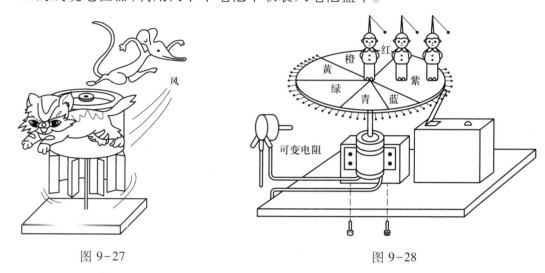

图9-27　　　　　　　　　　　　　　图9-28

（2）转盘。锯一块直径100 mm的胶合板，中心钻一小孔，孔径略小于电动机机轴直径。转盘周围均匀钉入32枚大头针，把转盘装在机轴上。取直径100 mm的白卡纸9张，将图9-29的各图形分别画在9张白卡纸上。其中(d)中的阴影半面为红色，(i)中各种颜色需按图量好角度后再涂颜色：红色45°、橙色27°、黄色48°、绿色60°、青色60°、蓝色40°、紫色80°。

（3）共鸣箱。用薄木板做一个长45 mm、宽16 mm、高35 mm的小盒，在木板上开一直径8 mm的小孔，并固定一条铜片或钢片。把小盒黏在底板上，使弹性片正好插进两枚大头针之间，让转盘能灵活转动。

（4）离心球。取三根铁丝，分别将一端磨尖，另一端弯成小环。在图画纸上按图9-30画三个小人，剪下后黏在铁丝上。铁丝按图9-28固定在转盘上，并在小环上拴一根线，线的另一端黏上一颗橡皮球。

演示方法：接通电源，转动电位器旋钮，电动机就带动转盘转动。共鸣箱上的铜片因振动而发声，高速转动时音调就高，低速转动时音调就低。

将图9-30中的各图形分别黏在转盘上。当转盘快速转动时，盘上的三角形竟变成了好几个圆形；正方形会变成圆形；螺旋会活动起来。如果转速相当于每周0.1秒时，大圆上的小圆会离开大圆滚动起来；红白各半的圆盘会变成粉红色；红橙黄绿青蓝紫七种颜色的圆盘变成了白色。

将小人安在转盘上，当转盘转动时，小人都向外倾斜，但角度却不相同。

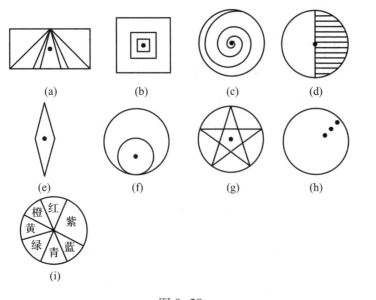

图 9-29

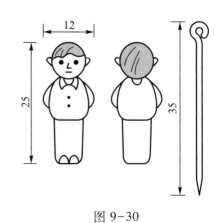

图 9-30

（a）三角变圆   （b）方变圆   （c）活动螺旋   （d）变色   （e）旋转测速

　　（f）小圆滚动   （g）同心圆   （h）三个圆   （i）白色的合成

二、平衡玩具

（一）提出问题

不倒翁是儿童喜爱的玩具,你能设计并制作出丰富多彩、各式各样的不倒翁吗?

一个小丑骑着独轮车在钢丝绳上一摇一晃地玩耍,真是快活极了! 这种高明的杂技奥妙在哪里呢? 你做一做就知道了。

（二）知识与实践

1. 稳定平衡玩具

（1）不倒翁。如图 9-31 所示,是用药盒、乒乓球、蛋壳、废灯泡等做成的各种不倒翁。在选用蛋壳时,要注意去掉较尖的一端,保留大圆头那端,要将蛋壳洗净,既可用一个蛋壳做,也可用两个大小不同的蛋壳组合而成;选用废灯泡时,把带螺母的灯尾部分和灯丝去掉,要注意安全。无论是蛋壳、药盒(乒乓球)还是灯泡,在它们的内部,可用白胶固定铁块、铅块或者沙子,也可放入橡皮泥或石膏粉加水合成糊状,用以降低重心,再用彩纸、花布做成帽子或头发等黏在开口处,然后用彩笔画出你喜欢的生动、活泼、有趣的各种形象。

（2）熊猫踩滚筒。找一个废塑料瓶做滚筒,在瓶底和瓶盖的圆心部位各钻一个小孔。用一根 30~40 cm 长的铁丝做滚筒架,找一块铅或者锡,中间钻一个孔,套入铁丝中间,把铁丝中

图 9-31　各式各样的不倒翁

间一段弯成凹形,一头穿进瓶底的小孔里,另一头穿进瓶盖的小孔里,把瓶盖旋好。注意铅块

图 9-32　熊猫踩滚筒

不能碰到瓶壁,把露在外边的铁丝弯成直角,拐弯处不要太紧靠瓶子,以免铁丝卡住瓶子。在铁丝的两头,各弯一个小环,再用一根铁丝做横梁,穿进两个小环里。在这根横梁的两头也弯成小环,使它不能滑出。画一只小熊猫(或者画顽皮的小猴子、笨拙可笑的小狗熊等),纸要选厚实一些,用剪刀把小动物剪下来,贴在横梁上。这样,玩具就做成了(图 9-32)。

玩具做好后,先要试一试重心是不是在轴线的下方。用手把横梁压平在桌面上,看滚动架能不能恢复到垂直状态。如果能,说明重心位置是正确的;如果不能,说明铅块太轻,还要加重。

把塑料瓶放在桌子上或者平坦地面上,用手推塑料瓶,塑料瓶向前滚动,熊猫踩着滚筒前进,摇摇晃晃真有趣,但始终不会倒下来。

(3)翻跟头的小猴子。如图 9-33 所示,用图画纸画一个小猴子,贴在厚纸板、胶合板或厚度均匀的泡沫材料上,干透后,把小猴子剪下来,用砂纸打磨光洁,再涂上美丽的颜色。在小猴子的重心部位,穿入一根长 5 cm 左右的粗铁丝做猴子的手臂,手臂与猴子身体之间的空隙要保证身体在其中旋转无阻。把手臂(铁丝)放在水平的双杠上,因为猴子的身体处在随遇平衡状态,所以,只要随便弹一下它的头或脚,它就能长时间转动,看上去好像是顽皮的小猴子在翻跟头呢!

图 9-33　翻跟头的小猴子

2. 不稳平衡变为稳定平衡的玩具

前后摇摆看奔马。在白纸板上画一个侧面马形,粘贴在厚纸板、厚度均匀的木板或厚度均匀的泡沫材料上[图 9-34(a)],用剪刀剪下来或用锯锯下来涂上你喜欢的颜色;找一根铁丝;

前端弯曲一个半圆形钩,粘贴在马肚子上[图9-34(b)];在马肚子底下的铁丝后端粘一团橡皮泥球或插上一个较重的小玩物,降低马身的重心位置[图9-34(c)]。制作后的小马由于重心低于后脚的支撑点,只要架住后腿,调节橡皮泥球的最佳位置,马的全身便会竖立起来前后摇晃,像个不倒翁一样,不停地动起来[图9-34(d)]。

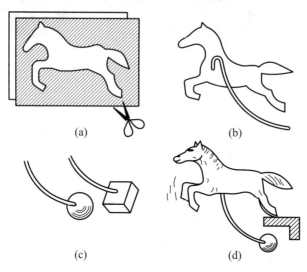

图9-34   前后摇摆看奔马

三、杠杆玩具

（一）提出问题

你有储蓄箱吗?它会活动吗?

（二）知识与实践

1. 会活动的储蓄箱

（1）制作原理。该储蓄箱利用杠杆原理。如图9-35所示,象鼻是一根较长的纸条,b点为转轴,象鼻末端A藏在象身之内的钱币入口处。由于外露的象鼻B端较重,故平时象鼻是下垂的,但当钱币一经放入而落到象鼻的末端A处,因钱币的重量而令象鼻翘高。当象鼻翘高时,钱币就会自动落入象肚内,象鼻随之垂下,回复原来的位置。

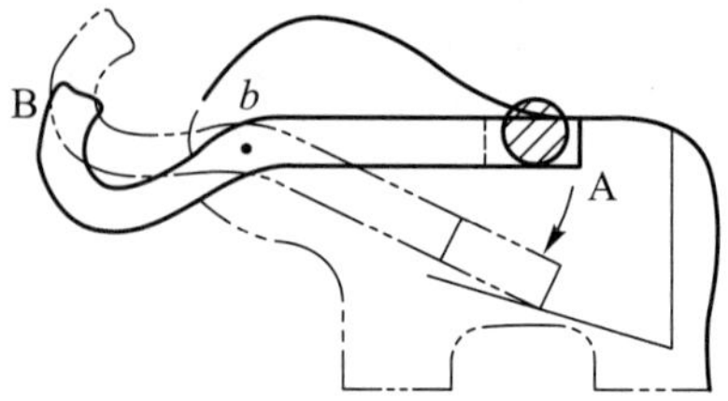

图9-35

（2）制作方法。

① 图9-36是象体,按图中的样子剪两个;象鼻和象耳朵也各剪两个。

② 把象鼻粘合成图9-37的样子,其底部用硬纸托住,另外再加一小纸块把象鼻分隔开

（图 9-37 中 c 处），使钱币只能依必经途径落入象肚。图中的 b 点是象鼻的活动支点。

③ 另用两块硬纸剪出图 9-38 的样子，其一是藏在象体内以放钱币用，其二是与象体黏合起来。

④ 在象体与象鼻相对应的地方嵌入一枚大头针，把露出的部分剪去一段，把余下来的弯曲，使象鼻不致脱出，最后黏上尾巴，就成了图 9-39 的样子，一个大象储蓄箱便做成了。

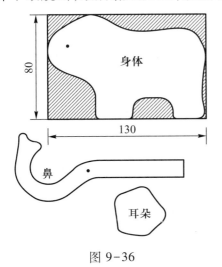

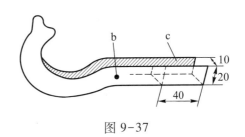

图 9-36　　　　　　　　　　图 9-37

（3）使用方法。该储蓄箱和一般储蓄箱一样，只要把钱币投入入口处便可以了。这个钱箱的最大特点是，放入钱币时，它的象鼻会自动翘起向你致意，这时钱币就会自动落入象肚中，而后象鼻也就自动垂下。

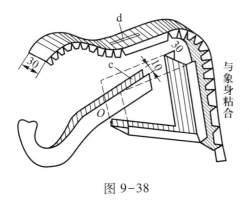

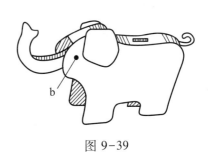

图 9-38　　　　　　　　　　图 9-39

2. 猫天平

（1）制作原理。图 9-40 是猫天平的外貌，它是利用杠杆的原理，使一只黑猫肩膀上架着一副担子，利用指针来比较两端担子的质量大小。

（2）制作方法。这只猫分两个部分，它有一个可动部分，由一根铁钉作为支点（图 9-40 中的 a 处）支撑在不动的猫身上，图 9-41 可以看到可动部分的构造。指针可用一根竹签或细铁丝。

猫的模型用一块较大的硬纸板制作。把猫的模型画在白纸的一面，剪好，再剪同样一张。两张图同时黏在硬纸板上，注意猫耳对顶，折叠后能重合。前面的一张下腹部开一个弧形的口，以便能看到指针。活动部分也要用硬纸板来做，注意剪成对称的猫前爪。砝码可用标准天平鉴定。

图 9-40

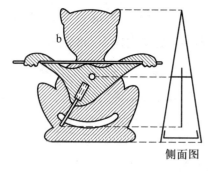

图 9-41

（3）使用方法。这样的一台天平,除了它的外形奇特之外,它还有实用价值。例如,可以用来称小朋友的小玩具的质量。当要称物时,把物品放在担子左边的盘子之上,右边盘子放入砝码,根据位于猫的下腹部指针的指示,就可知道被称物的质量是不是和砝码相同。

四、曲轴玩具

（一）提出问题

你能制作会活动的玩具吗？你了解其中的机械结构吗？

（二）知识与实践

跳动的小猴子

（1）制作原理。利用叶轮转动带动曲轴上的猴子上下跳动。

（2）制作方法。

① 叶轮。在直径约 23 mm 的软木塞上切一"十字形"刀口,深度约为软木塞厚度的一半。按图 9-42（a）形状、尺寸用薄片剪两块叶片,照图 9-42（b）插入软木塞。取长约150 mm 细铁丝一根,一头弯成"U"形,另一头穿过软木塞中心,使"U"形一头卡在两块叶片的交接处,如图 9-42（c）所示。

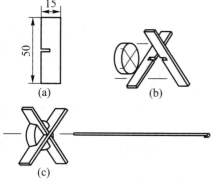

图 9-42

② 支架。用薄铁片按图 9-43 尺寸、形状,做两块支架,并钻好小孔,小孔直径稍大于铁丝直径。

③ 纸猴。用图画纸按图 9-44 所示画两只纸猴,涂色并剪下。

④ 装配。将支架固定在木板上。将叶轮上的铁丝先穿入一片支架的小孔,再把铁丝弯成两个方向相反的曲轴,并从另一片支架的小孔中穿出,弯成直角。把两只纸猴的手黏成纸圈套在曲轴上,如图 9-45 所示。

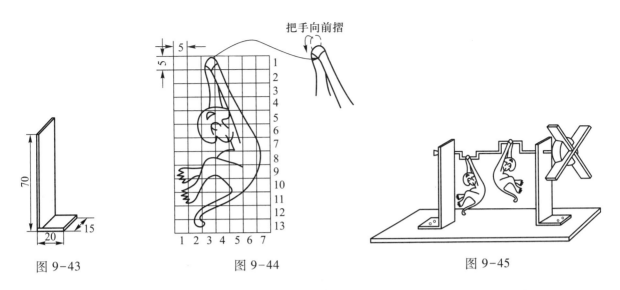

图 9-43　　　　　　　　　　图 9-44　　　　　　　　　　图 9-45

（3）使用方法。用水冲、风吹或手使叶轮转动，当叶轮转动时，曲轴上的纸猴便上下跳动。

五、储能玩具

（一）提出问题

大家在儿时都玩过惯性车、小弓箭、橡筋小青蛙、发条小汽车等玩具吧，在地上摩擦惯性车的轮子，一松手，惯性车就跑出去好远；拉紧弓弦就能把箭射出去很远；小青蛙旋紧橡筋就翻起了跟头；上好发条的玩具自己就跑了起来等，其实这些玩具都是利用了储存在体内的机械能才运动起来的。你还知道哪些储能玩具呢？你会制作吗？

（二）知识与实践

在儿童玩具中，常常利用弹簧形变化的弹性势能作为动力，带动物体活动。例如，橡筋动力的飞机，弹跳的小青蛙，会跑的小汽车等玩具，它们都是利用储存的弹性势能来驱动的。下面让我们来制作橡皮筋动力的越野炮车（图 9-46），用它来进行爬坡比赛，看谁的车爬得又高又快。

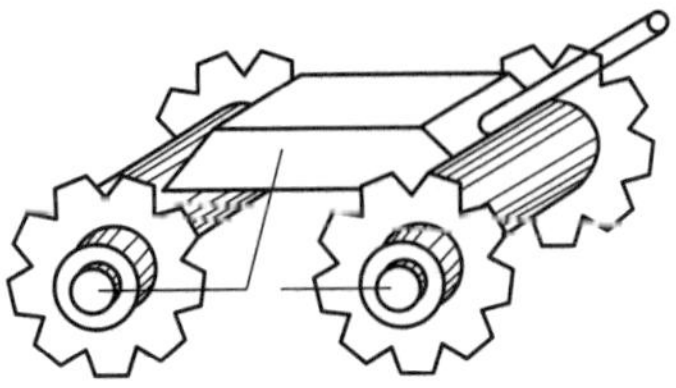

（1）找四个瓶子内塞，在中心打一个孔（图 9-47），图中长度单位均为 mm。

图 9-46

（2）用厚纸板剪成四个车轮（图 9-48）。

（3）如图 9-49 所示，用厚纸板做两个车轴筒。

（4）截四段蜡烛作轴承，在中心打个孔，并在一面开个槽，如图 9-50 所示。

（5）在轴筒中部钻孔，穿过双股细铁丝，使两个橡皮筋圈套在铁丝上，两头再弯转固定如图 9-51 所示。

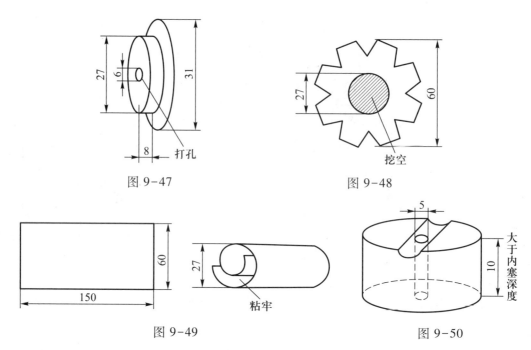

图 9-47   图 9-48

图 9-49   图 9-50

（6）使两股橡皮筋从轴筒两端拉出，穿过车轮、瓶塞、蜡烛后，套在竹签或毛衣针上，长100 mm（图 9-52）。

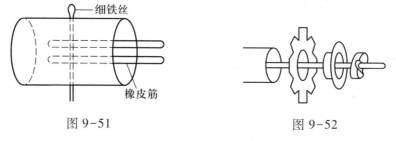

图 9-51   图 9-52

（7）剪一块长方形的硬纸，剪掉四个角，从实线处剪四个开口，再沿虚线折叠，黏成炮塔（图 9-53）。

（8）用纸卷黏一个炮管插在炮塔上，使细铁丝穿过炮塔，在塔内向前弯曲，支撑塔身。铁丝两端固定在竹签上（图 9-54）。

（9）如图 9-55 所示，先用木板支个斜坡路面，给小车上紧橡皮筋，让它沿斜坡向上行驶。比一比，看谁的小车爬得高。

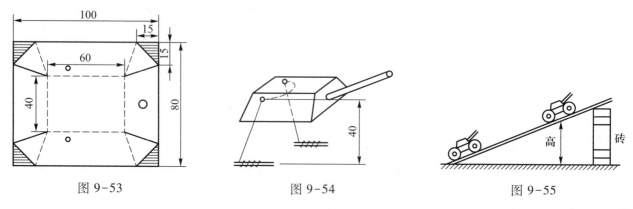

图 9-53   图 9-54   图 9-55

六、电磁玩具

（一）提出问题

你能用电磁铁制作出玩具吗？你会制作可以调节亮度的小台灯和可以调速的电风扇吗？

（二）知识与实践

1. 熊猫荡秋千

（1）制作原理。"秋千"是一个磁线圈,通电后线圈就产生磁场从而形成一个电磁铁,当这个磁场与下方永久磁铁的磁场方向相反时,互相排斥的力使"秋千"向上摆起。"秋千"摆起后,引线与秋千架上的铜片接触开关分离,电路自动断开,电磁线圈产生的磁场消失,由此产生的斥力也就消失了。"秋千"摆动到最高位置后,在重力作用下又摆回,当摆回的"秋千"与秋千架上的铜片尖端接触时,电路又接通,线圈又和磁铁互相排斥,不过此时因线圈已凭惯性冲过了竖直位置而向另一方摆动,所以磁力也将线圈向另一方向排斥。同理,线圈上摆又使引线与接触铜片分离,电路断开,磁场和斥力也消失,它上摆到一定高度后又回摆了,如此反复。

（2）制作方法。

① 材料:磁铁一块、电池两只、薄铜皮一块、直径为 0.3~0.5 mm 的漆包线、泡沫塑料、小木板。按照图 9-56（a）所示尺寸（单位 mm）,用木板做成底座 1、秋千架 2、电池盒 3,横梁上固定两个铜丝挂环 4,底座上固定一块永久磁铁 6（这里不用蹄形磁铁,为什么?）。

② 电磁线圈的制作:如图 9-56（b）所示,锯一段截面积长约 40 mm、宽约 25 mm、高约 10 mm 的木块,用漆包线在木块上绕 20 匝后取下,用线扎紧,并在线圈两短边的中点各留出长约 120 mm 的引线,将引线两端约 20 mm 一段的漆仔细刮干净,弯成小圆圈,秋千的电磁线圈就做好了。若线圈用 0.5 mm 线径的漆包线绕制,其引线也是这种漆包线;若用线径 0.3 mm 左右的漆包线绕制,两引线用线径为 0.5 mm 的漆包线或铜线。

③ 自动断续开关的制作:按图 9-56（c）所示,把一小片薄铜皮剪成图示形状,用图钉钉在秋千架的一根立柱上,如图 9-56（a）的 5,其位置约在铜丝环下方 15 mm 处。

④ 进行组装。首先把电磁线圈悬挂在秋千架的铜丝挂环上,调整铜片接触开关,使它的尖端刚好与自然下垂的电磁线圈的引线的裸露部分接触。再调整永久磁铁,使它位于电磁线圈的正下方,极面和线圈相距不超过 10 mm。这时,如果将电池放进电池盒,推动电磁线圈,它便像钟摆一样周而复始地摆动起来。在线圈外部粘上绘有简单图案的纸条,并在线圈上粘有一个用泡沫塑料剪制的熊猫。最后对整个玩具进行全面的修饰,这样,一个"熊猫荡秋千"的电磁玩具就全部完工了,如图 9-56（d）所示。

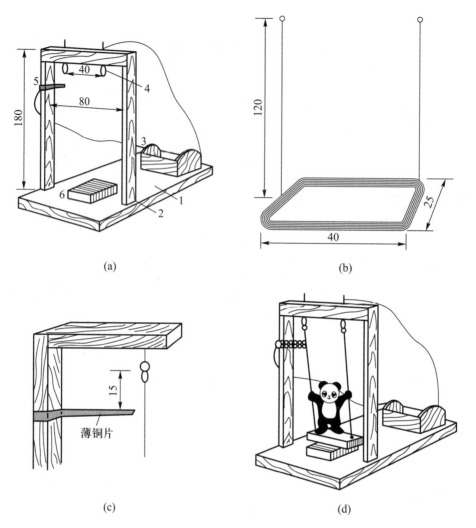

1—底座；2—秋千架；3—电池盒；4—铜丝挂环；5—图钉；6—永久磁铁。

图 9-56   自制"熊猫荡秋千"

2. 可以调节亮度的小台灯

图 9-57(a)是电路图，图 9-57(b)是固定在木板底盘上的实物图。

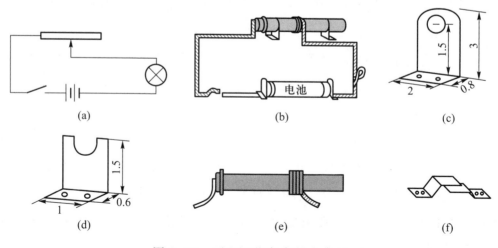

图 9-57   可以调节亮度的小台灯

取废旧电池的碳棒一只,铁皮一块,其厚度为 0.5~0.8 mm、长为 100 mm、宽为 40 mm(这里也可以用较厚些的废罐头盒皮),电池 1~2 节,小电珠、小灯头一套,细导线 2 m 左右,120 mm×180 mm 的刨光木板一块,透明胶纸若干。按图 9-57(c)和(d),用铁皮剪制成电池夹两个、电阻架两个。在电池夹上砸出直径为 5 mm 的凹坑,安装时相对两个一个凹朝里,一个凹朝外。将30 cm长的一段细导线用砂纸磨去两端绝缘皮(约 10 mm),一端放在电池碳棒上绕两圈,把铜芯紧贴碳棒,然后用透明胶纸在两圈电线外粘紧,用手推动线圈并能左右滑动,在碳棒的铜帽上焊一节 300 mm 长的细导线,两端用砂纸除去 10 mm 的绝缘皮,如图 9-57(e)所示,并按图 9-57(f)所示制作一个开关,最后安装成图 9-57(b)所示形状。这样,一个简便、别致的,可以调节亮度的小台灯就制成了。

3. 按扣开关

如图 9-58 所示,把两根电线头分别焊在按扣的两片上,同电池、灯泡组成串联电路。

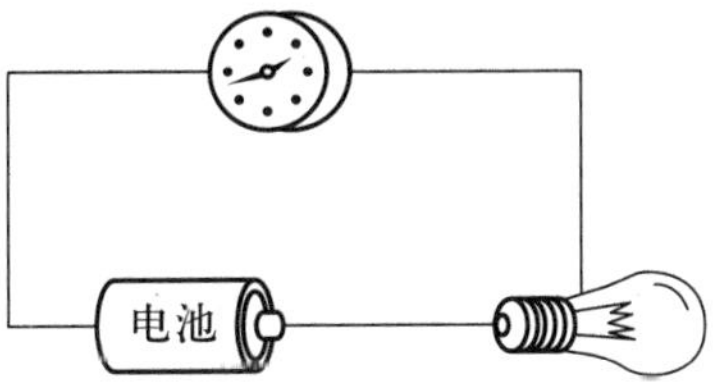

4. 可以调速的电风扇

取小电机一个,薄铁片一块,6 B 铅笔半支,电池两节,漆包线 1 m左右,小开关两个。

图 9-58　按扣开关

按图 9-59(a)所示制作小电风扇。

按图 9-59(b)所示制作调速器。

按图 9-59(c)所示用导线连接电风扇、电池、开关。这样,一个可以调速的小电风扇就制成了。

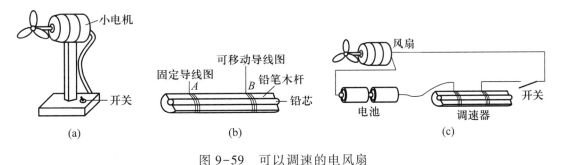

图 9-59　可以调速的电风扇

七、 魔壶与魔棒

(一) 提出问题

每当你渴了的时候,总想喝一杯汽水、果露水或酸牛奶。那么,你家里的水壶能同时倒出"牛奶""汽水"和"果露水"吗?

灭火要用灭火器、水、沙子等。今天我们用空壶灭火,你想不想亲手做做看?

这根魔棒,我是向孙悟空借来的,它有点魔气!信不信?请看魔术表演。

(二)知识与实践

1. 魔壶

准备:往一个盛有三杯清水的茶壶中,倒入一调羹粉末状的食用碱,用筷子搅拌,使它完全溶解。取三个无色无花纹的透明茶杯,在第一个杯中放入芝麻粒大小研碎的果导片(泻药或酚酞);在第二个杯中放入黄豆粒大小研碎的明矾;在第三个杯中倒入几滴白醋。

表演:表演者把茶壶中的"水"倒入第一个茶杯中,结果出现一杯"果露水";倒入第二个茶杯中,出现一杯"牛奶";倒入第三个茶杯中,出现一杯"汽水"(图9-60)。

原理:食用碱(碳酸钠)的溶液显碱性,当它遇到果导,会使果导中的酚酞显红色,所以第一杯中出现"果露水";当碳酸钠溶液遇到明矾中的硫酸铝,会生成白色难溶的氢氧化铝,所以第二杯中出现"牛奶";当碳酸钠溶液遇到白醋中的醋酸,会产生二氧化碳气体,所以第三杯中出现"汽水"。

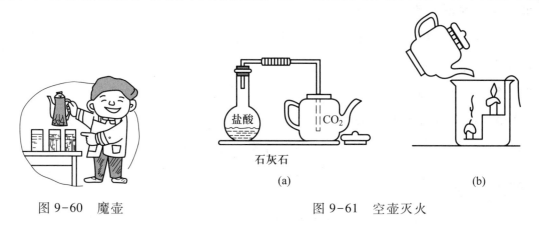

图 9-60   魔壶   图 9-61   空壶灭火

2. 空壶灭火

准备:在平底烧瓶里,装 10~14 小块石灰石碎块,加入稀盐酸约 50 mL,用向上排空气法收集二氧化碳于茶壶中,如图 9-61(a)所示,然后用点燃的火柴在壶口检验,如火熄灭说明已收集满。在烧杯中放入 2 支点燃的蜡烛(一高一低)。

表演:把充满二氧化碳的茶壶嘴对着烧杯,像倒茶水一样将二氧化碳倒入烧杯中,低层的蜡烛先熄灭,接着高层的蜡烛也熄灭(图9-61(b))。

原理:石灰石与盐酸能发生化学反应,生成二氧化碳气体

$$CaCO_3+2HCl=CaCl_2+H_2O+CO_2\uparrow$$

二氧化碳气体能灭火,而且它的密度比空气大,倒入烧杯的二氧化碳气体,先沉在杯底,然后充满烧杯。所以,下面的蜡烛先熄灭,上面的蜡烛后熄灭。

3. 魔棒

(1)玻璃棒点火。

准备:在瓷坩埚或蒸发皿里,放入少量研细的高锰酸钾晶体,再往晶体上滴几滴浓硫酸,轻轻地用玻璃棒把它们混合均匀。手持玻璃棒的中间,两端先蘸有上述混合物。

表演:用玻璃棒一端去接触酒精灯芯,就着火了;再用另一端去接触另一个酒精灯芯,又着火了。

原理:高锰酸钾有很强的氧化性,它和浓硫酸作用生成氧化性更强的七氧化二锰

$$2KMnO_{4(固)}+H_2SO_{4(浓)} \xrightarrow{冷却} K_2SO_4+Mn_2O_7+H_2O$$

七氧化二锰遇酒精等易燃烧物就立刻燃烧。

(2)棉棒开汽车。

准备:用碘酒在一张白纸上画一辆新式小汽车,晾干待用。然后再用棉棒蘸硫代硫酸钠液体。

表演:表演者说:"这根棉棒,我是向孙悟空借来的,它会开汽车。"接着表演者将用棉棒从车头处画到车尾,棕色的汽车消失。

原理:碘酒与硫代硫酸钠($Na_2S_2O_3$)反应失去单质碘,使棕色消失。

八、 指示剂变色的小魔术

(一) 提出问题

在电视中,我们都见过火山爆发的奇观,但不知你们见没见过水中的"活火山"?

将喷雾器的液体喷到白花白叶上时,就会出现一盆盛开不同颜色的"鲜花",你们知道这其中的奥妙吗?

大家在欣赏花时,看没看过花是忽显忽隐的?

(二) 知识与实践

1. 水中活火山

准备:在空墨水瓶里面加入 0.5 mL 酚酞溶液,瓶口上系着绳子,在大烧杯中盛着冷的纯碱(Na_2CO_3)溶液。

表演:在墨水瓶中加满开水,然后提起绳子把墨水瓶沉进盛着冷的纯碱溶液的杯底。这时可立刻看到墨水瓶中的液体迅速变红,同时从瓶口喷出,形成红色的蘑菇状,像"火山"爆发一样(图9-62)。

图9-62　水中活火山

原理:热水(有少量酚酞)分子间距离较大,比重比纯碱溶液小,在冷纯碱溶液中具有浮力,所以墨水瓶里酚酞的水分子(运动速度快)就往上升喷出瓶口;而冷的碱液补充进去,使瓶里的液体很快地变成了红色,红色液体向外喷出,直至水面才慢慢地扩散开来。

2. 变色花

准备:取6张滤纸(或其他吸水性好的白纸)分别在亚铁氰化钾溶液、硫氰化钾溶液和较浓的酚酞溶液里浸泡透,取出晾干。然后用浸过亚铁氰化钾溶液的滤纸做花的叶子,再用浸过硫氰化钾溶液的滤纸做花和花蕾(做中部花),用浸过酚酞溶液的滤纸做的花和花蕾为上部花,这样就做成了一盆(白花白叶)花。喷雾器2个,并分别装有5%的三氯化铁溶液和10%的氢氧化钠溶液。

表演:将这盆花搬到桌上,看起来很不好看,这时拿起装有5%三氯化铁溶液的喷雾器往花的中部和下部喷,再拿另一喷雾器(装有10%的氢氧化钠溶液)往花的上部喷。结果花的中部和下部的叶子变成蓝色,花和花蕾变成红色,最上部的花和花蕾变成鲜红色。

原理:三氯化铁和氢氧化钠,分别与纸上的亚铁氰化钾、硫氰化钾和酚酞反应生成蓝色、红色和鲜红色(图9-63)。

图 9-63　变色花朵

图 9-64　忽显忽隐的小红花

3. 忽显忽隐的小红花

准备:取半片果导片(或用酚酞),放入盛有半杯清水的茶杯中,使其溶解。再用棉签蘸取接近无色的果导溶液,均匀地涂在一张白纸上晾干待用。氨水1瓶,棉签2个(图9-64)。

表演:用干净的棉签蘸取氨水少许,在上述白纸上画上一朵小花,白纸会很快显出这朵小红花来,十分好看。然后把这张白纸放在火焰上略微烘一下,小红花又很快地消失。

原理:果导片含酚酞,氨水显碱性,它能使酚酞溶液变红,所以会画出红花来。又因氨水受热,生成的氨气跑到空气中去了,所以红花又会消失得无影无踪。

4. 捉狐狸

准备:事先在纸上用彩色笔画好树林、农舍、鸡窝、猎人等,并用毛笔(或棉签)蘸无色酚酞溶液画一只在一棵树后面探头探脑窥视鸡窝的狐狸,待酚酞溶液干后狐狸就销声匿迹了。然后再在画前各放一碗清水、白醋、碱溶液(家用碱),干净毛笔三支。

表演:表演者说:"这幅画里藏着一只狡猾的狐狸,已经偷吃好几只鸡了。下面我就用这几种溶液帮助猎人找狐狸。"接着表演者用毛笔蘸取碱溶液在画上涂到隐形的狐狸时,狐狸即会显出红色的形体来,而清水和白醋都不能使狐狸显形。

原理:酚酞遇酸性(白醋)或中性(水)液体都不变色,而遇到碱性液体则显红色。

5. 化学密信

准备:用钢笔蘸取酚酞溶液,在白纸上认真书写,晾干后(几乎看不见痕迹)待用。然后再准备好氨水和棉签。

表演:用棉签蘸取氨水,在白纸上轻轻涂抹,会出现红色字迹。

原理:酚酞遇碱溶液显红色。

九、 几种有机物的小魔术

(一)提出问题

你见过西瓜灯吗?

你会自己调制一杯三色的"鸡尾酒"吗?

你能解释今天用的糖为什么不溶于"水"吗?

(二)知识与实践

1. 西瓜灯

准备:西瓜一个,尖嘴玻璃滴管一只,桃核大小的电石(石块)一块。

表演:用刀在西瓜的顶端连皮带肉地挖取一块圆锥形的瓜肉,请一位观众将瓜肉吃了(表示瓜是真正的瓜)。然后将玻璃管插在圆形瓜皮的中央,作为导管。再将石块(电石)抛在地上,大家一听响声便知道是块石头,然后投入西瓜里的陷处。并十分敏捷地把带尖嘴导管的瓜皮紧紧地盖在西瓜上,左手托起西瓜,右手挤压瓜皮。与此同时,另一位表演者迅速擦亮一根火柴,并在导管的尖嘴处一点,立即燃烧起白炽光亮的火焰(图9-65)。

原理:西瓜的水分能与电石(碳化钙)发生反应,放出可燃的乙炔气

$$CaC_2+2H_2O \!=\!=\! Ca(OH)_2+C_2H_2\uparrow$$

$$2C_2H_2+5O_2 \xrightarrow{\text{点燃}} 2H_2O+4CO_2\uparrow$$

注意:导气管不宜太短(15 cm左右),瓜皮盖必须压紧。否则,生成的乙炔气可能从瓜皮盖周围的缝隙中漏出,点燃时易伤手。

2. 人造雪

准备:把樟脑精块研成细末,铺在烧杯(或易拉罐)底部,在加盖的烧杯中倒挂一枝带有绿叶的树枝(松柏叶最好);酒精灯一只(图9-66)。

表演:在烧杯下用酒精灯加热,过一会儿,就会看到杯底的粉末不见了,绿叶上积了一层"白雪"。

原理:樟脑精粉末在常压下加热,不经过熔化就直接变成白色蒸气,蒸气遇到温度低的绿叶,重新凝成固体(萘升华和凝华现象)。这就是所谓绿叶上的"白雪"萘。

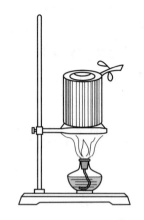

图 9-65 西瓜灯   图 9-66 人造雪

3. 一杯三色的"鸡尾酒"

准备:向量杯(或用试管)中依次倾入等量的二硫化碳、清水和乙醚(要避免混合,为此要轻轻地倒)。将 100 mg 碘晶体磨细(保留三粒芝麻粒大的晶体),再与磨细的 1.5 g 硫酸铜粉末混合后包在纸中。

表演:先将杯中的三种分层的无色液体给观众看,然后打开小纸包,把药粉倒在量杯中。同时拿起量杯轻轻地摇动,杯中的液体显出三种不同的颜色,即下层深紫色、中层淡蓝色、上层黄褐色,就像一杯三色的"鸡尾酒"(图 9-67)。

原理:乙醚、二硫化碳均不溶于水,且二硫化碳比水重,乙醚比水轻,因此二硫化碳沉在量杯底部,乙醚浮在液面上,而水在中间。碘溶于乙醚呈黄褐色,硫酸铜只溶于水显淡蓝色,碘微溶于水,但易溶于二硫化碳,呈紫色。

注意:乙醚和二硫化碳易燃,应远离火。乙醚蒸气有麻醉作用,不宜多闻。

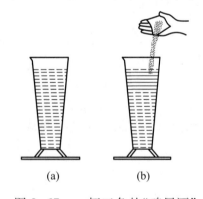

(a)   (b)

图 9-67 一杯三色的"鸡尾酒"

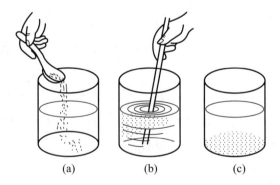

(a)   (b)   (c)

图 9-68 不溶于"水"的糖
(a)水   (b)酒精   (c)糖

4. 不溶于"水"的糖

准备:取 3 个烧杯分别装有水、酒精和白糖少许。

表演:往一杯水中放一汤匙糖(图 9-68(a)),用筷子一搅,糖很快就溶解了。再取一汤匙糖放入另一杯"水"(酒精)中(图 9-68(b)),无论怎样搅拌,糖就是不溶解(图 9-68(c))。

原理:糖易溶于水,而不溶于酒精。由此可见,同样的物质,在不同的溶剂里溶解的程度是不同的。

5. 变色字画

准备:用毛笔或棉签蘸米汤或较稀面浆,在白纸上写字绘画,晾干以后,纸上什么也看不清;烧杯(或用铁罐)里面装有 2 mL 碘酒;酒精灯一只。

表演:将装有碘酒的烧杯加热,过一会儿把用米汤已经画好画的纸面放在烧杯的上面,一会儿纸上便出现了紫色字画。

原理:碘酒的主要成分是碘和酒精,当碘酒受热后,碘就变成碘蒸气。米汤的主要成分是白色的淀粉,淀粉碰到碘会发生化学反应,变成蓝色。

十、魔　瓶

(一) 提出问题

同学们见过瓶里的水会反复变色吗?

你能为小朋友做一个不把鸡蛋打碎装入奶瓶中(鸡蛋比瓶口稍大一些)的小魔术吗?

(二) 知识与实践

1. 奇怪的蓝瓶子

准备:在烧瓶中放入 4 g 葡萄糖(一角匙)、2 g(11 粒左右)氢氧化钠,加入极少量的亚甲蓝,再冲加温水(约占 3/5 左右),用橡皮塞塞紧待用。

表演:摇动瓶子时,瓶里的液体由无色变为蓝色,摇动时间越长,颜色越深。然后静置,不久液体又变成无色了。该蓝瓶子可反复使用几十个小时。

原理:亚甲蓝是一种有机染料,在碱性溶液中会被葡萄糖还原成无色的物质。当摇动瓶子时,溶液中溶解了较多的氧气,使无色物质氧化成亚甲蓝。静置后,溶液中的氧气部分逸出,亚甲蓝又被还原成无色物质。

2. 会变魔术的瓶子

(1)"橘子水"失效。

准备:在圆底烧瓶(瓶门稍大)内装约 3/4 碘酒(以茶色为宜);瓶塞一个,在塞底面的中间打一个浅孔(不要打穿),取硫代硫酸纳颗粒装满小孔,再用糖米纸或纱布将塞子包一下(纱布要小)塞紧瓶口,别摇动。

表演:表演者轻轻地摇动瓶子,会看到原先的茶色没了,奇妙极了。

原理:碘酒与硫代硫酸纳($Na_2S_2O_3$)反应失去单质碘,使茶色消失。

（2）奇妙的"自来水"。

准备：在三个烧杯中分别滴入酚酞、氢氧化钠溶液和硫酸溶液（浓度要大于碱），使之均匀黏附在烧杯的内壁上，不细观察看不出痕迹；烧瓶一个。

表演：将烧瓶涮好后，再装自来水倒入三个杯子中。然后把第一、二杯"水"倒入空瓶中变红色，接着再将第三杯"水"也倒入瓶中又变无色。

原理：当把第一、二两杯"水"倒入空瓶中，酚酞溶液遇氢氧化钠溶液（碱液）变红。接着再将第三杯"水"也倒入瓶中，则因加入硫酸溶液使碱溶液得到中和而且过量，溶液呈酸性，酚酞在酸性溶液中显无色，所以瓶中的溶液又变为无色。

3. 鸡蛋入瓶

准备：将煮熟的鸡蛋（鸡蛋略大于牛奶瓶口），放在装有白醋的碗里浸泡，直到蛋壳变软为止，取出鸡蛋待用；牛奶瓶里装有少量的水。

表演：将鸡蛋的小头对准瓶口，用力把鸡蛋压入瓶中，只见鸡蛋落入奶瓶中，而且鸡蛋并没有碰破。

原理：鸡蛋壳的主要成分是碳酸钙，它能与醋发生反应，使蛋壳软化，反应方程式是：

图 9-69　鸡蛋入瓶

$$CaCO_3+2CH_3COOH =\!=\!= Ca(CH_3COO)_2+CO_2\uparrow+H_2O$$

牛奶瓶中放少量水的目的是防止鸡蛋碰碎（图 9-69）。

十一、金属和金属盐的小魔术

（一）提出问题

水为什么能将酒精灯点燃？

白纸为什么能显几种颜色的字？

你想不想给小朋友做一个"瓷盘撒盐起烟花"的小魔术？

（二）知识与实践

1. 水点酒精灯

准备：在酒精灯芯里藏着黄豆般大小的金属钾；再从热水瓶里倒出半杯水，接着用滴管吸取开水待用。

表演：表演者说："用水能点燃酒精灯吗？"观众会回答："不能。"表演者却回答说："能。"接着就将水一滴一滴地滴在酒精灯的灯芯上，只听到"啪"的一声响，酒精灯被点着了（图 9-70）。

原理：金属钾块遇到水滴时，便发生反应，放出大量的氢气，且温度急剧上升，从而点燃了酒精灯。

图 9-70　水点酒精灯

图 9-71　白纸显字

2. 白纸显字

准备:将硫氰化钾、黄血盐、水杨酸、单宁酸四种药品分别用温水溶解,然后根据需要的颜色,分别用棉签蘸各种溶液在白纸上写字,晾干后,白纸上看不清什么痕迹。同时还要取少量的三氯化铁溶于水中(浓度 5% 左右),再把水溶液倒在喷雾器(或用发胶瓶代替)里。

表演:把三氯化铁水溶液喷到字画上,立即呈现出血红色、深蓝色、淡紫色和蓝黑色的字(图 9-71)。

原理:三氯化铁分别与硫氰化钾、黄血盐、水杨酸、单宁酸(或叫鞣酸)发生反应,生成血红色的硫氰酸铁、深蓝色的普鲁士蓝(亚铁氰化铁)、淡紫色的水杨酸铁和蓝黑色的鞣酸铁。所以当三氯化铁溶液一喷到白纸上,就会显出不同颜色的字。

3. 瓷盘撒盐起烟花

准备:在三个纸包中都包有 5 g 氯酸钾和 4 g 葡萄糖混合均匀的粉末。并在第一包中还要加 3 g 氯化钙粉末;在第二包中加 3 g 硝酸钡晶体;在第三包中加 3 g 氯化铜晶体。并且在临表演前,分别在三个瓷盘中加 2 mL 浓硫酸(量不要太多,而且不要早加浓硫酸,因它具有吸水性)。

红　绿　蓝

图 9-72　瓷盘撒盐起烟花

表演:表演者当众打开第一包药品,将其中的晶体放在铝勺中,然后把它撒在瓷盘中,立刻产生一盘红艳艳的烟花。接着照样操作,将药品撒到另两个盘子中,产生一盘绿色和一盘蓝色的烟花。如果在混合物中加 2 g 镁粉和 2 g 铝粉,则产生一盘白炽耀眼的焰火(图 9-72)。

十二、种子发芽装置

(一) 提出问题

种子发芽需要什么条件? 种子发芽需要怎样的装置呢?

（二）知识与实践

1. 制作原理

狭义上说，种子是裸子植物和被子植物特有的繁殖体，它是由胚珠经过传粉受精形成的。一般由种皮、胚、胚乳三部分组成，有的植物成熟的种子只有种皮和胚这两部分。种子还有多种适于传播或抵抗不良条件的结构，为植物的种族延续创造了良好的条件。

图 9-73   自制种子发芽装置

2. 制作材料

食用油桶一个、绿豆 70 g、自来水适量、比桶底大小稍大点的盆一个、与桶口大小相同的盘子一个（图 9-73）。

3. 制作方法

（1）取一废旧食用油桶，将其自上部 1/4 裁掉并洗干净；在桶底部凹处扎 6~8 个小孔，用来排水。

（2）用黑塑料袋包裹在桶壁的外侧，做一下遮光处理。

（3）取 70 g 绿豆加入温水泡制 12 小时，一定要泡透。

（4）将泡好的绿豆倒入桶内，在桶底部铺均匀，然后淋水。

（5）把桶放置在比桶底大小稍大点的盆子里。

（6）从桶的上部缓慢淋水，不要急于淋透。

（7）每天早中晚从上部淋水，一天至少三次。一般夏季豆芽发至三天即可长到 18cm 左右。

（8）不淋水时，记得在桶的上部盖上一个与桶口大小相同的盘子。

（9）泡到第二天早起时，你会发现绿豆已经从中部钻出小芽了。

4. 观察与结论

实验中用的种子必须有生命力且有完整的胚，不要干瘪的种子。

种子的萌发需要适量的水分，充足的空气，适宜的温度。种子萌发时，首先是吸水。种子浸水后使种皮膨胀、软化，可以使更多的氧气透过种皮进入种子内部，同时二氧化碳透过种皮排出，里面的物理状态发生变化；其次是空气。种子在萌发过程中所进行的一系列复杂的生命活动，只有通过不断地进行呼吸，得到能量，才能保证生命活动的正常进行；最后是温度，温度过低，呼吸作用受到抑制。种子内部营养物质的分解和其他一系列生理活动，都需要在适宜的温度下进行。

十三、自制生态瓶

（一）提出问题

把小蜗牛、小鱼放在一个封闭的瓶子里,他们能活多久?怎样才能让它们活的时间更长一些呢?

（二）知识与实践

将少量的植物、以这些植物为食的小动物和其他非生物物质放入一个密闭的光口瓶中,形成的一个人工模拟的微型生态系统,我们把这样的装置叫作生态瓶,它是一个密封的生态系统(图9-74)。

图9-74　生态瓶

1. 制作原理

在生态瓶内,小动物以植物为食,吸收植物光合作用释放出的氧气得以生存。植物则依靠自身的叶绿素,利用阳光、水和小动物呼出的二氧化碳进行光合作用,合成自身需要的葡萄糖,同时释放出氧气。小动物排出的粪便由细菌分解,分解后的粪便正好成为植物的肥料。可见,生态瓶内各生物互相依存,得以长期生存。

2. 制作材料

适量的水草、浮萍、水生小动物(如小鱼、小虾、田螺、蜗牛等)及自来水,小沙子、小石子若干,透明的瓶子一个、凡士林。

3. 制作方法

（1）准备一个透明的瓶子,塑料或玻璃的都可以。第一次使用时,用热水洗涤,必要时可加一些小苏打。

（2）用自来水冲洗干净小沙子和小石子,并将它们装入瓶底并铺满一层;在瓶中装入大半瓶自来水,注意装入的水应该在阳光充足的地方晒两天以上。

（3）在瓶子里"种"上几棵有根水草,并在水面放一些浮萍。这里需要注意的是加入生态瓶中的植物一般为藻类,应该先将水加到位,然后再放植物,从而避免加水时把植物冲起来。

（4）把小鱼、小虾、田螺、蜗牛等放进去。注意可以在原来小鱼所在的水缸中放进一个塑料袋,将小鱼转移到这个塑料袋中,然后连水带鱼一起转移到生态瓶中,约1.5小时后,你就可以放心地把小鱼放到生态瓶中了。

4. 观察与结论

我们通过观察发现生态瓶是密封的,因此不能加入任何食物或气体,唯一可进入系统的是光线,整个系统也是靠光线作能量推动的。光线及水中的二氧化碳让藻类可以进行光合作用,产生氧气,它们会使用水中的无机营养物,因此藻类是生态系统中的生产者;小鱼呼吸用去氧气,放出二氧化碳,并以藻类及细菌为食物,排出废物,因此小鱼是生态系统中的消费者;细菌则把小鱼的排泄物分解成无机营养物,供藻类使用,所以细菌是生态系统中的分解者。生态瓶中减少水量和增加动物、植物的数量会引起生态群落的变化,如减少水量、增加动物的数量会使小鱼浮出水面呼吸的次数增加。生态瓶中的各种生物及其生活空间里的各种事物,构成了相生共存的生态系统。这个生态系统是一个和谐的整体,需要很长时间才能形成,所以其中任何一个环节受到了破坏,生态瓶中的生态系统都可能会失去平衡。

结论:小小生态瓶实际上是地球生态系统的缩影,它生动直观地演示了生物与环境之间的相互依存关系。该生态瓶制作容易,且可长期使用。

拓 展 阅 读

(一)科学童话故事——汞孩子

在金属大家族里,要数铁爷爷德高望重了。这不,铁爷爷倡议举办一次金属家族联欢会,谁不积极响应呀！大联欢那天,80多户金属的众多成员从世界各地陆续赶来,进入会场。

铁爷爷的孙子当门卫,忽见一个怪家伙往门里撞,他穿的好像是特制航天服,整个身子上上下下被这无缝"天衣"严严实实地裹着。因此,这来者显得有些笨手笨脚。

铁门卫赶紧履行职责,伸手挡驾:"干什么的?""来参加联欢会呀。"来者答道,"我叫汞,金属家族的一员。"

铁门卫伸长脖颈,咄咄逼人地注视这奇怪的小伙子:"你穿的究竟是什么？来参加联欢会的同胞们,谁像你这般穿着呢?"

"这个……这叫降温服,全身上下穿上它,能使我的体温保持在零下39 ℃。"汞小伙摸摸自己的降温服答道,"只有在这个温度下,我的身体方能保持固体状态,才可以来参加联欢会。否则在常温下,我就要化为液体;假若加温到300 ℃以上,我还会沸腾汽化——这样的话,我……"

这番解释不仅没消除铁门卫的怀疑,反而使他疑虑更重。不是么,铁门卫见到的金属同胞,个个都是固体,可怎样才能探明汞小伙的真实身份呢?聪明的铁门卫拍拍后脑勺,眼珠一转,有了主意,他一伸手,大声说:"拿来!"

汞小伙一愣:"要什么?"

"我爷爷的请柬呀!"

"这个……"果然,汞小伙支支吾吾,"我忘……忘记带来了……"

铁门卫冷笑着说:"恐怕不是这样吧?"

汞小伙低下头,片刻,他扬起头来,决然地说:"讲实话吧,我们汞家没收到请柬。不过我听到消息,自己来了,因为我确确实实是金属哇!"

恰巧铊大婶这时也来参加联欢会,她打量了一下汞小伙,就嚷起来:"原来是你呀,你一家可不是好东西哟!"她又转向铁门卫,"铁小弟千万不能把这姓汞的放进去,要不,会出乱子哟! 他在常温下会化为银白色的液体:'水银'! 水银能把什么金、银、锡等等金属都融解掉。我的女儿……呜呜"铊大婶悲伤地哭起来。

门外的吵闹声惊动了会场里的众金属成员。大伙拥出门来,金大伯、银小弟几个拥上前来动手就解汞孩子的服装。

汞小伙急得哇哇大叫:"解不得呀! 解去了降温服,我会化为水一样的液体,你们沾上也危险呀!"吓得大伙住了手。

就在这时,铊大叔分开众金属挤进来,对抹眼泪的妻子劝道:"唉,我说老伴,咱们的女儿和汞结合是喜事、好事嘛……"

原来,事情是这样的:人类社会需要一种低温温度计,而制成这种温度计需要汞和铊做出贡献。铊姑娘也爱慕汞小伙,于是两者结合融为一体,结合后制成了低温温度计。

铊大叔劝好了妻子,同情地瞅瞅被围攻的汞孩子,向大伙挥挥手,高声说道:"据我了解,说句公道话啦,汞确实能与金、银等许多金属结合,可是他用这一特殊本领,和其他金属一道,为人类社会做了许多贡献呀!"

"最早的玻璃镜,就是利用汞制成的。再说现代吧,人类牙科医生用来补牙的银白色固体,也是汞与银结合制成的。用汞还能制成电路开关、水银扩散泵、日光灯、高压水银灯等。还有当汞变成液体流过含金矿砂时,混合于其中的金子会与汞结合而从矿砂中分离出来,然后,把含有金子的汞加热蒸发,纯金就诞生了,金家族可真该感谢汞呢? 还有,汞有很强的杀菌力,用汞还能制成外科消毒剂,如人们常用的红药水,还有人们用来驱除体内寄生虫的山道年甘汞片。汞在医学上的用途是很大的。"

铊大叔的话,使金属大家族里的伙伴们对汞有了新的认识,特别是铁门卫、金大伯、银小弟这几位,面对汞小伙,脸上露出十分歉意的笑容。

忽然,一位老者的呵呵笑声飞了过来,原来是闻讯赶来的铁爷爷。

他头发雪白,银须飘飘,健步走到汞小伙面前,亲切地拍拍汞小伙的肩,连声地说:"对不起,对不起! 小伙子,我忙乱中,竟忘了给你们汞家发请柬,实在对不起! 你们汞与我们大家相比,虽有些与众不同之处,可毕竟是金属,是我们的同胞,应该写进金属家族成员登记簿。"

"今天这个联欢会,应该有你参加。你来得太好了,我代表大家热诚欢迎你参加啊!"

降温服里的汞小伙笑了……

（二）种子的力量

有这样一个故事。有人问世界上什么东西的力气最大。答案多得很,有的说是象,有的说是狮子,有人开玩笑似的说是金刚。金刚有多大力气,当然大家都不知道。结果,这些答案完全不对。世界上力气最大的是植物的种子。

一颗种子可能发出来的"力",简直超越一切。这儿又是一个故事。人的头盖骨结合得非常致密,非常坚固,生理学家和解剖学者用尽了方法要把它完整地分开,都没有成功。后来有人想出一个方法,就是把一些植物的种子放在头盖骨里,配合了适当的温度,使种子发芽。一发芽,这些种子就发出可怕的力量,把一切机械力所不能分开的骨骼完整地分开了。植物种子的力量竟有这么大!这也许特殊了一点,一般人不容易理解。那么,你见过被压在石块下面的小草吗?为了要生长,它不管上面的石块怎么重,石块跟石块的中间怎么窄,总要曲曲折折地、顽强不屈地挺出地面来。它的根往土里钻,它的芽向地面透,这是一种不可抗拒的力,阻止它的石块终于被它掀翻了。一颗种子的力量竟有这么大!

没有一个人把小草叫作大力士,但是它的力量的确谁都比不上。这种力是看不见的生命力。只要生命存在,这种力就要显现。上面的石块丝毫不能阻挡它,因为这是一种长期抗战的力:有弹性,能屈能伸的力;有韧性,不达目的不止的力。一颗有生命力的种子,如果不落在肥土里,落在瓦砾里,它绝不会悲观,决不会叹气。它相信有了阻力才有磨炼。只有这种草,才是坚韧的草。也只有这种草,才可以骄傲地嗤笑那些养育在花房里的盆花。

引自夏衍的散文集《野草》

幼儿园科学教育活动设计

一、幼儿园科学教育的形式

（一）提出问题

小林老师给大班上了一节科学活动：教师语言生动形象、概念清楚准确、教具新颖直观，幼儿遵守课堂纪律、聚精会神听讲，可是观摩者认为这节活动并不成功，这是为什么呢？

（二）基本知识

科学教育是幼儿园五大教育领域（健康、语言、社会、科学、艺术）之一，在幼儿教育教学中占有相当重要的地位。科学领域的知识，大多属于程序化知识，这类知识是不能靠直接地教而让幼儿获得的，它需要幼儿自身与物体、与外部世界直接地相互作用，通过活动而自我构建。活动是幼儿与环境相互作用的桥梁，是幼儿获得发展的基本途径，没有幼儿的主动活动，就没有幼儿的发展。由此可见，以幼儿为主体，以活动为核心，给幼儿充分的动手动脑和自主表现的机会，乃是向幼儿进行科学教育的主要形式。这种教育形式，是把幼儿置于活动之中，让幼儿主动地探索、发现，丰富自己的生活经验，从而促进他们身心和谐发展。这种观点，是"以人为本"思想的体现，也是新世纪幼教改革的重大成果。我们要用科学教育活动形式取代过去学科教育形式，用科学教育活动设计取代以往的课时计划（教案），让幼儿用作科学的本来方式学习科学。

科学教育活动设计，是教师的经验、知识、结构、组织能力，以及对科学教育内容、教法熟练程度等的集中反映，是一种创造性劳动。活动设计的好坏直接影响教育教学效果。

在幼儿教育阶段，不仅仅要注重显性知识和技能的掌握，更需重视幼儿情感的体验和态度的倾向，为幼儿可持续发展服务。这就要求我们未来的幼儿教师，不仅要学会用现成教材对幼儿进行科学教育，更应具备利用所学知识，设计幼儿园科学教育活动方案的能力，会捕捉机会为幼儿的探索和发现铺路搭桥，为幼儿一生的发展奠定良好的基础，当好幼儿园科学教育活动的设计师。

（三）解释问题

小林老师的这节科学活动，是借鉴苏联的教育模式，采取课堂教育形式，把幼儿置于被教育的地位,在规定的时间内,让幼儿老老实实地听老师讲,不准说,不准动,把幼儿当成知识的容器,忽视他们主动地参与活动。这种教育形式,严重禁锢了幼儿的思维,影响了他们智力的发展。幼儿的发展是通过活动实现的,小林老师的这节教育内容,应当用活动形式来进行,把幼儿放到科学教育活动之中,用眼看、用耳听、用手摸、去操作,既动手又动脑,使幼儿的思维得到发展、智力得到开发。希望小林老师今后要认真学习《幼儿园教育指导纲要(试行)》(以下简称《纲要》)精神,建立新的知识观和教育观,使自己从注重静态知识转变到注重动态活动,从注重表征性知识转变到注重行动性知识,从注重"掌握"知识转变到注重"构建"知识上。

二、幼儿园科学教育活动设计的依据

(一)提出问题

幼儿园科学教育的目标是什么?该目标有何科学教育价值?

(二)基本知识

幼儿园科学教育活动是根据幼儿园在科学教育方面的目的和任务以及幼儿的年龄特点和发展规律,实施的一种有目的、有计划的教育影响活动,是指幼儿在教师的指导下,通过自身的活动,对周围物质世界进行感知、观察、操作,进而发现问题,寻求答案的探索过程。因此在活动设计中,只有遵循科学教育原理和教育规律进行设计,才能避免科学教育活动中的盲目性或随意性。

科学教育目标是进行幼儿园科学教育活动的核心和灵魂。因为幼儿园科学教育活动的根本目的就是为了实现这个目标。因此,教师在设计方案时,必须遵照《纲要》在科学领域中规定的:要保持幼儿永久的好奇心和探索欲望;要发展幼儿探究解决问题的能力;要增进幼儿表达与交流的能力;让幼儿感知数量关系,体验数学的意义;要关爱环境,珍惜生命,产生初步的环境意识等五个方面的目标要求去进行活动设计。科学教育内容的选择、教育方式方法的采取、活动条件的创设,都应以目标为依据,并通过实施幼儿园科学教育活动设计方案,最终实现科学领域教育目标。

想设计好幼儿园科学教育活动方案,不仅要以目标为核心进行精心设计,而且要考虑到幼儿不同年龄阶段的年龄差异,设法促进幼儿身心的健康发展。只有这样,才能准备好一个完整的幼儿园科学教育活动设计的方案,并以此方案对幼儿进行科学教育。

（三）解释问题

在《纲要》的第二部分"教育目标与内容要求"中,规定了科学领域目标①,从科学领域目标五个方面的内容中,我们可以看出,幼儿园科学教育目标的价值,不再是注重静态知识的传递,而是注重幼儿的情感态度和探究解决问题的能力,与他人及环境积极交流与和谐相处。

三、 幼儿园科学教育活动设计的原则

（一）提出问题

在中班的一次关于《水的性质》的教学活动中,幼儿兴趣很高,能说出"水是没有颜色、没有气味、没有味道、透明的液体"等特点。老师们普遍认为这次活动开展得很成功。但是,在期末测查当中却发现,多数幼儿只能说出一两项水的性质,有些幼儿干脆什么也说不出来。为什么会出现这种现象呢?

（二）基本知识

幼儿园科学教育活动设计的原则,是对幼儿园科学教育活动工作的基本要求,也是教师进行幼儿园科学教育活动设计的准则。

1. 安全性

在世界一切事物中,人是第一宝贵的。幼儿园教育必须把保护幼儿的生命安全工作放在首位。在设计方案时,要周密考虑,精心安排,确保幼儿物质和精神两方面的安全。在物质方面,应保证活动场地安全可靠,幼儿使用的物品要安全卫生,绝对无毒、不易破碎、没有锋利边角,并防止幼儿误食误吞。在精神方面,要创设一个安全的探究氛围,让幼儿主动学习和探索,教师要为幼儿营造一个安全、祥和、宽松的环境,使幼儿有充分的自主空间,能大胆地提出问题而不怕出错。只有这样,幼儿主动学习和探究的积极性才能得以保证。

2. 科学性

幼儿园科学教育活动是一项科学活动,所设计的活动方案一定要符合科学要求,体现它的科学价值。教师在设计幼儿园科学教育活动方案时,应从活动结构、知识内容两方面来确保其科学性。在活动结构方面,要求符合幼儿年龄特点和认知规律,做到科学合理化;在知识内容方面,要做到概念清楚准确、体系完整,保证知识的科学性,防止一切非科学、伪科学东西的存在。

---

① 可在《自然科学基础知识练习与指导》教材中查阅。

3. 趣味性

兴趣是人对某种事物爱好或追求的情绪反应。趣味性原则是指在进行活动设计时,必须使活动的各个环节充满趣味性,才能引起幼儿的浓厚兴趣,激发幼儿带着喜悦的情绪,全身心地投入到活动中去。

趣味性是促进幼儿学习和探索的动力。在设计活动时,要避免枯燥、乏味、单调,应想方设法使活动新颖有趣。在活动的内容和方式方法上,都应考虑怎样才能引起幼儿的兴趣和注意,以活动全过程各个环节的趣味性来激发幼儿的兴趣性、主动性和积极性,努力培养幼儿永久的好奇心和探索欲望。

4. 适宜性

适宜性原则,是指教师在设计科学教育活动时,必须符合幼儿的年龄特点,以及本班幼儿的智力、体力、知识的实际水平。只有内容和方法适合幼儿的发展水平时,才能调动幼儿的活动积极性,才能收到良好的教育效果。要做到这一点,就要使活动内容不能太难或太易,深浅难易要适当,既是幼儿所能接受的、能胜任的,又要具有一定的挑战性,让幼儿经过一定的努力才能达到的,应当像跳一下就能摘到桃子那样。在设计活动中,要防止活动内容低于或高于幼儿的实际发展水平和能力。

该原则要求教师能正确评估幼儿的发展水平,使科学教育活动既适合幼儿的接受能力,又能积极促进幼儿主动学习、发展智力和习惯、技能的形成。

5. 参与性

幼儿是主动学习者,在科学教育活动中,他们是主动的探索者、研究者和发现者,也是经验的构建者。教师在设计活动时,要给幼儿充分的动手动脑机会,激发他们开动脑筋,鼓励他们自由表现。应尽量创造条件,让幼儿实际参与探究活动,亲身经历真实的探究过程,使每个幼儿尽可能地体验发现的乐趣,从而学会学习,学会生活。要鼓励幼儿自己去观察、去操作、去发现、去尝试。切不可走向"控制幼儿"的极端,老师讲,老师做,让幼儿死记硬背。幼儿主动参与学习,并不意味着教师放手不管,成为活动的旁观者,而应积极参与到幼儿活动之中,成为幼儿活动的支持者、帮助者和引导者,通过参与对幼儿起带动作用。

6. 融合性

幼儿园科学教育活动的科学知识和思维,需要通过语言、艺术等领域的支持才能完成。因此,在设计科学教育活动时,要与其他领域教育融为一体,做到相互渗透、有机结合,使活动更加生动有趣、丰富多彩,从不同的角度促进幼儿情感、态度、能力、知识、技能等方面的发展。

7. 材料选择与环境创设

在科学教育活动中,所用材料和活动环境是幼儿活动和操作的物质对象。幼儿对所开展的活动是否感兴趣、是否能顺利开展活动,很大程度上依赖于材料的提供和环境的创设。因此,我们在选择材料时,应当首先选择幼儿生活中熟悉的常见物品,这不只是从经济上考虑,更是因为幼儿对科学知识的认识,是建立在对具体事物的认识之上,能真切感到科学就在身边。教师在设计中,应尽可能地为幼儿提供一些与科学探究等有关的工具,如放大镜、温度计、漏斗、天平、剪子、锤子、各种容器等,让他们在做中学,学中做,使他们在喜欢的制作活动中,在使用材料进行探究和游戏过程中,体验材料的作用与价值。在活动前或活动中,环境的布置要密切配合所选内容,使幼儿置身于科学的氛围,不知不觉地进入探究的角色。

以上几条原则,在幼儿园科学教育活动设计中,应视为一个有机的整体,互相联系、灵活运用。

（三）解释问题

学习了以上活动设计的原则,就不难解释开头发生的现象了。期末测查中幼儿回答不出水的性质这个问题并不奇怪。由于中班幼儿的抽象思维尚未得到发展,概括性的结论、词汇比较抽象,难以理解,在幼儿日常生活中又不常用,幼儿不易记住。我们的活动组织者违背了适宜性原则,忽略了幼儿的年龄特点和发展水平。

四、 幼儿园科学教育活动设计的步骤

（一）提出问题

有人认为,做好幼儿园科学教育活动的设计关键在内容,只要选到好内容,剩下的活动目的、活动过程就迎刃而解了。你是否同意这种观点?

（二）基本知识

设计幼儿园科学教育活动,可按以下步骤进行。

1. 确定教育目标

科学教育活动应有明确的教育目标,无目的的教育是盲目的。在准备进行幼儿园科学教育活动设计之前,应首先确定教育目标,按教育目标选择教育活动内容、材料,确定教育活动形式以及相应的活动方法、环境创设等。

在教学时不仅要注重预定目标,也应关注生成性目标,利用好生成性目标,使活动过程充满生命力。

2. 选择活动内容

幼儿园科学教育活动目标的实现,是通过科学教育内容来实现的。在内容的选择上,要保证科学教育活动中的科学性、教育性和适宜性。因为科学教育内容是重要的中介要素,直接制约着幼儿所受到的影响的性质、内容和发展。所以,有效地选择、组织科学教育内容是相当重

要的。

3. 策划方式方法

幼儿园科学教育活动的方式方法是多种多样的。每次活动采取什么样的方法,要根据所选教育活动的内容和设计原则,以及不同幼儿年龄、不同时期而定。使幼儿通过这一活动,达到预期的教育目标。

4. 准备材料和创设环境

《纲要》中指出:"提供丰富的可操作材料,为每个幼儿都能运用多种感官、多种方式进行探索提供活动的条件。"因此,活动内容和方法确定之后,就需要用具体的物质材料来支持。根据活动的具体目标、内容和设计原则,因地制宜地选择那些既暗含教育价值,又能引起幼儿的探索动机和兴趣的材料并进行环境的创设。

5. 确定活动名称

根据科学原理、活动内容及活动的方式,确定一个符合整个活动过程的名称。

6. 编写活动过程

有关活动过程,要根据所组织的教育活动的具体情况而定。一般可分为开始部分(引出问题,提出要求);基本部分(介绍活动内容);集体活动部分(师幼共同开展活动);分别活动部分;活动结尾和活动延伸等部分。

(三)解释问题

关于先选择教育内容后确定教育目标的做法是错误的。最好的内容如不符合科学教育的目标也是无价值的,甚至是错误的。科学教育的根本目的,就是为了实现科学教育目标。因此幼儿园科学教育活动,应当从《纲要》规定的目标出发,以达到目标为活动归宿。在活动步骤设计中,一定要首先明确教育目标,然后再根据目标要求,选择科学教育活动内容,设计科学教育活动形式,选择科学教育活动方法等等。

五、 幼儿园科学教育活动的设计案例

案例之一

不一样的滚动(中班)

活动目标:

1. 通过探索知道球体、圆柱体、圆锥体的滚动是不同的。

2. 能用自己的方法记录物体滚动的路线,并用语言表达出来。

3. 乐意参与科学探索活动,积极与同伴交流、善于与同伴合作。

活动准备:

1. 皮球、易拉罐、纸杯若干(总数与幼儿人数相等,每样东西各占三分之一),幼儿每人一根小木棍或纸棒。

2. 三人一张记录表、一支笔。

活动过程:

1. 观察活动材料,引发幼儿兴趣

(1)教师:老师准备了很多材料,你们每人拿一个去玩吧。幼儿自选一个物体玩。

(2)教师:请说说你拿的是什么东西,它外部形状是什么样的,它们有什么相同和不同。

(3)幼儿回答后,教师小结:这些物体的外部形状不同,皮球是球体、易拉罐是圆柱体、纸杯是圆锥体。相同的是它们都能滚动。

2. 滚动物体,记录滚动的路线

(1)教师:请拿不同物体的三个小朋友组成一个小组,将自己拿的物体在地上滚动,仔细观察它们的滚动是一样的吗。幼儿根据自己的猜想回答问题。

(2)幼儿操作,教师指导幼儿互相观察物体的滚动,鼓励幼儿将自己的猜想在操作与观察中进行验证。

(3)给每组发一张记录表、一支笔。教师:请每个小组设计一种记录方式,并在表上记录每种物体滚动的路线。

3. 交流操作结果,探究物体的外部形状与滚动路线的关系

(1)请每组选一名幼儿来展示自己这组的记录表并大胆说出记录结果。

(2)与幼儿一起评价每组的记录表。

(3)引导幼儿讨论:皮球、易拉罐、纸杯的滚动为什么会不一样呢?

(4)教师小结:因为皮球、易拉罐、纸杯的外部形状不一样,所以它们滚动的路线也不一样。皮球是球体,会向任何一方滚动;易拉罐是圆柱体,滚动路线是直的;纸杯是圆锥体,滚动时会呈圆形路线。

4. 玩游戏"谁是乖小猪",让幼儿再次体验物体不一样的滚动

(1)教师说明游戏的玩法及要求:小朋友每人取一根小木棍,将自己拿的物体放在地上当作"小猪",用小木棍赶着"小猪"滚动,看看哪只"小猪"最乖,最容易被赶到"猪圈"(指定的终点)。

(2)幼儿6人一组(拿皮球、易拉罐、纸杯的各2人),站在同一起跑线上,开始游戏。

(3)幼儿互相交换物体玩游戏。

(4)幼儿交流探索结果。

活动延伸:

让幼儿找一找生活中还有哪些形状的物体会滚动,观察它们的滚动路线有什么不同。

案例之二

奇妙的声音(中班)

活动目标:

1. 通过探索了解声音是怎样产生的,知道不同材料的物体可以发出不同的声音。

2. 对探索声音感兴趣乐于参与并积极分享。

活动准备:

1. 每组桌面上分别放置小鼓、木鱼、小铃等各种乐器以及瓶盖等。

2. 和幼儿一起收集各种瓶罐、纸盒、纸杯、线、木制玩具等物品。

3. 录有各种悦耳及刺耳声音的磁带各一盘;录音机一台。

活动过程:

1. 感知声音

幼儿自由玩乐器,用敲、摇、碰、拍、弹、晃等方法让桌面上的乐器发出声音。

2. 探索声音

(1)将瓶盖放在小鼓上,边敲鼓边让幼儿观察瓶盖。教师反复操作,使幼儿理解物体因振动而发出声音。

(2)幼儿自由地再次玩乐器,观察一下其他乐器在发声的时候都有什么变化,让幼儿清楚地感受物体因振动而发出声音。

3. 听辨声音

(1)教师播放两段录音,请幼儿听一听,有什么不同的感觉?

(2)教师小结:声音有好听的,也有不好听的。一些不好听的声音对人的健康是有害的。所以,小朋友在游戏活动中不能大喊大叫,要避免产生噪声。

4. 自制声音的玩具

幼儿尝试让活动室里的物品发出声音。教师引导幼儿相互交流,讨论物品都能发出什么样的声音。

活动延伸:

教师指导幼儿用收集来的瓶罐制作七音瓶,听一听谁做的七音瓶好听,试一试用自己做的七音瓶弹出好听的曲子来。

案例之三

摩擦起电(大班)

活动目标:

1. 感知摩擦起电的现象,初步了解什么叫摩擦起电。

2. 对摩擦起电现象感兴趣,并愿意主动探索更多类似的现象。

活动准备:

塑料尺子若干把,大块的厚卡纸,碎纸屑,泡沫渣,毛线头、细羽线、小石子等。

活动过程:

1. 以提问导入活动,引起幼儿学习兴趣

提出问题:老师想让这些小纸屑粘到塑料尺子上,请大家想一想,不用双面胶、胶水,也不用胶布,怎样才能让小纸屑粘到塑料尺子上?

2. 幼儿动手操作,了解什么是摩擦起电的现象

分发尺子,每人一把;分发碎纸屑,每组一包。幼儿尝试用自己想到的方法,看是否能吸起小纸屑?

3. 引导幼儿初步认识摩擦起电的现象

(1)教师引导幼儿尝试把塑料尺子放在头发上快速摩擦后,然后再去吸小纸屑,看会发生什么现象? 为什么塑料尺子放在头发上快速摩擦后会把小纸屑吸起来呢?

(2)塑料尺子有了静电,小纸屑就会被吸起来,过一会儿为什么小纸屑会掉下来?

4. 幼儿分组探索,进一步了解摩擦起电现象

(1)第二次分发活动材料(大块厚卡纸,泡沫渣,细羽线,毛线头,小石子)。幼儿分组活动,看看摩擦过的尺子除了能吸起纸屑,是不是还可以吸起其他东西。

(2)活动结束后,教师提问:摩擦后的尺子都可以吸起什么东西? 又有哪些东西吸不起来?

活动延伸:

回家找找看还有什么东西可以发生摩擦起电现象,下次分享给小朋友。

案例之四

站住了,别倒下(大班)

活动目标:

1. 大胆探索让物体站起来的方法。

2. 对科学探索活动感兴趣,能表述自己的操作过程,交流探索结果。

3. 积极参加活动,在探索活动中体验成功的喜悦。

活动准备:

纸盒、瓶子、水彩笔、橡皮头铅笔、纸、羽毛、书、吸管、游戏棒、剪刀、橡皮泥、筐以及多种插塑积木。

活动过程:

1. 观察活动材料,引发幼儿兴趣

根据生活经验说说哪些东西能站住,哪些东西不能站住。

教师:桌上有什么东西? 你知道哪些东西能站起来,哪些东西站不起来吗?

2. 幼儿通过实际操作,区分能站住和不能站住的东西

(1)教师:是不是像小朋友们说的那样呢? 我们来试一试(引导幼儿动手操作,请幼儿区分后,将能站住和不能站住的东西分别放到对应的两个筐子里。教师巡回)。

(2)教师:为什么有的东西一下就站住了,而有的东西不容易站住呢? (当幼儿讲述理由后,教师在前面演示验证)

3. 尝试用多种方法让不能站住的物体站起来

(1)教师:有什么办法可以帮助那些不能站住的东西站住呢? 引导幼儿之间相互讨论交流后,请个别幼儿讲述,教师在前面演示幼儿使用的方法并在黑板上示范记录。

(2)幼儿尝试操作,并进行记录。

教师:你们讲了那么多的办法,那么是不是真的有用呢? 我们还是用实验来证明一切吧! 这次,请你动手尝试后,把实验结果记录下来。(出示记录表,讲解记录方法,人手一份记录表)

幼儿动手操作,教师巡回,对有困难的幼儿给予帮助。

(3)陈列展览,相互交流。

教师:谁来说说你的实验方法和结果? (幼儿交流自己的方法和实验结果)

4. 在没有辅助物的帮助下,尝试让纸站起来

(1)引导幼儿讨论使纸站起来的多种办法。

教师:我这里有一张纸,你们认为它能站住吗? 你有多少种方法能使它站起来?

(2)引导幼儿尝试用自己的方法使纸站住,并进行记录。

教师:现在请你试一试,看看在没有辅助物的帮助下,你有几种方法能使它站住。别忘了每尝试一次就把你的方法记录下来。(引导幼儿尝试和记录,教师巡回观察和指导)

(3)交流让纸站起来的方法。

教师:谁来告诉大家你想了几种办法让纸站住了? 谁和他/她的方法是一样的? 谁还有和他/她不一样的方法? (引导幼儿上来讲述自己探索的结果,并当场尝试验证)

活动延伸:

回家后和爸爸妈妈一起用纸箱子做一个凳子,下次比赛看谁的凳子结实。

案例之五

糖跑到哪去了(中班)

活动目标:

1. 认识生活中一些常见的溶于水与不溶于水的调味品,知道什么叫溶解。

2. 通过自主探索实验能描述实验的发现,知道如何加快溶解速度。

3. 体验动手操作科学实验的乐趣。

活动准备：

食盐、白砂糖、蜂蜜、食用油、透明塑料杯若干,搅拌棒若干,纸巾。

活动过程：

1. 认识实验材料

（1）逐一介绍食盐、白砂糖、蜂蜜和食用油。

（2）请幼儿看一看、摸一摸、闻一闻。

问题引导:能否食用? 食盐什么味道? 白砂糖和蜂蜜是什么味道? 如果把这些放水里会发生什么? 猜一猜。

2. 幼儿自主探索实验

（1）实验:溶于水。

每位幼儿将一勺白砂糖放入自己面前的 1 号杯,请幼儿观察变化。

提问:白砂糖去哪了? （溶解了）教师解释溶解的科学原理。

观察:还有一点白砂糖溶解得很慢,可以用什么办法来加快溶解速度? （搅拌）

（2）实验:不溶于水。

每位幼儿将一勺食用油放入自己面前的 2 号杯,请幼儿观察变化。

提问:油在哪? 为什么浮在水面上? （不溶于水）

3. 幼儿观察教师实验

（1）教师将一勺食盐放入水中,请幼儿观察变化,引导幼儿说"食盐溶于水"。

（2）区分食用油与蜂蜜。

教师帮助幼儿区分食用油与蜂蜜。教师将一勺蜂蜜放入水中,观察蜂蜜有什么变化? （溶解慢）请幼儿搅拌,观察现象,引导幼儿说"蜂蜜溶于水"。

提问:如果搅拌食用油,油会溶于水吗? 猜一猜。

请幼儿自主探索搅拌自己面前的 2 号杯。说一说实验结果。

活动延伸：

回家找一找能溶于水与不溶于水的调味品。

案例之六

柳树发芽了(小班)

活动目标：

1. 知道春天到来的时候柳树会发芽,培养幼儿观察生活的好习惯。

2. 认识柳树的主要外形特征,并说说自己的观察结果。

活动准备：

1. 选择有柳树且便于幼儿进行观察的活动地点。

2. 对幼儿进行安全教育,确保幼儿知道户外活动时不离开教师,不追跑打闹等。

活动过程:

1. 带领幼儿在户外观察,引发幼儿活动兴趣

(1)说谜语,请幼儿猜猜是什么树?

(2)找一找,院子里哪棵树是柳树? 你是怎么知道的?

2. 引导幼儿细致地观察柳树

(1)摸一摸柳树的树干,什么感觉? 树干是什么样的? 什么颜色?

(2)看一看树干上有什么? 柳枝什么样?

(3)柳枝上有什么? 小芽会变成什么?

(4)柳叶是什么颜色? 什么样子的?

3. 与幼儿讨论柳树什么时候发芽

教师小结:柳树是在春天到来的时候发芽变绿的,柳树变绿长出绿芽就是告诉我们春天来了。

4. 引发幼儿进行想象

(1)长长的柳枝在风中飘动时像什么?

(2)学学柳枝飘动的样子。

(3)边玩边说柳树的儿歌,巩固幼儿对柳树外形的认识。

活动延伸:

每天观察柳树的变化,看看什么时候柳芽变成柳叶。

案例之七

动物怎样过冬(中班)

活动目标:

1. 了解动物过冬的不同方式。

2. 初步理解动物对环境的依存关系和适应特点。

3. 萌发探索动物生活习惯的兴趣和关心爱护动物的情感。

活动准备:

1. 幼儿和家长一起收集并记录有关动物怎样过冬的录像、图书,丰富相关知识。

2. 活动前引导幼儿画出自己喜欢的一种动物。

3. 提前饲养白兔、乌龟等动物,随时带领幼儿观察记录小动物生活习性的变化。

4. 和幼儿一起布置"动物过冬方式"的背景图。

5. 课件《动物怎样过冬》。

活动过程：

1. 通过谈话活动,引发幼儿对动物怎样过冬产生兴趣

（1）冬天到了,你知道人们是怎样过冬的吗?

（2）小动物们是怎样过冬的呢?

2. 播放课件,以故事的形式引导幼儿了解动物怎样过冬

（1）小灰兔遇到了哪些小动物?

（2）它们是怎样过冬的?

（3）小灰兔和谁的过冬方式一样?

3. 引导幼儿总结动物过冬的几种方式,并探讨其中的原因

教师提出问题讨论：

（1）蝙蝠在冬天靠冬眠来过冬,还有哪些动物也是靠冬眠来过冬的? 如蛇、青蛙、乌龟。

（2）还有哪些动物和小松鼠一样靠储存粮食来过冬呢? 如蜜蜂、蚂蚁。

（3）哪些动动物在冬天需要靠厚皮毛或羽毛来过冬呢?

（4）小燕子用什么方式来过冬? 还有谁和小燕子一样会飞到南方去?

（5）小动物们为什么会有不同的过冬方式呢?

4. 请幼儿互相介绍交流自己画好的小动物的过冬方式

请你们拿出自己喜欢的小动物,说说它们是用什么方式过冬的,它和哪些小动物的过冬方式一样?

5. 引导幼儿将自己手中的动物送到布置好的背景图中,并贴在相应的过冬方式里,鼓励幼儿互相检查,小动物被送到的过冬方式是否正确。

活动延伸：

（1）在学习区提供动物图片,引导幼儿相互交流它们的过冬方式。

（2）幼儿继续添画以各种方式过冬的动物。

拓 展 阅 读

认识常见标志　编选故事讲解

（一）警示标志（见图 10-1）

当心触电　当心辐射　十字交叉　注意危险　火车道口
（a）　　（b）　　（c）　　（d）　　（e）

图 10-1　警示标志

（二）生活常识标志（见图 10-2）

| 绿色食品 | 节水标志 | 节能标志 | 步行街 | 禁止行人通过 |
| (a) | (b) | (c) | (d) | (e) |

图 10-2　生活常识标志

（三）危险品标志（见图 10-3）

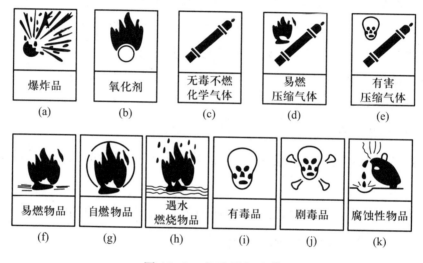

图 10-3　危险品标志①

如图 10-3 中（a）标志可配合以下故事讲解：

1. 火柴盒里发生的事

一天，女主人不知从哪儿找来 20 多根绿头火柴人，也没问问情况，便硬塞到本来就十分拥挤的红火柴人住的小屋子里。这下，可把红头火柴人挤得大吵大叫起来："喂，真讨厌，哪来的这些绿头绿脑的淘气包呀！"

"进来也不先打个招呼，太没礼貌了。"另一个也插话嚷嚷。

"我说，把这些淘气包赶出去算了！"

绿头火柴人中有个叫点点的慌忙赔礼说："实在对不起，我们家的屋子太潮湿了，女主人强迫我们搬过来的。太打扰你们了，请原谅。"

① 选自山西省大同市公安局交通警察支队《交通法制教育概论》，山西人民出版社。

"哎呀!"红头火柴人中一个叫燃燃的大惊小怪地喊起来,"原谅?说得多好听,你们把我的脚都踩坏了!"原来是点点不小心踩到了燃燃的脚上。

"怎么办呢?"燃燃气愤地问。

"我不是有意的,真对不起……"

"对不起?那好,我也来说个对不起。"燃燃边嚷边抡着小拳头冲着点点的脸上打去,点点手疾眼快用手一挡,架住了燃燃的拳头。

"使劲揍这个淘气包!"几乎所有红头火柴人都怒吼了。

燃燃呢,更加凶狠地拿出吃奶的力气跳起来,抡起拳头朝点点的头上打去……结果,整个火柴人的屋子里,发生了谁也没料到的不幸,就在燃燃用拳头击到点点的头上时,点点只听得自己头上"哧"的一声响,接着一阵灼烧,便失去了知觉。

几乎同时,燃燃的头上也爆发了火焰,全屋内也跟着起了大火……也许听到响声,女主人慌忙跑进厨房,看到火柴盒里冒出了青烟,拉开一看,所有的火柴人都变成了黑人。女主人叹息一声,顺手把火柴盒丢进了垃圾桶里。

她也许永远也不会明白,火柴盒里曾经发生过什么事情。如果这个集体里,都讲点友爱,该多好啊!

引自李超《儿童智力培养全书》,新疆科技卫生出版社

2. 炸药大王诺贝尔

诺贝尔是瑞典人,他从小体弱多病,但意志坚强,不甘落后。他的父亲喜欢化学实验,还常常讲科学家的故事给他听,鼓励他长大后做一个有用的人。

一次,小诺贝尔看见父亲在研制炸药,就睁大眼睛问:"爸爸,炸药伤人,是可怕的东西,你为什么要制造它呢?"

爸爸回答说:"炸药可以开矿、筑路,许多地方需要它呢!"

诺贝尔似懂非懂地点点头,说:"那我长大以后也做炸药。"

青年时代,诺贝尔到欧洲各国考察,深入了解了各国工业发展的情况。当时,许多国家迫切要求发展采矿业,加快采掘速度,但炸药不能适应这种需要,是一个亟待解决的问题。

在诺贝尔之前,很多人研究和制造过炸药,如中国的黑色火药和意大利人发明的硝化甘油。

硝化甘油的爆炸力比黑火药大得多,但它不易控制,容易自行爆炸,制造、存放和运输都很危险。

诺贝尔就从硝化甘油的制造和研究入手。起初,他用黑色火药引爆硝化甘油,后来又发明了雷管引爆,取得了使硝化甘油爆炸的有效方法。

从事炸药研究是一种十分危险的工作。

诺贝尔在实验室试制炸药时,有一次发生大爆炸,当场炸死 5 个人,其中包括诺贝尔的弟弟,他的父亲也受了重伤。

这场灾祸之后,周围居民强烈反对诺贝尔在那里制造炸药。诺贝尔没有退缩,而把设备转移到马拉湖的一只船上继续做试验。

在诺贝尔研究的道路上,多灾多难。他制造的硝化甘油,经常发生爆炸,曾先后炸毁美国的一列火车,德国的一家工厂,还使一艘海轮船沉人亡。

这些惨痛的事故,使世界各国对硝化甘油失去信心,有些国家下令禁止制造、贮藏和运输硝化甘油。

在这种艰难的情况下,诺贝尔没有灰心,不解决硝化甘油不稳定问题,他决不罢休,经过多次反复试验,他终于发明了用一份硅藻土吸收三份硝化甘油的办法,第一次制成了运输和使用都很安全的工业炸药。

诺贝尔再接再厉,又把发明的成果向前推进了一步,用火棉和硝化甘油发明了爆炸力很强的胶状物——炸胶;再把少量樟脑加到硝化甘油和炸胶中,制成了无烟火药。

安全炸药发明后,马上被广泛地用于开矿、筑路等方面,炸药的产量大幅度上升,诺贝尔的财源也滚滚而来。

但诺贝尔的生活还是十分俭朴,为了研究,他甚至一生都没结婚。在去世前一年,诺贝尔留下遗嘱,将遗产的一部分创办科研所,另一部分作为奖励基金,颁发物理、化学、生物医学、文学与和平事业奖金,奖给全世界在上述领域做出杰出贡献的人。人们把获得诺贝尔奖奖金,看作是科学上的极大荣誉。

引自《科学家的故事》,吉林摄影出版社

郑重声明

读者意见反馈

为收集对教材的意见建议，进一步完善教材编写并做好服务工作，读者可将对本教材的意见建议通过如下渠道反馈至我社。

咨询电话　400-810-0598

反馈邮箱　zz_dzyj@pub.hep.cn

通信地址　北京市朝阳区惠新东街4号富盛大厦1座

　　　　　高等教育出版社总编辑办公室

邮政编码　100029

防伪查询说明

用户购书后刮开封底防伪涂层，使用手机微信等软件扫描二维码，会跳转至防伪查询网页，获得所购图书详细信息。

防伪客服电话

（010）58582300

学习卡账号使用说明

一、注册/登录

访问http://abook.hep.com.cn/sve，点击"注册"，在注册页面输入用户名、密码及常用的邮箱进行注册。已注册的用户直接输入用户名和密码登录即可进入"我的课程"页面。

二、课程绑定

点击"我的课程"页面右上方"绑定课程"，在"明码"框中正确输入教材封底防伪标签上的20位数字，点击"确定"完成课程绑定。

三、访问课程

在"正在学习"列表中选择已绑定的课程，点击"进入课程"即可浏览或下载与本书配套的课程资源。刚绑定的课程请在"申请学习"列表中选择相应课程并点击"进入课程"。

如有账号问题，请发邮件至：4a_admin_zz@pub.hep.cn。